CPEC

国家级实验教学示范中心联席会
计算机学科组规划教材

C++程序设计基础教程

微课视频版

李毅鹏 主编

周晓华 邓涯双 副主编

马霄 吴良霞 夏松 丁亚兰 万俊 张建辉 祝启虎 编著

清華大学出版社

北京

内容简介

本书采用基础语法和实际应用案例相结合的方法，系统介绍基于C++语言的基本概念、语法规则和常见算法。本书是作者结合多年的教学实践经验编写而成的，对每部分知识点和难点，都力求用比较精练的语言进行讲解，并按照由浅入深、循序渐进、前后贯穿的原则，精选了大量例题。全书共11章，分别介绍C++概述，数据存储、表示和运算，基本控制结构，函数，类与对象，数组与字符串，指针与引用，继承与派生，多态性与虚函数，I/O流与文件操作，其他C++工具等知识。本书大部分章节配备有综合举例，既方便教师安排教学，也便于读者综合运用所学知识，进一步巩固提高编程技能。

本书可作为全国高等学校计算机专业和非计算机专业的程序设计语言入门教学的选用教材，也可作为广大程序设计爱好人员的自学参考书。

图书在版编目（CIP）数据

C++程序设计基础教程：微课视频版/李毅鹏主编. -- 北京：清华大学出版社，2025.3.
（国家级实验教学示范中心联席会计算机学科组规划教材）. -- ISBN 978-7-302-68613-2

Ⅰ. TP312.8

中国国家版本馆CIP数据核字第202587JF40号

责任编辑：陈景辉　薛　阳
封面设计：刘　键
责任校对：李建庄
责任印制：刘　菲

出版发行：清华大学出版社
　　网　　址：https://www.tup.com.cn，https://www.wqxuetang.com
　　地　　址：北京清华大学学研大厦A座　　**邮　　编**：100084
　　社 总 机：010-83470000　　**邮　　购**：010-62786544
　　投稿与读者服务：010-62776969，c-service@tup.tsinghua.edu.cn
　　质量反馈：010-62772015，zhiliang@tup.tsinghua.edu.cn
　　课件下载：https://www.tup.com.cn，010-83470236
印 装 者：天津安泰印刷有限公司
经　　销：全国新华书店
开　　本：185mm×260mm　　**印　张**：18.25　　**字　　数**：447千字
版　　次：2025年4月第1版　　**印　　次**：2025年4月第1次印刷
印　　数：1～1500
定　　价：59.90元

产品编号：098930-01

C++语言是一种高效实用的程序设计语言,由 C 语言发展演变而来。C++语言全面兼容了 C 语言,既支持过程化的程序设计,也支持面向对象的程序设计。它不仅是当前产业界技术人员广泛使用的编程工具,也是很多高校开设“计算机程序设计入门”课程的首选语言。众所周知,C++语言的语法概念众多,细节烦琐,使用灵活。本书针对初学者的特点,力求做到深入浅出,将复杂的概念用简洁易懂的语言来讲述。对每一部分的知识点和难点,都力求用比较精练的语言进行讲解,对重要的知识点都列举了必要的例题进行说明,并对例题所采用的算法和编程技术进行了深刻的分析,旨在使读者对 C++编程技术不仅知其然,并知其所以然。本书大部分章节后面都安排有综合举例部分,精心设计了一些综合性较强的案例,有完整的代码展示,引导读者通过综合实践对编程知识进行巩固和扩展。

本书主要内容

本书以程序设计方法贯穿始终,从语法规则到程序设计实践,力求在掌握基本程序设计方法的同时,培养读者良好的程序设计习惯,为今后的学习打下坚实的编程基础。本书的宗旨是使读者不仅掌握 C++语言本身,而且能够对现实世界中的问题及其解决方法用 C++语言进行描述,让读者通过广学多练,培养程序设计语言的“语感”,最终掌握程序设计的“秘籍”。

全书共有 11 章。

第 1 章为 C++概述,包括 C 和 C++、面向过程程序设计、面向对象程序设计、C++程序入门、C++开发工具。第 2 章为数据存储、表示和运算,包括数据类型、常量、变量、运算符与表达式、数据类型转换。第 3 章为基本控制结构,包括算法与流程基本结构、选择结构、循环结构、其他控制语句、综合举例。第 4 章为函数,包括概述、函数的定义与调用、函数的嵌套、函数的递归、默认参数值的函数、函数重载、局部变量和全局变量、变量的存储类别、综合举例。第 5 章为类与对象,包括类和对象的定义、构造函数和析构函数、静态成员、常成员、结构体、枚举、综合举例。第 6 章为数组与字符串,包括一维数组、二维数组、字符数组与字符串、数组作为函数的参数、对象数组、结构体数组、综合举例。第 7 章为指针与引用,包括地址与指针、指针变量、指针与数组、指针与函数、指针与结构体、指针与对象、动态存储分配、引用、综合举例。第 8 章为继承与派生,包括类的继承概述、基类和派生类、派生类的构造函数和析构函数、基类和派生类的转换、综合举例。第 9 章为多态性与虚函数,包括多态性、虚函数、纯虚函数与抽象类、综合举例。第 10 章为 I/O 流与文件操作,包括概述、标准输入输出流、输入输出格式控制、文件流与文件操作、综合举例。第 11 章为其他 C++工具,包括模板、命名空间。

本书特色

(1) 内容全面,深入浅出。针对初学者和自学读者的特点,本书力求做到深入浅出,将复杂的概念和语法尽量用比较通俗易懂的语言描述，并结合大量的示例代码和实际应用加深理解。

（2）灵活教学，普适性强。选用该教材的学校可结合自身教学特点，选择不同的章节组合进行教学。对于学时较少的学校来说，可以只选择第1～7章、第10章，每章的综合举例也是选学内容，可自行选择。

配套资源

为便于教学，本书配有微课视频、源代码、教学课件、教学大纲、习题题库、教学进度表、期末试卷及答案。

（1）获取微课视频方式：读者可以先扫描本书封底的文泉云盘防盗码，再扫描书中相应的视频二维码，观看教学视频。

（2）获取源代码：先扫描本书封底的文泉云盘防盗码，再扫描下方二维码，即可获取。

源代码

（3）其他配套资源可以扫描本书封底的"书圈"二维码下载。

读者对象

本书既可以作为全国高等学校计算机程序设计相关课程的教材和教学参考书，也可作为学习程序设计人员的培训和自学教材。

本书由李毅鹏任主编，周晓华、邓涯双任副主编，李毅鹏负责全书的统稿工作。参与本书编写工作的还有马霄、吴良霞、夏松、丁亚兰、万俊、张建辉、祝启虎（按撰写章节顺序排列），其中第1章由李毅鹏执笔，第2章由马霄执笔，第3章由吴良霞执笔，第4章由邓涯双执笔，第5章由夏松执笔，第6章由丁亚兰执笔，第7章由万俊执笔，第8章由张建辉执笔，第9章由祝启虎执笔，第10章、第11章由周晓华执笔。

本书在编写过程中得到了中财经政法大学教务部、信息工程学院领导和老师们的大力支持，同时清华大学出版社为本书的顺利出版付出了很大的努力。

本书作者在编写过程中，参考了诸多相关资料，在此对相关资料的作者表示衷心的感谢。限于个人水平和时间仓促，书中难免存在疏漏之处，欢迎广大读者批评指正。

作　者

2025年1月

目 录

第 1 章　C++概述 …… 1

1.1　C 和 C++ …… 1
1.2　面向过程程序设计 …… 2
1.3　面向对象程序设计 …… 2
1.4　C++程序入门 …… 5
1.4.1　简单的 C++程序 …… 5
1.4.2　C++程序的基本要素 …… 7
1.4.3　C++程序的开发步骤 …… 8
1.5　C++开发工具 …… 9
练习题 …… 12

第 2 章　数据存储、表示和运算 …… 13

2.1　数据类型 …… 13
2.2　常量 …… 15
2.2.1　数值常量 …… 15
2.2.2　字符常量 …… 16
2.2.3　字符串常量 …… 18
2.3　变量 …… 18
2.3.1　变量的定义 …… 18
2.3.2　数值变量 …… 21
2.3.3　字符变量 …… 23
2.3.4　常变量 …… 24
2.4　运算符与表达式 …… 25
2.4.1　算术运算符 …… 26
2.4.2　关系运算符 …… 27
2.4.3　逻辑运算符 …… 28
2.4.4　赋值运算符 …… 29
2.4.5　自增和自减运算符 …… 30
2.4.6　逗号运算符 …… 31
2.4.7　sizeof 运算符 …… 31
2.4.8　位运算符 …… 31
2.5　数据类型转换 …… 33

2.5.1 自动类型转换 …… 33
2.5.2 强制类型转换 …… 37
练习题 …… 38

第3章 基本控制结构 …… 41

3.1 算法与流程基本结构 …… 41
3.2 选择结构 …… 41
3.2.1 选择语句 if …… 42
3.2.2 条件运算符?: …… 45
3.2.3 开关语句 switch …… 46
3.3 循环结构 …… 49
3.3.1 while 语句 …… 49
3.3.2 do-while 语句 …… 50
3.3.3 for 语句 …… 51
3.3.4 循环结构嵌套 …… 53
3.4 其他控制语句 …… 55
3.4.1 break 语句 …… 55
3.4.2 continue 语句 …… 55
3.5 综合举例 …… 56
练习题 …… 59

第4章 函数 …… 65

4.1 概述 …… 65
4.2 函数的定义与调用 …… 66
4.2.1 函数的定义 …… 66
4.2.2 函数的调用 …… 68
4.2.3 函数声明和函数原型 …… 71
4.2.4 函数之间的数据传递 …… 72
4.3 函数的嵌套 …… 75
4.4 函数的递归 …… 77
4.5 默认参数值的函数 …… 79
4.6 函数重载 …… 80
4.7 局部变量和全局变量 …… 82
4.7.1 局部变量 …… 82
4.7.2 全局变量 …… 83
4.8 变量的存储类别 …… 86
4.8.1 变量的生存期和存储方式 …… 86
4.8.2 auto 型变量 …… 87
4.8.3 static 型局部变量 …… 87

4.8.4　extern 型变量 …… 89
4.8.5　用 static 声明全局变量 …… 90
4.9　综合举例 …… 91
练习题 …… 94

第 5 章　类与对象 …… 101

5.1　类和对象的定义 …… 101
5.1.1　类的声明 …… 101
5.1.2　对象的定义 …… 104
5.1.3　对象成员的访问 …… 105
5.2　构造函数和析构函数 …… 106
5.2.1　构造函数的定义 …… 106
5.2.2　构造函数的重载 …… 108
5.2.3　默认构造函数 …… 110
5.2.4　复制构造函数 …… 112
5.2.5　析构函数 …… 113
5.3　静态成员 …… 115
5.3.1　静态成员变量 …… 115
5.3.2　静态成员函数 …… 117
5.4　常成员 …… 119
5.4.1　常成员变量 …… 119
5.4.2　常成员函数 …… 120
5.5　结构体 …… 121
5.5.1　结构体类型 …… 121
5.5.2　结构体变量 …… 122
5.6　枚举 …… 124
5.7　综合举例 …… 127
练习题 …… 130

第 6 章　数组与字符串 …… 134

6.1　一维数组 …… 134
6.1.1　一维数组的定义 …… 134
6.1.2　一维数组的访问 …… 135
6.1.3　一维数组的初始化 …… 136
6.2　二维数组 …… 138
6.2.1　二维数组的定义 …… 138
6.2.2　二维数组的访问 …… 138
6.2.3　二维数组的初始化 …… 139
6.3　字符数组与字符串 …… 141

6.3.1 字符数组的定义 …… 141
6.3.2 字符数组的使用 …… 142
6.3.3 字符串操作函数 …… 145
6.3.4 string 类 …… 146
6.4 数组作为函数的参数 …… 148
6.4.1 数组元素作为函数的实参 …… 148
6.4.2 一维数组作为函数的参数 …… 150
6.4.3 二维数组作为函数的参数 …… 154
6.5 对象数组 …… 155
6.6 结构体数组 …… 157
6.7 综合举例 …… 159
练习题 …… 167

第7章 指针与引用 …… 171

7.1 地址与指针 …… 171
7.2 指针变量 …… 172
7.2.1 指针变量的定义与使用 …… 172
7.2.2 指针变量作为函数的参数 …… 174
7.3 指针与数组 …… 175
7.3.1 指针与一维数组 …… 175
7.3.2 字符指针与字符串 …… 178
7.4 指针与函数 …… 181
7.4.1 指向函数的指针 …… 181
7.4.2 指针型函数 …… 183
7.5 指针与结构体 …… 185
7.6 指针与对象 …… 186
7.6.1 对象指针的定义 …… 186
7.6.2 this 指针 …… 187
7.7 动态存储分配 …… 188
7.8 引用 …… 190
7.8.1 变量的引用 …… 190
7.8.2 对象的引用 …… 191
7.8.3 引用作为函数的参数 …… 192
7.9 综合举例 …… 194
练习题 …… 202

第8章 继承与派生 …… 208

8.1 类的继承概述 …… 208
8.2 基类和派生类 …… 209

8.2.1　派生类的定义…… 209
8.2.2　派生类的三种继承方式…… 210
8.2.3　派生类中成员的访问…… 213
8.3　派生类的构造函数和析构函数 …… 215
8.3.1　派生类的构造函数…… 215
8.3.2　包含子对象的派生类构造函数…… 217
8.3.3　派生类的析构函数…… 219
8.4　基类和派生类的转换 …… 220
8.4.1　派生类对象的存储…… 220
8.4.2　类型转换…… 222
8.5　综合举例 …… 224
练习题…… 226

第 9 章　多态性与虚函数…… 229

9.1　多态性 …… 229
9.2　虚函数 …… 230
9.3　纯虚函数与抽象类 …… 235
9.3.1　纯虚函数…… 235
9.3.2　抽象类…… 237
9.4　综合举例 …… 239
练习题…… 243

第 10 章　I/O 流与文件操作 …… 248

10.1　概述 …… 248
10.1.1　输入和输出的含义 …… 248
10.1.2　流和缓冲区 …… 248
10.1.3　ios 类结构…… 249
10.2　标准输入输出流 …… 250
10.2.1　标准输入流 …… 250
10.2.2　标准输出流 …… 254
10.3　输入输出格式控制 …… 255
10.3.1　输入格式控制 …… 255
10.3.2　输出格式控制 …… 256
10.4　文件流与文件操作 …… 259
10.4.1　文件 …… 259
10.4.2　文件流 …… 259
10.4.3　文件打开和关闭 …… 260
10.4.4　文本文件的操作 …… 262
10.4.5　二进制文件的操作 …… 264

10.5 综合举例 …… 266
练习题 …… 267

第11章 其他C++工具 …… 271

11.1 模板 …… 271
11.1.1 函数模板 …… 271
11.1.2 类模板 …… 273
11.2 命名空间 …… 274
11.2.1 命名空间的作用 …… 274
11.2.2 命名空间的定义 …… 277
11.2.3 标准命名空间 std …… 280
练习题 …… 281

参考文献 …… 282

C++概述

1.1　C和C++

计算机的本质是“程序的机器”，计算机的一切操作都是由程序驱动的。程序和指令的思想是计算机系统中最基本的概念。只有懂得程序设计，才能进一步懂得计算机，真正了解计算机是怎样工作的。

在计算机诞生早期，人们使用机器语言或汇编语言（由于它们贴近计算机，被称为低级语言）编写程序，低级语言难学、难记、难用、难改，使得计算机只限于少数专业人员使用。

1954年出现了世界上第一种计算机高级语言——FORTRAN语言，它是用于科学计算的。高级语言的出现是计算机发展过程中一个划时代的事件，使得计算机的广泛推广成为可能。随着计算机的推广应用，先后出现了多种计算机高级语言，如BASIC、ALGOL、Pascal、COBOL、ADA、C等。

C语言是1972年由美国AT&T公司Bell（贝尔）实验室的D. M. Ritchie在B语言的基础上开发的。最初它作为写UNIX操作系统的一种工具，在贝尔实验室内部使用。后来C语言不断改进，由于它功能丰富、表达能力强、使用灵活方便、应用面广、目标程序效率高、可移植性好，既具有高级语言的优点，又具有低级语言的许多特点，特别适合写系统软件，因此引起了人们的广泛重视。到20世纪80年代，C语言已经风靡全球，被安装在几乎所有的巨型机、大型机、中小型机以及微机上，大多数系统软件和许多应用软件都是用C语言编写的。

但是随着软件规模的增大，用C语言编写程序就显得有些吃力了。C语言是结构化和模块化的语言，它是基于过程的。在处理较小规模的程序时，程序员用C语言还比较得心应手。但当问题比较复杂，程序的规模比较大时，结构化程序设计方法就显出它的不足。为了解决软件设计危机，在20世纪80年代提出了面向对象的程序设计（Object-Oriented Programming，OOP），需要设计出能够支持面向对象程序设计方法的新语言，C++语言应运而生。

C++（C plus plus）语言是由美国贝尔实验室的Bjarne Stroustrup博士及其同事于1980年开始在C语言的基础上开发的，1985年开始流行。C++语言保留了C语言原有的优点，并增加了面向对象的机制。C++语言经过了许多次改进、完善，支持过程化程序设计、数据抽象化、面向对象程序设计、泛型程序设计、基于原则设计等多种程序设计风格。C++的编程领域众广，常用于系统开发、引擎开发等应用领域，深受广大程序员的喜爱。C++不仅拥有计算机高效运行的实用性特征，同时还致力于提高大规模程序的编程质量与程序设计语言的问题描述能力。另外，C++可运行于多种平台上，如 Windows、macOS 以及 UNIX 的各种版本。

C++是由 C 语言发展而来的，它在 C 语言的基础上添加了对面向对象编程和泛型编程的支持，在 20 世纪 90 年代便是最重要的编程语言之一，并在 21 世纪仍保持强劲势头。C++语言继承了 C 语言高效、简洁、快速和可移植性的传统。C++面向对象的特性带来了全新的编程方法，这种方法是为应付复杂程度不断提高的现代编程任务而设计的。C++的模板特性提供了另一种全新的编程方法——泛型编程。这些特点一方面让 C++语言功能强大，另一方面则意味着有更多的东西需要学习。

1.2 面向过程程序设计

在传统程序设计的方法中，如 C 语言中，主要是以结构化程序设计为主，也即面向过程程序设计。面向过程程序设计的核心思想是“自上而下设计”与“模块化设计”，也即将整个程序设计的需求自上而下、从大到小逐步分解成较小的单元，也称为模块（Module）。整个程序被划分成多个功能模块，不同的模块可以由不同的人员进行开发，只要合作者之间规定好模块之间相互通信和协作的接口即可。

每一个模块会各自完成特定的功能，主程序则组合每个模块后完成最后要求的功能。这种程序设计思想使得技术人员可针对各个模块分别开发，减轻了设计者的负担，提高了程序的可读性，对于日后的维护也相对容易。面向过程程序设计的特点如图 1-1 所示。

数据结构 + 算法 = 程序

图 1-1 面向过程程序设计的特点

在图 1-1 中，数据结构和变量相对应，算法和函数相对应，算法是用来操作数据结构的。在面向过程程序设计中，算法和数据结构是分离的，没有直观的手段能够阐述某个算法操作了哪些数据结构，某个数据结构又是由哪些算法来操作的。当数据结构的设计发生变化时，分散在整个程序各处的、所有操作该数据结构的算法都需要进行修改。同时，面向过程程序设计也没有提供手段来限制数据结构可被操作的范围，任何算法都可以操作任何数据结构，这容易造成算法由于编写失误，对关键数据结构进行错误的操作而导致程序出现严重问题甚至崩溃。

此外，面向过程程序设计难免要使用一些全局变量来存储数据，这些全局变量往往会被很多函数访问或修改。在程序规模庞大的情况下，程序中可能有成千上万个函数、成百上千个全局变量，使用面向过程程序设计需要搞清楚函数之间的调用关系，以及哪些函数会访问哪些全局变量，这是一件很麻烦的事情。

1.3 面向对象程序设计

面向过程程序设计的理念提高了程序的清晰度以及可靠性，并使之便于维护，但在程序规模庞大的情况下，仍然面临着很多挑战。因此，面向对象程序设计（OOP）应运而生。OOP 是当今主流的程序设计方法，也是程序设计领域的一大创新，其主要目的是让技术人员在设计程序时能以一种生活化、可读性更高的设计概念来进行程序的开发，使所开发出来的程序容易扩充、修改和维护，以弥补面向过程程序设计的不足。

1. OOP的主要特征

OOP的本质是把数据和处理数据的过程当成一个整体——对象(Object)，在OOP中，现实世界中客观存在的事物都被称为对象，而对于一组具有相同属性和行为的对象可归纳为类(Class)。例如，小明同学是一个对象，而其所表示的学生则是一个类。类是用户定义的一种新的数据类型，是OOP的核心。OOP的主要特性如图1-2所示。

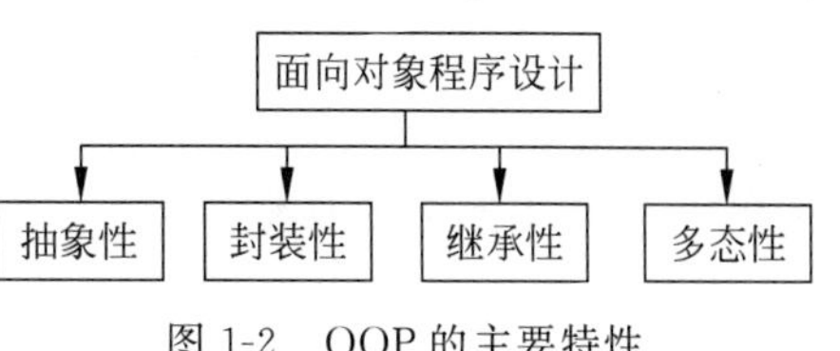

图1-2 OOP的主要特性

(1) 抽象(Abstract)。

在面向对象的程序设计中，每一种事物都可以称为“对象”，每一个“对象”包含多个特性。把同一类“对象”的特性概括地表示出来叫作抽象，比如，就学生这个群体而言，有学号、姓名、身高、体重、专业等抽象特性，也有上课、上自习、去操场上运动、去食堂就餐、回寝室休息等抽象的行为。

抽象是一种从一般的观点看待事物的方法，即集中于事物的本质特征，而不是具体细节或具体实现。面向对象的方法鼓励开发人员以抽象的观点看待程序，即程序是由一组抽象的对象组成的。另外，又可以将一组对象的共同特征抽象出来，形成类的概念。根据对象的定义，类是具有相同的属性和操作的一组同类型对象的集合，它为属于该类的全部对象提供了统一的抽象描述，其内部包括属性和操作两个主要部分。这两个部分也是对象分类的依据，只有给出对象的属性和操作，才算对这个对象有了确切的认识和定义。

(2) 封装(Encapsulation)。

在实现对象的抽象之后，把对象的动态行为和静态属性聚合为一个整体，这个步骤叫作封装。通过封装，一个对象的属性和相关的行为及操作方法可以组织在一起，形成一个类。那么这个过程就是封装。通过封装，还可以将对象的一部分属性和方法隐藏起来，让这部分属性和方法对外不可见，而留下另一些属性和方法对外可见，作为对对象进行操作的接口。这样就能合理安排数据的可访问范围，减少程序不同部分之间的耦合度，从而提高修改代码、扩充代码，以及重用代码的效率。

按照面向对象的封装原则，一个对象的属性和操作是紧密结合的，对象的属性只能由这个对象的操作来存取。对象的操作分为内部操作和外部操作，内部操作只供对象内部的其他操作使用，不对外提供。每一个外部操作对外提供一个消息接口，通过这个接口接收对象外部的消息并为之提供操作。使对象的内部数据结构对于外部而言不可访问称为信息隐藏。

数据封装一方面使得程序员在设计程序时可以专注于自己的对象，同时也切断了不同模块间数据的非法使用，减少了出错的可能性。在类中，封装是通过存取权限实现的，例如将类的属性和操作分为“公有”“私有”“保护”3种类型。从而使得对象的外部只能访问对象的公有成员，不能直接访问对象的私有成员和保护成员。

(3) 继承(Inheritance)。

继承是对于现有的类进行拓展和扩充的一种方式。所谓继承就是，保持现有类(基类)

的特性，同时在现有类（基类）的基础上，拓展出新的功能和特性而产生一个新的类（派生类）。派生类从基类的基础上继承而得到，从而达到代码功能的扩充和重用的目的。

继承是一个类可以直接获得另一个类的特性的机制，继承支持层次概念。例如，拿铁咖啡类属于（继承）咖啡类，而咖啡类又属于（继承）饮料类。通过继承，底层的类只须定义特定于它的特征，而共享高层的类特性。继承是实现代码共享的一种重要机制。

（4）多态（Polymorphism）。

多态是指不同类的对象都具有名称相同的行为，而具体行为却表现出不同的实现方式。例如，猫、狗、鸟都是动物，动物就是猫、狗、鸟的抽象，这些动物都可以叫、都可以吃，这些“叫”和“吃”的功能可以同时继承自动物类，而猫类、狗类、鸟类都是动物类的派生类。但是猫的叫声是“喵喵喵”，狗的叫声是“汪汪汪”，鸟的叫声是“啾啾啾”。猫爱吃鱼，狗爱吃骨头，鸟爱吃虫子。这就是虽然继承自同一父类，但是相应的“叫”和“吃”的操作却各不相同，这叫多态。也就是说，由继承而产生的不同的派生类，其对象对同一消息或者指令会做出不同的响应。

OOP程序设计方法首先设计类，它们准确地表示了程序要处理的东西。例如，绘图程序可能定义表示矩形、直线、圆、画刷、画笔的类，类定义描述了对每个类可执行的操作，如移动圆或旋转直线，然后就可以设计一个使用这些类的对象的程序。设计有用、可靠的类是一项艰巨的任务，幸运的是，OOP特性使程序员在编程中能够轻松地使用已有的类。厂商提供了大量有用的类库，程序员可以方便重用或修改现有的经过仔细测试的代码。

2. 面向过程和面向对象程序设计的区别

下面我们通过一个具体的例子来说明面向过程和面向对象程序设计的区别。

（1）用面向过程写出来的程序就像一份蛋炒饭，也就是米饭和炒的菜均匀地混合在了一起，因此蛋炒饭入味均匀，不会像盖浇饭那样，有的部分菜多饭少，有的部分菜少饭多。但是如果你不喜欢吃蛋炒饭，只想吃肉炒饭，那么原来做的这份蛋炒饭就得倒掉，重新做一份肉炒饭。

（2）用面向对象写出来的程序就像一份盖浇饭，也就是米饭和菜分别做好，将菜放在米饭上面，盖浇饭虽然没有蛋炒饭那样入味均匀，但是如果给了你一份土豆丝盖饭，你又不想吃了，想换成牛肉盖饭，那么只需要将米饭上面的土豆丝倒掉，重新做一份牛肉放在上面就好了。

到底是蛋炒饭好还是盖浇饭好呢？其实这类问题很难回答，如果非要对比，就必须设定一个场景，否则只能说是各有所长。例如，从饭馆角度来看，做盖浇饭显然比蛋炒饭更有优势，它可以有多种组合，而且不会浪费。

盖浇饭的好处就是菜、饭分离，从而提高了制作盖浇饭的灵活性。对饭不满意就换饭，对菜不满意就换菜。用软件工程的专业术语描述就是“可维护性”比较好，饭和菜的耦合度比较低。蛋炒饭将蛋、饭搅和在一起，想换其中任何一种都很困难，耦合度很高，以至于“可维护性”比较差。软件工程追求的目标之一就是可维护性，可维护性包括可理解性、可测试性和可修改性三个方面，面向对象的好处之一就是显著地改善了软件系统的可维护性。

1.4　C++程序入门

1.4.1　简单的C++程序

为了使读者了解什么是C++程序，下面先认识几个简单的C++程序。

【例1-1】　第一个C++程序。

```
#include<iostream>                          //包含头文件iostream
using namespace std;                        //使用C++的命名空间std
int main()
{
  cout<<"Hello C++"<<endl;
  return 0;
}
```

程序的运行情况及结果如下：

```
Hello C++
```

程序分析：

#include<iostream>指示编译器在对程序进行预处理时，将包含标准输入输出头文件iostream中的代码嵌入该指令所在的地方，其中#include为预处理指令。using namespace std是针对命名空间的指令，其作用是引用标准命名空间std。main是函数名，函数体用一对花括号包围，在C++程序中，有且只有一个名为main的函数，main()函数表示程序执行的开始点，int表示main()函数的返回值类型(标准C++规定main()函数必须声明为int，即此函数返回一个整型的函数值)。cout是一个输出流对象，与插入操作符<<配合使用，用于屏幕输出；endl表示换行符。"return 0"表示退出main()函数并以0作为返回值。程序实现了在屏幕上输出Hello C++。

【例1-2】　给出任意两个整数x和y，求其中的较大数。

```
#include<iostream>
using namespace std;
int max(int x,int y)                        //定义max()函数,函数返回值为int,x,y为形式参数
{
int z;                                      //变量声明
if(x>y)                                     //x和y进行比较,如果x>y为真
  z=x;                                      //将x的值赋给z
else
 z=y;                                       //否则将y的值赋给z
return z;                                   //将z的值返回,通过max()函数带回调用处
}                                           //本函数结束
int main()                                  //main()函数
{
int a,b,c;                                  //变量声明
cout<<"请输入两个整数:";                    //输入数据前提示信息
```

```
cin >> a >> b;                              //输入变量 a,b 的值
c = max(a,b);                               //调用 max()函数,将得到的值赋给 c
 cout << endl <<"较大值是:"<< c;            //输出较大数 c 的值
 return 0;                                  //如程序正常结束,向操作系统返回 0
}                                           //main()函数结束
```

程序的运行情况及结果如下：

```
请输入两个整数:10 20↙
较大值是:20
```

程序分析：

本程序包含两个函数：main()函数和被调用的 max()函数。程序第 3～11 行是 max()函数的定义，它的作用是将 x 和 y 中的较大者的值赋给变量 z，return 语句将 z 的值返回给主调函数 main()，返回值通过函数名 max 带回到 main()函数的调用处。main()函数的 cin 语句的作用是输入 a 和 b 的值，main()函数中的第 6 行是调用 max()函数，在调用时将实际参数 a 和 b 的值分别传送给 max()函数的形式参数 x 和 y，再经过执行 max()函数得到一个返回值，并把这个值赋给变量 c，最后通过 cout 语句输出 c 的值。

【例 1-3】 包含类的 C++程序。

```
#include <iostream>
#include <cmath>
using namespace std;
class Tri                                      //三角形类 Tri
{   private:
      double a,b,c;                            //私有成员 a,b,c,表示三角形三条边
    public:
      Tri(double x, double y, double z)        //构造函数
      {a = x;b = y;c = z;}
      double Peri()                            //求周长
      {return a + b + c;}
      double Area()                            //求面积
      {double t = (a + b + c)/2;
       double s;
       s = sqrt(t * (t - a) * (t - b) * (t - c));
      return s;
      }
    };
    int main()
    {
      Tri tria(3, 4, 5), trib(4, 4, 4);        //定义两个 Tri 类的对象 tria,trib
      cout <<"tria 的周长为: "<< tria.Peri()<<'\t'<<"面积为: "<< tria.Area()<< endl;
      cout <<"trib 的周长为: "<< trib.Peri()<<'\t'<<"面积为: "<< trib.Area()<< endl;
    }
```

程序的运行情况及结果如下：

```
tria 的周长为:12 面积为:6
trib 的周长为:15 面积为:10.8253
```

(6) 调试(Debug)。在编译阶段或链接阶段有可能出错,需反复进行上机调试程序,直到改正了所有的编译错误和运行错误。在调试过程中应该精心选择典型数据进行试算,避免因调试数据不能反映实际数据的特征而引起计算偏差和运行错误。

1.5　C++开发工具

使用C++进行程序开发,要有编译环境的支持。目前市面上较为流行的C++编译器有很多,如Dev C++、GCC和Visual MinGW等。本书上机使用Visual Studio 2017(简称VS 2017)开发C++程序,该工具是微软公司开发的Windows环境下的可视化集成环境,它将程序的编辑、编译、运行与调试等功能集成在一起,具体有关VS 2017的介绍可参考微软的Visual Studio官方网站。

VS 2017是一种支持多语言的集成开发环境,Visual C++是其中的一部分。用VS 2017编写C++程序,从创建一个项目开始,然后在项目中建立C++源程序文件。

启动VS 2017,进入操作主界面,选择"开始"→"新建"→"项目"选项,出现"新建项目"对话框,如图1-4所示。

图1-4　"新建项目"对话框

在左侧"其他语言"中选择Visual C++选项,再选择"Win 32控制台应用程序",并在"名称"框中输入项目名称为"例1.1",然后单击"确定"按钮,打开"Win32应用程序向导-例1.1"对话框,单击"下一步"按钮,打开"应用程序设置"对话框,如图1-5所示。

选定"控制台应用程序"和"空项目",单击"完成"按钮,就成功创建了一个新项目。但这是一个空项目,还没有任何功能,下面将为该项目添加源代码文件。

在"解决方案资源管理器"窗口中,为项目添加源程序文件,如图1-6所示。

右击"源文件",在弹出的快捷菜单中选择"添加"→"新建项"选项,打开"添加新项-例1.1"对话框,如图1-7所示。

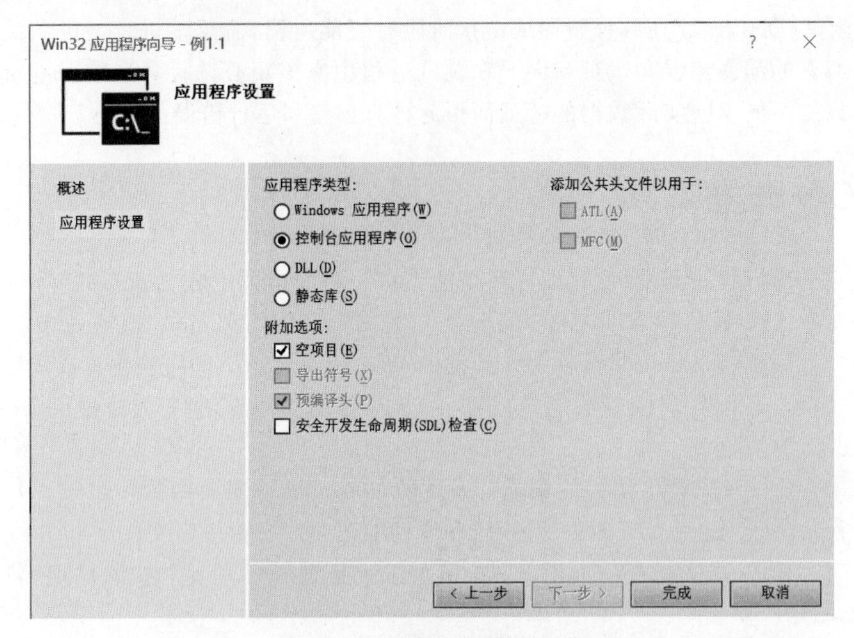

图 1-5 “应用程序设置”对话框

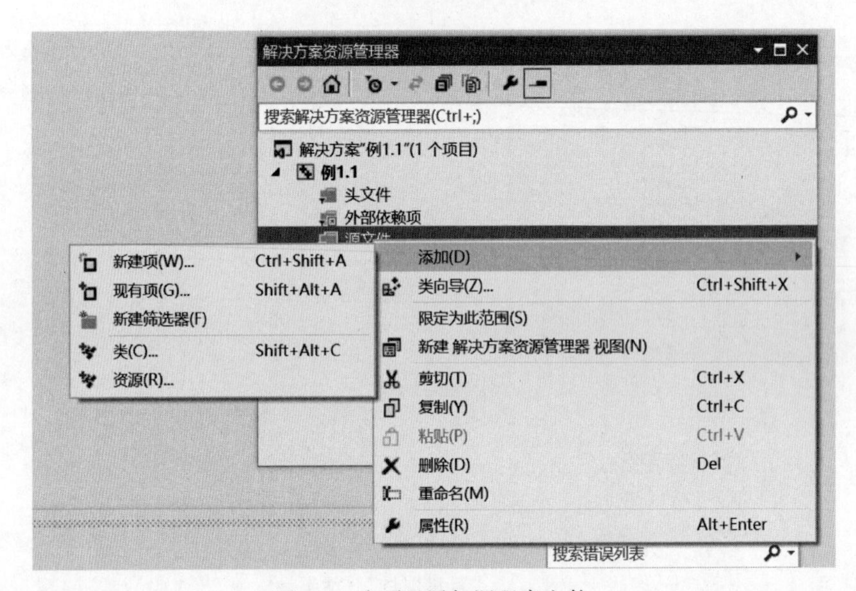

图 1-6 为项目添加源程序文件

在“名称”栏输入源代码文件，单击“添加”按钮，打开代码编辑窗口，在编辑区域输入例 1-1 中的程序代码，如图 1-8 所示。

选择“调试”→“开始执行(不调试)”选项，编译系统开始编译、链接和执行程序，并在屏幕上显示执行结果，如图 1-9 所示。

如果是打开一个已经建立好的项目，则选择“文件”→“打开”→“项目/解决方案”选项，启动“打开项目”对话框，指定对应的项目文件(扩展名为. sln)，单击“打开”按钮，就可以直接打开图 1-8 所示的代码编辑窗口。

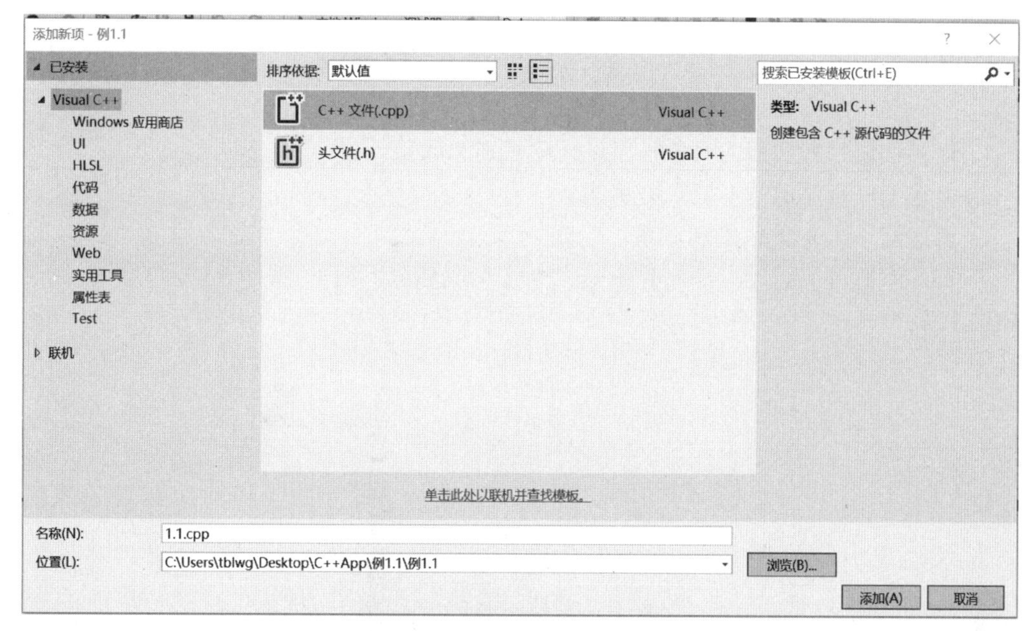

图 1-7　“添加新项-例 1.1”对话框

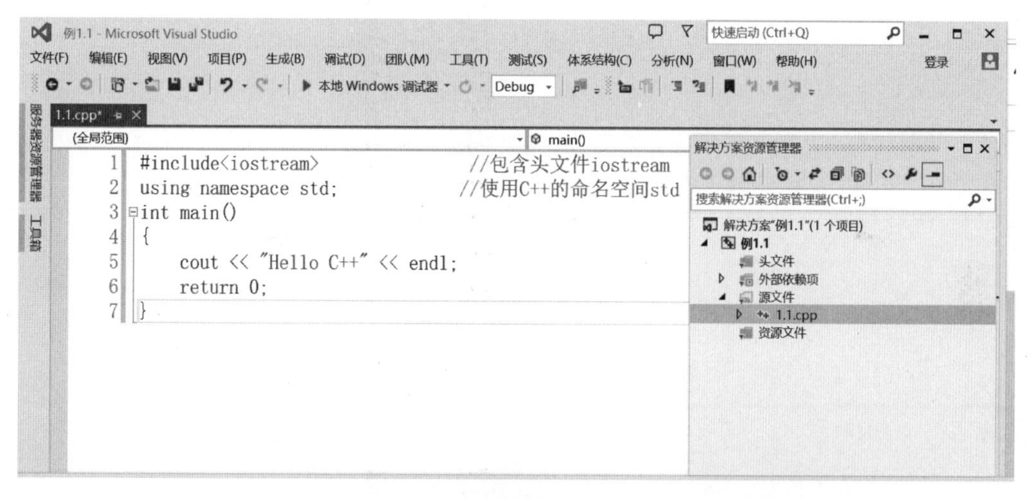

图 1-8　代码编辑窗口

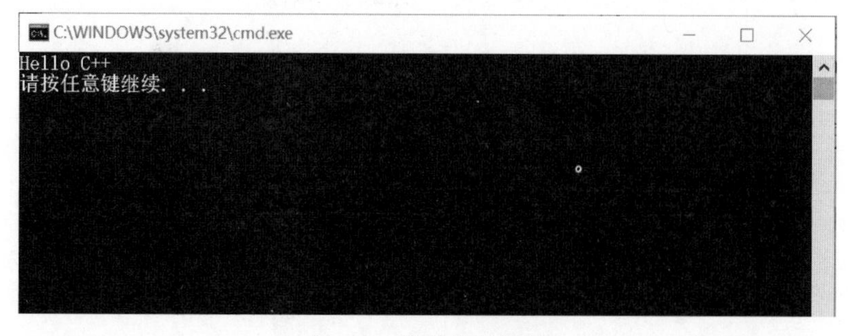

图 1-9　代码执行结果

练习题

1. 简述面向过程和面向对象程序设计的区别和联系。

2. 简述 C++程序的基本要素有哪些。

3. 简述 C 与 C++的区别和联系。

4. 将本章所有例题，在 Visual Studio 2017 集成环境下编辑、编译、链接和运行，观察其输出结果。

第2章 数据存储、表示和运算

计算机是用来处理数据的工具，利用计算机进行程序设计，应该首先了解数据在计算机中是怎样存储的，数据在程序中如何表示，以及程序中如何对数据进行运算等。只有掌握了这些基本知识，才能顺利地进入C++程序设计。由于这些内容涉及许多具体规定，学习起来比较枯燥，建议读者在学习本章时，可以大致浏览一下，知道有关的主要内容即可，有些细节不必深究，更不需死记硬背。在学习后面章节以及进行程序设计的具体过程中，遇到有关这方面的问题时，再回头仔细查阅本章的内容，这样会有更深的体会，学习负担也会减轻一些。

2.1 数据类型

计算机内存包含有一定量的存储单元，每个存储单元可以存放1字节（即8个二进制位），存储器的容量就是指它包含的存储单元的总和，单位为KB(1KB=1024B)、MB(1MB=1024KB)或GB(1GB=1024MB)。每个存储单元都有唯一的地址，存储单元的地址是连续的、不重复的。CPU是按地址对存储器进行访问，进而运行程序、存储数据。

假定一个64KB内存，CPU运行程序如图2-1所示。程序通常以文件的形式存储在外存储器（硬盘、光盘、优盘等）中，当程序运行时，程序代码、数据等被编译程序按照一定的规则放在内存中，CPU也依据同样的规则在内存寻址，控制程序运行。其中，内存地址是用十六进制形式(0x)表示的，0x0000表示该地址为64KB内存单元的起始地址，0xFFFF表示该地址为64KB内存单元的结束地址。如果转化为十进制的地址形式，则第一个内存单元到最后一个内存单元依次是0，1，2，3，…，65533，65534，65535($2^{16}-1$)。

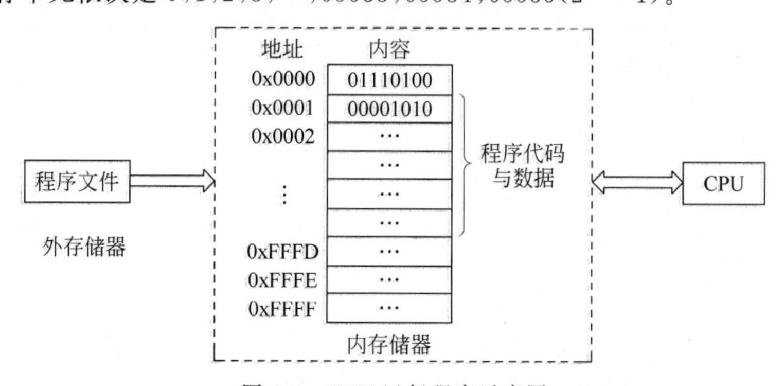

图2-1 CPU运行程序示意图

在程序运行时，CPU按照寻址的方式从内存中取出指令、存取数据。但是，不同的数据类型在内存中的存储方式不同。例如整型数据是以补码的方式存放的，而实型数据是以

IEEE 浮点型数据格式存放的。CPU 要正确存取数据，首先要知道这些数据的类型。C++程序处理的数据包括常量和变量，常量和变量都具有类型。

在 C++中可使用的数据类型分为基本类型和导出类型两大类，如图 2-2 所示。基本类型是 C++语言编译系统内置的；导出类型是用户根据程序设计的需要，按 C++的语法规则，由基本类型构造出来的数据类型。当然，由这些数据类型还可以构成更复杂的数据结构。例如，由指针和结构体类型可以构成链表、树、栈等复杂的数据结构。

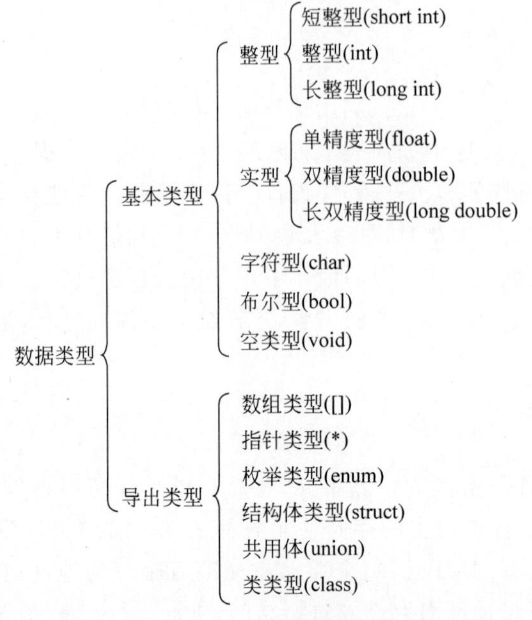

图 2-2　C++支持的数据类型

数据类型决定了数据的存储方式、表示形式和支持的运算，本章只介绍基本数据类型在存储、表示和运算方面的特点，导出数据类型在后面的有关章节中进行介绍。C++并没有统一规定各类数据的精度、取值范围和在内存中所占的字节数，由 C++编译器根据自己的情况做出安排，Visual C++的基本数据类型的字节数和取值范围的情况如表 2-1 所示。

表 2-1　Visual C++基本数据类型的字节数和取值范围

类型标识符	名　称	占用字节数	取值范围
bool	布尔型	1	true 或 false
char	字符型	1	－128～127
unsigned char	无符号字符型	1	0～255
short int	有符号短整型	2	－32 768～＋32 767
unsigned short int	无符号短整型	2	0～65 535
int	有符号整型	4	$-2^{31}\sim(2^{31}-1)$
unsigned int	无符号整型	4	$0\sim(2^{32}-1)$
long int	有符号长整型	4	$-2^{31}\sim(2^{31}-1)$
unsigned long int	无符号长整型	4	$0\sim(2^{32}-1)$
float	实型(单精度型)	4	$\pm10^{-37}\sim\pm10^{38}$
double	双精度型	8	$\pm10^{-307}\sim\pm10^{308}$
long double	长双精度型	16	$\pm10^{-4931}\sim\pm10^{4932}$

2.2　常量

常量是指在程序运行过程中其值始终不变的量，常量包括两大类，数值型常量和字符型常量，一般从其字面形式就可以判断其是否为常量。例如，10、0、－3 是整型常量，而 4.6、－10.0 是实型常量，包含在两个单引号之间的字符为字符常量，如'a'、'X'。

2.2.1　数值常量

1. 整型常量

从 2.1 节已知，整型数据可分为 int、short int、long int、unsigned int 等类别，那么，对于一个整型常量，怎样从字面上区分为这些类别呢？

如果整数值在－32 768～32 767 内，认定为短整型(short int)，它可以赋值给 int、short int 和 long int 型变量。如果整数值在$-2^{31}\sim2^{31}-1$内，则认定为 long int 型，可以将它赋值给 int 和 long int 型变量。

C++中整型常量可用三种不同形式表示。

(1) 十进制整数。如 12、－456、0 等。还可以在整数常量后面加 L 或 l 来表示长整型常数，加 U 或 u 结尾来表示无符号整型常数，如 12L 是长整型常数，12U 是无符号整型常数。

(2) 八进制整数。以 0 开头，由数字 0～7 组成的整型常量是八进制常数，如 020，表示这是八进制数 20，它相当于十进制数 16。

(3) 十六进制整数。以 0x 开头，且符合十六进制数表示规范的常数为 C++中的十六进制整数，如 0x123、0xAB。

整数在存储单元中以二进制补码形式存储，即最高位表示符号位。不同类型的整数 12 在存储单元中的存储情况如图 2-3 所示，而－12 在存储单元中的存储情况如图 2-4 所示。

图 2-3　整数 12 在存储单元中的存储情况

图 2-4　整数－12 在存储单元中的存储情况

2. 浮点型常量

浮点型能够表述带小数部分的数字。浮点数有两种表示形式。

(1) 十进制小数形式。由 0～9 的数字和小数点(必须有小数点)组成，如 0.21、.39、23.0 都是合法的实型常量。

（2）指数形式(即科学记数法)。以 10 的方幂表示，其中基数 10 用字母 E(或 e)代替，如 1.23E3 代表实数 1.3×10^{3}，12.3e−3 代表实数 12.3×10^{-3}。

注意，指数形式在 E(或 e)的前面必须有数字，且在 E(或 e)之后的指数部分必须是整数，指数形式适合于非常大或者非常小的数。

从 2.1 节已知，实型数据可分为单精度(float)、双精度(double)和长双精度(long double)，实型常量从字面上如何区分呢？

如果不加任何说明，实型常量在 C++编译系统中按双精度浮点型处理，如果在实型常量后面加上 f(或 F)，则表示该常数为 float 型，如果在实型常量后面加上 l(或 L)，则表示该常数为 long double 型。例如：

```
3.6                                  //double 型(默认)
3.6f                                 //float 型
3.6l 或 3.6L                         //long double 型
3.5e12                               //double 型(默认)
3.5e12f                              //float 型
3.5e12l 或 3.5e12L                   //long double 型
```

2.2.2 字符常量

在 C++语言中，用单引号括起来的一个字符，称为字符常量。如'a'、'&'、'1'都是合法的字符常量，一个字符常量在存储时占用一字节，存储的内容是该字符所对应的 ASCII 码。

在计算机中普遍采用美国信息交换标准代码(American Standard Code for Information Interchange，ASCII)来表示西文字符和常用符号，如表 2-2 所示。ASCII 码用七位二进制数表示一字母或字符信息，共表示 $2^{7}=128$ 种不同的字符，包括 32 个控制码和 96 个符号。由于计算机中的存储单位为字节，因此 ASCII 码在计算机中表示时，最高位补零，组成 8 位二进制数，存储时占用一字节。

表 2-2 美国信息交换标准代码(ASCII)

高位 MSD / 低位 LSD		0	1	2	3	4	5	6	7
		000	001	010	011	100	101	110	111
0	0000	NUL	DLE	SP	0	@	P	`	p
1	0001	SOH	DC1	!	1	A	Q	a	q
2	0010	STX	DC2	"	2	B	R	b	r
3	0011	ETX	DC3	#	3	C	S	c	s
4	0100	EOT	DC4	$	4	D	T	d	t
5	0101	ENQ	NAK	%	5	E	U	e	u
6	0110	ACK	SYN	&	6	F	V	f	v
7	0111	BEL	ETB	'	7	G	W	g	w
8	1000	BS	CAN	(	8	H	X	h	x
9	1001	HT	EM	)	9	I	Y	i	y
A	1010	LF	SUB	*	:	J	Z	j	z
B	1011	VT	ESC	+	;	K	[	k	{
	1100	FF	FS	,	>	L	\	l	|

续表

低位 LSD \ 高位 MSD		0	1	2	3	4	5	6	7
		000	001	010	011	100	101	110	111
D	1101	CR	GS	-	=	M	]	m	}
E	1110	SO	RS	.	>	N	↑	n	→
F	1111	SI	US	/	?	O	←	o	DEL

ASCII 码表中 96 个可见字符分别是字母、数字和标点符号，C++程序语言都是用字符常量的形式引用这些常用的西文字符的，如 'a'、't '、'O'、'＋'等。

ASCII 码表中 32 个控制字符、单引号、双引号、反斜杠符等用上述方法是无法表示的。为此，C++中提供了另一种表示字符常量的方法，即所谓的转义字符。转义字符是以转义符\开始，后跟一个字符或字符的 ASCII 码的形式来表示一个字符。C++中预定义的转义字符及其含义如表 2-3 所示。

表 2-3　C++中预定义的转义字符及其含义

转 义 字 符	名　　称	功能或用途
\a	响铃	用于输出
\b	退格(Backspace 键)	用于退回一个字符
\f	换页	用于输出
\n	换行符	用于输出
\r	回车符	用于输出
\t	水平制表符(Tab 键)	用于输出
\v	纵向制表符	用于输出
\\	反斜杠字符	用于输出或文件的路径名中
\’	单引号	用于需要单引号的地方
\”	双引号	用于需要双引号的地方
\ddd	1～3 位八进制数代表的字符	可任意表示一个 ASCII 码
\xhh	1、2 位十六进制数代表的字符	可任意表示一个 ASCII 码

注意：若转义符后跟字符的 ASCII 码，则其必须是一个八进制或十六进制数，取值范围为 0～255，如表 2-3 的后两行所示。该八进制数可以以 0 开头，也可以不以 0 开头，而十六进制数必须以 x 开头。例如，'\032'、'\32'、'\x24'、'\0'等都是合法的字符型常量。

【例 2-1】　转义字符的应用。

```
#include <iostream>
using namespace std;
int main()
{
    cout <<"c:\tc\tc"<<'\n';            //'\t'是转义字符,意为将光标移到下一个输出区
    cout <<"c:\\tc\\tc"<<'\n';          //要输出反斜杠字符'\',必须写成'\\'
    return 0;
}
```

程序的运行情况及结果如下：

```
c:      c       c
c:\tc\tc
```

在上述程序中，'\t'和'\n'都是常用的转义字符，'\t'相当于制表键 Tab，表示将当前光标移到下一个输出区（一个输出区占 8 列字符宽度）。'\n'相当于回车键 Enter，表示将当前光标移动到下一行。这两个转义字符常用到输出语句中，用来调整输出结果的格式。如果要输出反斜线'\'，则应该在 cout 语句中写成'\\'，这样程序才能正确运行。

2.2.3 字符串常量

在 C++程序语言中，用双引号括起来的一串字符序列称为字符串常量，"abc"、"a+b"、"hello"等都是字符串常量。字符串常量是以 ASCII 码的形式在内存中连续存放的，并且自动以字符'\0'作为字符串结束标记。

例如，字符串"CHINA"在内存中占用 6 字节（而不是 5 字节），如图 2-5 所示。

01000011	01001000	01001001	01001110	01000001	00000000	"CHINA"存储的二进制表示形式
'C'	'H'	'I'	'N'	'A'	'\0'	"CHINA"存储的字符表示形式

图 2-5 字符串"CHINA"在存储空间的两种表示形式

字符串结束标识'\0'是编译系统自动加到字符串后面的，系统据此判断字符串是否结束，在程序中也可以用 0 来表示它。

01100001	00000000

字符串"a"以'\0'结束占2字节

01100001

字符'a'占1字节

图 2-6 字符串"a"和字符'a'的存储情况

因此，编译系统对字符串常量和字符常量的处理是有区别的，例如，字符串常量"a"和字符常量'a'，它们各自的存储情况如图 2-6 所示。

2.3 变量

2.3.1 变量的定义

1. 变量的概念

在程序的执行过程中，其值可以改变的量称为变量。变量由用户指定数据类型并命名，该名字称为变量名，编译系统根据其数据类型在内存中分配一定的存储单元，并按变量名对该数据单元进行存取。每个变量都有一个名字，并在内存中占据一定的存储单元，在该存储单元中存放变量的值。变量名和变量值是两个不同的概念，使用过程中注意区分。

2. 变量的命名规则

变量的命名必须符合一定的语法规则。在 C++中，用来标识变量名、函数名、数组名、用户自定义类型名等名称的字符序列称为标识符，符合标识符规则的名字才能被 C++系统正确地识别、使用。

C++规定，标识符是由字母、数字和下画线这三类字符组成的，且第一个字符只能是字母或下画线，不能是数字字符。同时，C++是大小写敏感的，同一字母的大小写被认为是两个不同的字符，如 CH 和 ch 是两个不同的标识符。

一般地，变量名用小写字母表示，尽量做到见其名知其义，而具体来说变量命名已有多种风格方法。例如，在变量前面加字母表示该变量的类型，如 iCount 表示这是一个整型变量，cSex 表示这是一个字符变量，这种方法称为“匈牙利变量命名法”。或者用几个单词组成一个变量名，如用 studentName，小写字母开头，第二个单词的第一个字母用大写，这种方法称为“驼峰命名法”。也有人喜欢用几个单词组成变量名，中间用下画线连接，如 number_of_student。用什么方法表示变量名并无统一规定，由编程者的风格决定。考虑到国内读者的习惯和方便，本书的变量名尽量采用简单而有含义的名字，如 stu、count、age、score、i 等。

另外，一些在 C++语法中用到的单词或字符称为关键字或保留字，不可以作为标识符，如定义变量类型的 int、double 等。C++的主要关键字如下：asm，auto，bool，break，case，catch，char，class，const，constexpr，continue，default，delete，do，double，dynamic_cast，else，enum，explicit，export，extern，false，float，for，friend，goto，if，inline，int，long，mutable，namespace，new，operator，private，protected，public，register，reinterpret_cast，return，short，signed，sizeof，static，static_cast，struct，switch，template，this，throw，true，try，typedef，typeid，typename，union，unsigned，using，virtual，void，volatile，wchar_t，while。

另外，下列单词也被保留：and，bitor，not_eq，xor，and_eq，compl，or，xor_eq，bitand，not，or_eq。

C++还使用了一些字符作为编译预处理的命令单词，常用的有 6 个：define，endif，ifdef，ifndef，include，undef。

这些命令单词被赋予了特定含义，程序员在定义标识符时也不能使用它们。

下面的命名均是不合法的标识符：

```
-123                    //字符"-"不是下画线
2xy                     //首字符不能是数字
Name_&                  //不能使用字母、数字或下画线之外的字符命名
int                     //不能使用关键字命名
```

C++没有规定标识符的最大长度，由编译系统自行规定。有的系统规定 32 个字符，Visual C++编译器允许使用长达 247 个字符的标识符，在标识符中恰当运用下画线、大小写字母混用以及使用较长的名字都有助于提高程序的可读性。

3. 变量的声明

在 C++中，不管什么类型的变量，必须遵循“先声明，后使用”的原则。变量声明，就是在内存中给变量开辟一个存储空间，并指定该存储空间的数据类型和名字。

变量声明的一般格式为：

类型说明符 变量名 1，变量名 2，…，变量名 n;

例如：

```
int i;                          //声明了 1 个整型变量
char c1, c2;                    //声明了 2 个字符型变量
float x, y, z;                  //声明了 3 个实型变量
double distance, weight;        //声明了 2 个双精度型变量
```

变量声明语句可以出现在程序中语句可出现的任何位置。一般情况下，同一变量只做一次定义性说明。当要改变一个变量的值时，就是把变量新的取值存放到为该变量所分配的内存单元中，称为对变量的赋值。当用到一个变量的值时，就是从该内存单元中复制出数据，称为对变量的引用。对变量的赋值与引用统称为对变量的操作或使用，一旦对变量作了定义性说明，就可以多次使用该变量。

4. 变量的初始化

首次引用变量时，变量必须有一个确定的值，变量的这个值称为变量的初始值。在C++中可用两种方法给变量赋初值。

(1) 在变量声明时，直接赋初值。例如：

```
int i = 1, j = 2, k = 3;                    //使 i、j、k 的初值分别为 1、2、3
float x = 12.3;                             //使 x 的初值为 12.3
char c1 = 'A';                              //使 c1 的初值为'A'
```

(2) 使用赋值语句赋初值。例如：

```
float x;
x = 12.3;                                   //使 x 的初值为 12.3
```

如果声明了一个变量，在未初始化之前，引用其存储空间的值是不确定的。例如：

```
float x;                                    //声明 x 变量
cout << x;                                  //被引用的 x 未初始化,其值是不确定的
```

因此，使用变量的一个重要习惯就是对其正确地初始化。

【例 2-2】 变量的定义及引用。

```
#include <iostream>
using namespace std;
int main()
{
    int a, b, sum;        //在内存中开辟了三个整型单元,名字分别是 a、b 和 sum,如图 2-7 所示
    a = 10;               //对整型单元 a 赋值 10,如图 2-8 所示
    b = 20;               //对整型单元 b 赋值 20,如图 2-8 所示
    sum = a + b;          //计算后对整型单元 sum 赋值 30,如图 2-9 所示
    cout <<"sum = "<< sum << endl;  //输出结果
    return 0;
}
```

程序的运行结果如下：

```
sum = 30
```

程序分析：

(1) 语句“int a,b,sum;”运行后内存单元情况如图 2-7 所示。

(2) 语句“a=10;b=20;”运行后内存单元情况如图 2-8 所示。

(3) 语句“sum=a+b;”运行后内存单元情况如图 2-9 所示。

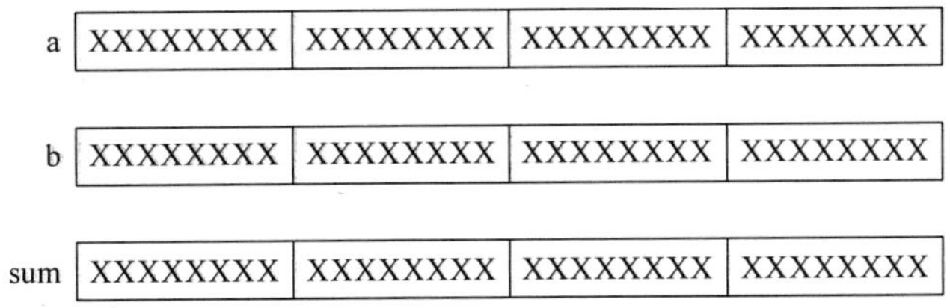

a	XXXXXXXX	XXXXXXXX	XXXXXXXX	XXXXXXXX
b	XXXXXXXX	XXXXXXXX	XXXXXXXX	XXXXXXXX
sum	XXXXXXXX	XXXXXXXX	XXXXXXXX	XXXXXXXX

图 2-7　整型变量 a、b、sum 只开辟空间，并未赋值，其存储单元中的内容是不确定的

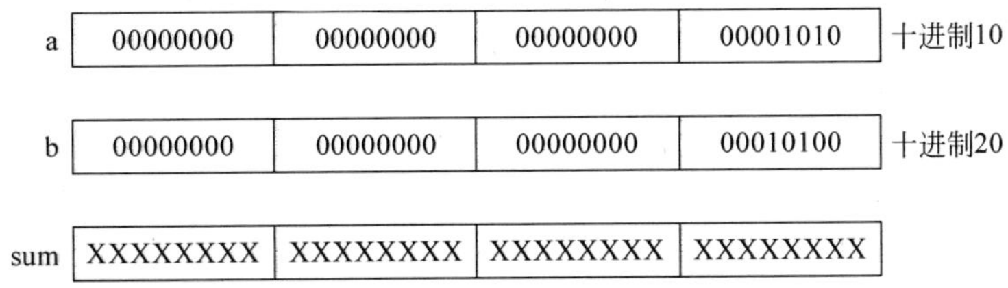

a	00000000	00000000	00000000	00001010	十进制10
b	00000000	00000000	00000000	00010100	十进制20
sum	XXXXXXXX	XXXXXXXX	XXXXXXXX	XXXXXXXX	

图 2-8　变量 a、b 赋值后存储空间情况

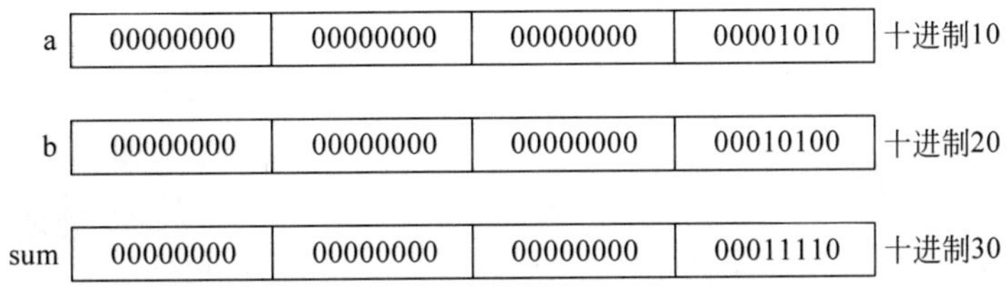

a	00000000	00000000	00000000	00001010	十进制10
b	00000000	00000000	00000000	00010100	十进制20
sum	00000000	00000000	00000000	00011110	十进制30

图 2-9　变量 sum 赋值后存储空间情况

2.3.2　数值变量

1. 整型变量

从 2.1 节可知，C++支持的整型变量的类型定义格式和表示范围如表 2-4 所示，其中方括号内为可选项，在程序中可以省略。

表 2-4　C++整型变量的定义方式和表示范围

符　号	定义方式	字节数	表示范围
有符号	[signed]　short　[int]	2	−32 768～32 767
	[signed]　int	4	-2^{31}～$(2^{31}-1)$
	[signed]　long　[int]	4	-2^{31}～$(2^{31}-1)$
无符号	unsigned　short　[int]	2	0～65 535
	unsigned　int	4	0～$(2^{32}-1)$
	unsigned　long　[int]	4	0～$(2^{32}-1)$

整型变量的基本类型为 int，按照所涉及数据的大小范围又可分为短整型(short int)和长整型(int long)，在 C++编译系统中，短整型数据分配 2 字节的存储单元，整型和长整型数据分配 4 字节的存储单元。

有符号整型数据均以补码形式存取，即最高位表示符号位。因此，短整型数据的表示范围是−32 768～32 767，整型和长整型数据的表示范围是-2^{31}～$(2^{31}-1)$。

如果整型变量定义时用 unsigned 进行修饰，那么表示这个整型变量空间存放的数据是不带符号的数据，即最高位不是符号位，仍表示数据。也就是说，这个存储空间的值永远是正数。

【例 2-3】 不同整型变量的使用。

```
using namespace std;
int main()
{
    short int a = -1;                    //a 为有符号短整型变量
    unsigned short b;                    //b 为无符号短整型变量
    b = a;                               //a 的存储空间中的数据赋给 b,如图 2-10 所示
    cout <<"b = "<< b << endl;           //b 存储空间中的数据以无符号的格式输出
    return 0;
}
```

程序的运行结果如下：

```
b = 65535
```

a	11111111	11111111
b	11111111	11111111

图 2-10 变量 a 中的数据赋值给变量 b

程序分析：

变量 a、b 的赋值过程如图 2-10 所示。

变量 a 是以补码的形式存储的，最高位为符号位，其值为－1。变量 b 为无符号型，其最高位表示数据，是一个正数，所以其值为 65 535。

2. 浮点型变量

从 2.1 节已知，C++浮点型变量分成三种，分别是单精度（float）、双精度（double）和长双精度（long double）型。浮点型三种数据类型的定义方式和表示范围如表 2-5 所示。

表 2-5 浮点型变量的定义方式和表示范围

定义方式	占用字节数	有效数字	数值范围
float	4	6、7	$\pm10^{-37}\sim\pm10^{38}$
double	8	15、16	$\pm10^{-307}\sim\pm10^{308}$
long double	16	18、19	$\pm10^{-4931}\sim\pm10^{4932}$

由于有效数字的限制，浮点型运算存在着一定的误差。例如，一个浮点型变量经计算后结果为 1，那么其输出值可能为 0.999 999 或 1.000 001。

【例 2-4】 浮点型数据的使用。

```
#include < iostream >
using namespace std;
int main()
{
    float a, b;                                     //定义单精度浮点型变量
    double c, d;                                    //定义双精度浮点型变量
    a = 0.01;                                       //将双精度常数赋给单精度变量
    b = 1.45678e-2;                                 //同上
    c = 2.45678e-2;                                 //为双精度变量赋值
    d = 3.7654e-5;                                  //同上
    cout <<"a = "<< a <<'\t'<<"b = "<< b << endl;   //输出结果
```

```
    cout <<"c = "<< c <<'\t'<<"d = "<< d << endl;
    return 0;
}
```

程序的运行结果如下：

```
a = 0.01          b = 0.0145678
c = 0.0245678     d = 3.7654e-005
```

其中，变量 d 的输出形式是编译系统根据数值的大小自动调整的。

2.3.3 字符变量

字符变量用来存放字符型常量，字符变量分配 1 字节的空间，里面存放相应字符常量的 ASCII 码。

将一个字符数据存放到内存单元时，实际上并不是把字符本身放到内存中，而是将该字符的 ASCII 码放到存储单元中。例如：

```
char c = 'a';
```

此时字符变量 c 的值是字符 a，如图 2-11(a)所示。但变量的内存单元中存放的是字符 a 的 ASCII 码，十进制表示是 97，如图 2-11(b)所示。而实际上在内存单元中是以 ASCII 码的二进制形式存放的，如图 2-11(c)所示。

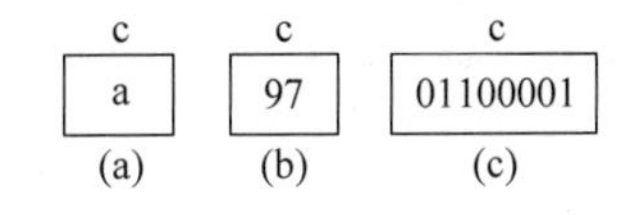

图 2-11 字符数据的值和存储形式

由于 ASCII 码的存储形式与整型数据相似，其编码值直接就可以用整型常量来表示，因此也可以用整型常量为字符型变量赋值。因此，如果有定义语句 char grade;，那么下列语句的执行结果是等价的。

```
grade = 'A';                    //字符常量 A
grade = 65;                     //十进制整数,是字符 A 的 ASCII 编码值
grade = 0101;                   //八进制整数,是字符 A 的 ASCII 编码值
grade = 0x41;                   //十六进制整数,是字符 A 的 ASCII 编码值
grade = '\101';                 //字符 A 的八进制转义字符形式
grade = '\x41';                 //字符 A 的十六进制转义字符形式
```

字符变量实际上是以 ASCII 码存储的，它的存储形式跟整数的存储形式类似。这样，C++ 中字符数据和整型数据之间就可以通用，一个字符数据可以赋给一个整型变量，反之，一个整型数据也可以赋给一个字符变量。也可以对字符数据进行算术运算，此时相当于对它们的 ASCII 码进行算术运算。

【例 2-5】 字符数据和整型变量赋值。

```
#include < iostream >
using namespace std;
int main()
{
    int i,j;                        //i 和 j 是整型变量
    i = 'A';                        //将字符常量赋给整型变量 i
```

```
    j = 'B';        //将字符常量赋给整型变量 j
    cout << i <<'\t'<< j << endl;
    return 0;
}
```

程序的运行结果如下：

```
65      66
```

程序分析：

由于字符 A 和字符 B 的 ASCII 码分别为 65 和 66，所以 i 和 j 的值分别为 65 和 66。

在一定条件下，字符数据和整型数据是可以通用的，但要注意字符数据只占 1 字节，它只能存放 0～255 的整数。

【例 2-6】 字符大小写转换。

```
#include <iostream>
using namespace std;
int main()
{
    char c1, c2;
    c1 = 'B';
    c2 = c1 + 32;           //将大写字符转换为小写字符
    cout << c1 <<'\t'<< c2 << endl;
    return 0;
}
```

程序的运行结果如下：

```
B       b
```

程序分析：

观察 ASCII 码表可以看出，大写字符和小写字符的 ASCII 码相差 32，将大写字符加 32 换成小写，同理，将小写字符减 32 换成大写。

2.3.4 常变量

定义变量时，如果加上关键字 const，则变量的值在程序运行期间不能改变，这种变量称为常变量(constant variable)。例如：

```
const int PI = 3.14159;     //用 const 来声明这种变量的值不能改变，指定其值始终为 3.14159
```

在定义常变量时必须同时对它初始化（即指定其值），此后它的值不能再改变。常变量不能出现在赋值号的左边。例如上面一行不能写成：

```
const int PI;
PI = 3.14159;               //错误，常变量不能被赋值
```

变量的值应该是可以变化的，怎么值是固定的量也称变量呢？其实，从计算机实现的角度看，变量的特征是存在一个以变量名命名的存储单元，在一般情况下，存储单元中的内容是可以变化的。对常变量来说，无非在此变量的基础上加上一个限定：存储单元中的值不允许变化。因此常变量又称为只读变量(read-only-variable)。

用＃define 命令定义符号常量是 C 语言所采用的方法，C++为了兼容 C，仍然保留了该用法，但是 C++的程序员一般喜欢用 const 定义常变量。虽然二者实现的方法不同，但从使用的角度看，都可以认为用一个标识符代表一个常量。有些书上把用 const 定义的常变量也称为定义常量，但读者应该了解它和符号常量的区别。

符号常量只是用一个符号代替一个字符串，在预编译时把所有符号常量替换为所指定的字符串，它没有类型，在内存中并不存在以符号常量命名的存储单元。而常变量具有变量的特征，它具有类型，在内存中存在着以它命名的存储单元，可以用 sizeof 运算符测出其长度。与普通变量唯一的区别是指定变量的值不能改变。

【例 2-7】 符号常量和常变量的使用。

```
#include <iostream>
using namespace std;
#define  PI  3.14159                           //使用 PI 表示常量 3.14159
int main()
{
    double  s;                                 //变量 s 代表圆的面积
    const double radius = 2.5;                 //常变量 radius 代表圆的半径
    s = PI * radius * radius;                  //计算圆的面积
    cout <<"圆的面积 = "<< s << endl;          //输出结果
    return 0;
}
```

程序的运行结果如下：

```
圆的面积 = 19.6349
```

2.4　运算符与表达式

在 C++中，对常量或变量进行运算或处理的符号称为运算符，参与运算的对象称为操作数，操作数通过运算符组合成 C++的表达式，表达式是构成 C++程序的一个很重要的基本要素。

C++中有几十种运算符，运算符具有优先级和结合方向。例如，四则运算的运算顺序可以归纳为“先乘、除，后加、减”，即乘、除运算的优先级高于加减运算的优先级。一般地，如果一个操作数的两边有不同的运算符，首先执行优先级别较高的运算。运算符的结合方向是对级别相同的运算符而言的，说明了在几个并列的级别相同的运算符中运算的次序。C++中各种运算符的优先级别和同级别运算符的运算顺序如表 2-6 所示。其中，优先级别的数字越小，表示优先级越高。

表 2-6　运算符的优先级别和运算顺序

优先级别	运　算　符	运算形式	名称或含义	运算顺序
1	()	(e)	圆括号	自左至右
	[ ]	a[e]	数组下标	
	.	x. y	成员引用符	
	-＞	p-＞x	用指针访问结构体成员	
2	＋、－	－e	正号和负号	自右至左
	＋＋、－－	＋＋x 或 x＋＋	自增运算和自减运算	
	!	!e	逻辑非	
	～	～e	按位取反	
	(t)	(t)e	类型转换	
	*	*p	由地址求值	
	&	&x	求变量的地址	
	sizeof	sizeof(t)	求某类型变量的长度	
3	*、/、%	e1 * e2	乘、除和求余	自左至右
4	＋、－	e1＋e2	加和减	自左至右
5	＜＜、＞＞	e1＜＜e2	左移和右移	自左至右
6	＜、＜＝、＞、＞＝	e1＜e2	关系(比较)运算	自左至右
7	＝＝、!＝	e1＝＝e1	等于和不等于比较	自左至右
8	&	e1&e2	按位与	自左至右
9	∧	e2∧e2	按位异或	自左至右
10	|	e2|e2	按位或	自左至右
11	&&	e2&&e2	逻辑与	自左至右
12	||	e1||e2	逻辑或	自左至右
13	?:	e1? e2:e3	条件运算	自右至左
14	＝		赋值运算	自右至左
	＋＝、－＝、*＝、 /＝、%＝、 ＞＞＝、＜＜＝、&＝、 ∧＝、 |＝		复合赋值运算	自右至左
15	,	e1, e2	逗号运算	自左至右

说明："运算形式"一栏中各字母的含义，a为数组，e为表达式，p为指针，t为类型，x、y为变量。

从表2-6可以看出，括号的优先级最高，所以如果要改变混合运算的运算次序，或者对运算次序把握不准时，都可以使用括号明确规定运算顺序。

C++提供的运算符较多，本节只详细介绍C++中的算术运算符、赋值运算符、关系运算符、逻辑运算符、逗号运算符、sizeof运算符和位运算符及其表达式，其他运算符将在后续各章节涉及时再进行介绍。

2.4.1　算术运算符

算术运算符的操作对象是数值型数据，C++的算术运算符有5个：＋(加)、－(减)、

*(乘)、/(除)、%(求余)。关于它们的使用说明,有以下3点说明。

(1) 运算符的优先级。*(乘)、/(除)和%(求余)的优先级相同,比+(加)和-(减)的优先级高。

(2) /(除)运算。如果除数和被除数均为整型数据,则结果也是整型,否则结果为实型。例如,3/2的结果为1,而3.0/2的结果为1.5,2/3的结果为0。但是,如果除数或被除数中有一个为负数,则舍入的方向是不固定的,C++中采取"向零取整"的方法,即5/3=1,-5/3=-1,取整后向零靠拢。

(3) %(求余)运算。%(求余)运算又称模运算,%运算符两侧均应为整型数据,其运算结果为两个操作数做除法运算的余数,并且余数的符号与左边操作数的符号相同。例如,8%3的结果为2,-8%3的结果为-2,8%-3的结果为2。

在C++中,不允许两个算术运算符紧挨在一起,也不能像在数学运算式中那样,任意省略乘号,或用中圆点·代替乘号等。如果遇到这些情况,应该使用括号将连续的算术运算符隔开,或者在适当的位置上加上乘法运算符。例如,习惯上的算术表达式$\frac{x^2}{(x+y)(x-y)}$,在C++中应写成x*x/((x+y)*(x-y))或x*x/(x+y)/(x-y)的形式。

2.4.2 关系运算符

C++提供了一个基本的数据类型,即布尔型(bool)来表示逻辑值。逻辑值仅有两个可能的取值:true(真)和false(假),true和false被称为逻辑常量。逻辑变量的声明形式为:

bool 逻辑变量名;

例如:

```
bool flag = false;            //定义逻辑变量 flag 并初始化为 false
bool found = 8;               //定义逻辑变量 found 并初始化为 true
```

可以将数值型数据赋值给逻辑变量,其中0为false,非0为true。

C++编译器将逻辑值true和false分别处理成1和0,逻辑变量在内存中只占1字节,用来存放0或1。

关系运算符又称作比较运算符,是对两个操作数进行比较,并判断结果是否符合,关系表达式的结果是一个逻辑值。例如,关系表达式x>5,当两个操作数满足关系运算符所要求的比较关系时,其结果为true,否则为false。

C++的关系运算符有6个:<(小于)、<=(小于或等于)、>(大于)、>=(大于或等于)、==(等于)、!=(不等于)。

关于关系运算符的使用,有以下3点说明。

(1) 算术运算符的优先级高于关系运算符。例如,表达式a<=x-y,其运算顺序是,先减再比较,等价于a<=(x-y)。

(2) 6个关系运算符的优先级不相同,其中,前4个关系运算符的优先级相同,后两个关系运算符的优先级相同,且前4个运算符的优先级高于后两个。例如,表达式a>b==c,等价于(a>b)==c。

(3) 关系运算符可以连续使用。例如,关系表达式1<x<10,但其结合方向是从左到

右，因此与数学上取值区间的表示含义完全不同。

【例 2-8】 有定义语句“int i;”，请写出下列不同表达式的值。

```
(1) i = ('a'<'b') + 8;          //i 的值是 9
(2) i = 'a'<'b' + 8;            //i 的值是 1,先计算'b' + 8 的值为'j',再求解'a'<'j'
(3) i = 'a' == 'A';             //i 的值是 0
(4) i = 1 < 4 < 3;              //i 的值是 1,先计算 1 < 4 的值为 1,再求解 1 < 3
```

2.4.3 逻辑运算符

关系运算符只能判断单一条件的 true 或 false，如果需要判断两个或两个以上条件相互结合后的情况，例如，判断 x>1 且 x<10 这两个条件是否同时满足，就要用到逻辑运算符和逻辑表达式。

C++中的逻辑运算符有 3 个：&&（逻辑与）、||（逻辑或）、!（逻辑非）。

逻辑运算符用来对操作数作逻辑运算，操作数可以是任何基本数据类型，但任何操作数都当作逻辑值 true 或 false(1 或 0)参与运算。C++编译器将任何非 0 的操作数都当作 true，0 当作 false 来看待，逻辑运算结果也是一个逻辑值。

逻辑运算符的运算规则如下。

(1) &&（逻辑与），只有当两个操作数都为 true 时，结果为 true，其他结果都为 false。

(2) ||（逻辑或），只有当两个操作数都为 false 时，结果为 false，其他结果都为 true。

(3) ！（逻辑非），操作数为 true，结果为 false，操作数为 false，结果为 true。

逻辑运算符的真值表如表 2-7 所示。

表 2-7 逻辑运算符的真值表

a	b	!a	!b	a&&b	a||b
true	true	false	false	true	true
true	false	false	true	false	true
false	true	true	false	false	true
false	false	true	true	false	false

关于逻辑运算符的使用，有以下 3 点说明。

(1) 逻辑非是单目运算符，其优先级最高。一个表达式中可能包含算术运算、关系运算和逻辑运算，其优先级从高到低依次为：!→算术运算符→关系运算符→&&→||。

(2) 逻辑表达式的求解顺序为自左至右，&& 和||都有惰性求值的特点，并不是所有的逻辑运算符都被执行。对于表达式 a&&b，只有 a 为真(非 0)时，才继续进行右边的运算；对于表达式 a||b，只有 a 为假(0)时，才继续进行右边的运算。

(3) 判断一个数 x 是否在区间[a,b]的正确表达式应为 a<=x && x<=b，而非 a<=x<=b。

【例 2-9】 求表达式'a'>65&&4<1-!0 的值。

按优先级关系，将表达式写成('a'>65)&&(4<(1-!0))。

```
(1) 'a'为字符型常数,其值为 97,'a'> 65 成立,值为 true;
(2) 1 - !0,先计算!0,结果为 true(表示为 1),1 - !0 结果为 0;
```

```
(3) 4 < 1 - !0,相当于 4 < 0,结果不成立,值为 false;
(4) 'a'> 65&&4 < 1 - !0 相当于 true&&false,整个表达式的结果为 false。
```

【例 2-10】 判断某一年(变量 year)是否为闰年。

闰年要满足下面二者之一:

(1) 能被 4 整除,但不能被 100 整除,即 year%4 == 0 && year%100 != 0。

(2) 能被 4 整除,又能被 400 整除,即 year%400 == 0。

因此,可以用一个逻辑表达式来表示:

```
(year % 4  ==  0 && year % 100 != 0) || year % 400  ==  0
```

2.4.4 赋值运算符

赋值运算符=的作用是将一个数据赋给一个变量。

例如:

```
a = 5;
```

表示将 5 赋给变量 a,即经赋值后 a 的取值为 5,并一直保持该数值,直到下一次将一个新的值赋给变量 a 为止。

由赋值运算符构成的表达式称为赋值表达式。

赋值运算符的优先级比算术运算符、关系运算符和逻辑运算符的优先级低,计算顺序是自右向左,即先求出表达式的值,然后将计算结果赋给变量。和其他表达式一样,赋值表达式也可以作为更复杂的表达式的组成部分。例如表达式 a=(b=4)+6 的计算顺序是:

```
(1) 先计算赋值表达式(b = 4)          //执行后 b 的值为 4,赋值表达式(b = 4)的值也为 4
(2) 再计算算术表达式 4 + 6           //执行后该表达式的值为 10
(3) 最后将 10 赋给变量 a
```

在赋值符“=”前加上其他的双目运算符,如加(+)、减(-)、求余(%)等,可以构成复合赋值运算符。其一般格式为:

变量 双目运算符 = 表达式

它等同于:

变量 = 变量 双目运算符 表达式

例如:

```
a += b + 5          等同于          a = a + (b + 5)
a * = b             等同于          a = a * (b)
a % = b - 5         等同于          a = a % (b - 5)
```

在 C++中,所有二元算术运算符均可与赋值运算符组合成复合赋值运算符。它们是:+=、-=、*=、/=、%=。

【例 2-11】 若“int a=12;”,执行表达式“a+=a-=a * a;”后,变量 a 的值是多少?

该表达式的运算顺序是自右向左,等同于 a+=(a-=a * a)。

执行时，按以下顺序展开：

先计算 a－＝a＊a，等同于运算 a＝a－a＊a，即运算 a＝12－12＊12，运算后 a＝－132。

再计算 a＋＝a，等同于运算 a＝a＋a，即运算 a＝－132＋(－132)，运算后 a＝－264。

即该表达式运算后变量 a 的值是－264。

使用复合赋值运算符不但可简化表达式的书写形式，还可提高程序的效率，即可提高表达式的求解速度。

2.4.5 自增和自减运算符

自增运算符(＋＋)使单个变量的值增 1，是一个单目运算符。它有两种使用方式。

(1) 前置。＋＋i；先执行 i＝i＋1，再使用 i 值。

(2) 后置。i＋＋；先使用 i 值，再执行 i＝i＋1。

【例 2-12】 下列程序段运行后，变量 i 和 j 的值各为多少？

```
int i = 3,j;
j = ++i;          //前置++,先执行 i = i + 1,i 的值为 4,再将 i 赋给 j,j 的值为 4
```

也就是说，上述语句等同于“i＝i＋1； j＝i；”，语句的具体执行结果如图 2-12 所示。其中，变量 j 单元中的“？”表示该变量定义时未赋初值，单元中的值是随机值，没有意义。

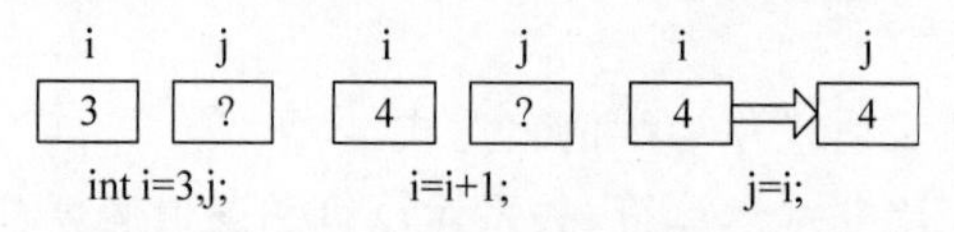

图 2-12 语句“j＝＋＋i；”的执行结果

【例 2-13】 下列程序段运行后，变量 i 和 j 的值各为多少？

```
int i = 3,j;
j = i++;              //后置++,先执行 j = i,j 的值为 3,再执行 i = i + 1;,i 的值也为 4
```

也就是说，上述语句等同于“j＝i； i＝i＋1；”，语句的具体执行结果如图 2-13 所示。

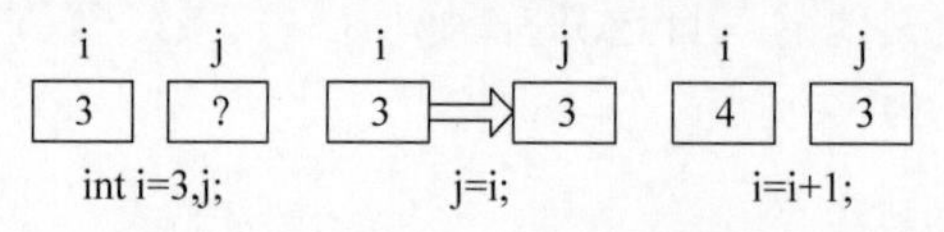

图 2-13 语句“j＝i＋＋；”的执行结果

自减运算符(－－)使单个变量的值减 1，是一个单目运算符。与自增运算符相似，它也有两种使用方式。

(1) 前置。“－－ i；”先执行 i＝i－1，再使用 i 值。

(2) 后置。“i－－；”先使用 i 值，再执行 i＝i－1。

这两个运算符也是 C++程序中最常用的运算符，需要注意两点。

(1) 自增运算符(＋＋)和自减运算符(－－)只能用于变量，不可用于常数和表达式，如(x＋y)＋＋、＋＋5、(－i)＋＋等都是非法的。这是因为变量在内存中有存储空间，可以进行赋值运算；而表达式在内存中没有具体的存储空间，不能进行赋值运算。常量所占的空间不能重新赋值。

(2) ＋＋和－－的优先级高于所有算术运算符、关系运算符和逻辑运算符，其结合方向是自右向左。例如,"i=3;-i++;"相当于-(i++),表达式的值为-3,i的值为4。

2.4.6 逗号运算符

在C++中,逗号既是运算符,又是分隔符。用逗号将几个表达式连接起来即构成逗号表达式。逗号表达式的格式为:

表达式1,表达式2,…,表达式n

在程序执行时,按从左到右的顺序执行组成逗号表达式的各个表达式,将最后一个表达式(表达式n)的值作为逗号表达式的值。例如,设a=2,则逗号表达式:

```
b = a * 2,c = a * a + b,d = b + c
```

其计算顺序是:先计算a*2,将其值4赋值给b;再计算a*a+b,将其值8赋给c;最后计算b+c,将其值12赋给d,并将12作为整个逗号表达式的值。

注意:逗号运算符的运算优先级是最低的。

2.4.7 sizeof运算符

sizeof运算符是单目运算符,可用于计算某一类型或变量在内存中所占的字节数。一般使用格式为:

sizeof(类型) 或 sizeof(变量)

其中,类型可以是一个标准的数据类型或者是用户已自定义的数据类型,变量必须是已定义的变量。例如:

```
sizeof(char)                    //其值为1
sizeof(int)                     //其值为4
sizeof(float)                   //其值为4
double x;
sizeof(x)                       //其值为8
```

2.4.8 位运算符

C++中按位进行的运算,简称位运算。位运算符按二进制进行运算,并逐位执行操作,C++中位运算符包含6种:按位与运算符&、按位或运算符|、按位异或运算符^、按位取反运算符~、左移运算符<<、右移运算符>>。这些运算符只能作用于字符整型以及数值整型数据类型的常量或变量,不能对浮点类型数据进行计算。

1. 按位与、按位或和按位异或运算符

按位与、按位或和按位异或的真值表如表2-8所示。

表2-8　&、|、^的真值表

p	q	p&q	p|q	p^q
0	0	0	0	0
0	1	0	1	1
1	0	0	1	1
1	1	1	1	0

& 只有两个操作数的对应位同时为 1 时，结果才为 1，其余结果为 0；| 只要两个操作数的对应位存在 1，结果就为 1，当两个操作数对应的位都是 0 时，结果为 0；^ 在两个操作数对应的位不相同时，结果为 1，其余结果为 0。

【例 2-14】 按位与、按位或和按位异或运算。

```
#include <iostream>
using namespace std;
int main()
{ unsigned int a = 60;                          // 60 = 0011 1100
unsigned int b = 13;                            // 13 = 0000 1101
int c = 0;
c = a & b;                                      //0000 1100 = 12
cout << " a & b 的值是:" << c << endl;
c = a | b;                                      //0011 1101 = 61
 cout << " a | b 的值是: " << c << endl;
 c = a ^ b;                                     //0011 0001 = 49
 cout << " a ^ b 的值是: " << c << endl;
 return 0;
}
```

程序的运行情况及结果如下：

```
a & b 的值是:12
a | b 的值是:61
a ^ b 的值是:49
```

2. 按位取反运算符

按位取反运算是对一位二进制数按位进行取反的运算，遵循的规则为 0 变 1，1 变 0。

【例 2-15】 按位取反运算。

```
#include <iostream>
using namespace std;
int main()
{ unsigned int a = 60;          //60 = 0011 1100
int c = ~a;                     //1100 0011 = -61,一个有符号二进制数的补码形式
cout << " ~a 的值是: " << c << endl ;
return 0;
}
```

程序的运行结果如下：

```
~a 的值是: - 61
```

3. 左移和右移运算符

二进制左移运算：将一个运算对象的各二进制位全部左移若干位，右边补 0，左边的二进制位丢弃。左移移动几位，相当于对运算对象进行了几次乘 2 运算。

二进制右移运算：将一个数的各二进制位全部右移若干位，正数左补 0，负数左补 1，右边的二进制位丢弃。右移移动几位，相当于对运算对象进行了几次除 2 运算。

【例 2-16】 左移和右移运算。

```
#include < iostream >
using namespace std;
int main()
{
unsigned int a = 60;                        //60 = 0011 1100
int c = a << 2;                             //1111 0000 = 240
cout << " a << 2 的值是: " << c << endl;
c = a >> 2;                                 //0000 1111 = 15
cout << " a >> 2 的值是: " << c << endl;
return 0;
}
```

程序的运行结果如下：

```
a << 2 的值是:240
a >> 2 的值是:15
```

按位取反是单目运算，其结合性是从右向左，优先级高于双目运算。按位与、按位或、按位异或、左移和右移都是双目运算，其结合性都是从左向右。位运算符的优先级从高到低依次为～、<<和>>、&、^、|。

2.5 数据类型转换

2.5.1 自动类型转换

1. 不同类型数据混合算术运算时的自动类型转换

C++规定，不同类型的数据在参加运算之前会自动转换成相同的类型，然后再进行运算，运算结果的类型是转换后的类型。转换的规则是级别低的类型转换为级别高的类型。

不同类型数据运算时的转换规则如图 2-14 所示。

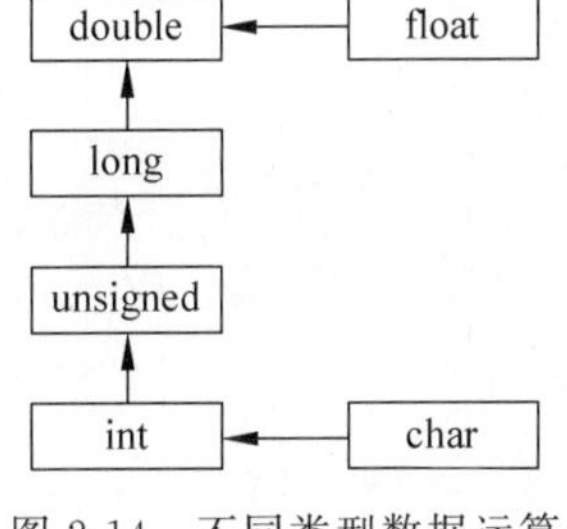

图 2-14　不同类型数据运算时的转换规则

其中，横向箭头表示一定要进行的转换。例如，一个字符型数据参与运算，系统先将其转换为 int 型数据然后进行运算。纵向箭头表示不同数据类型进行运算时转换的方向。例如，一个 char 型数据和一个 int 型数据的运算结果为 int 型，一个 int 型数据和一个 float 型数据的运算结果为 double 型，表达式 10＋'a'＋1.5－87.65×'b'的运算结果为 double 型。

另外，C++规定，有符号类型数据和无符号类型数据进行混合运算，结果为无符号类型。例如，int 型数据和 unsigned 型数据的运算结果为 unsigned 型。

【例 2-17】 不同数据类型运算时的转换。

```
#include < iostream >
using namespace std;
```

```
int main()
{
char ch;
ch = 'A';
cout << ch << endl;            //输出字符 A
cout << ch + 1 << endl;        //字符型参与运算,转化为整数 65,输出整数 66
return 0;
}
```

程序的运行情况及结果如下：

```
A
66
```

可以看出，当字符型变量 ch 参与运算时，首先转换为整数 65（字符'A'的 ASCII 码值为 65），然后再与整数 1 运算，结果的类型为整型。

2．赋值过程中的自动类型转换

若赋值运算符右边的数据类型与其左边变量的类型不一致但属于类型兼容（可进行类型转换）时，由系统自动进行类型转换，转换规则如下。

（1）将实型数据赋给整型变量时，去掉小数部分，仅取其整数部分赋给整型变量。若其整数部分的值超过整型变量的取值范围时，赋值的结果错误。

【例 2-18】 实型数据赋给整型数据。

```
#include <iostream>
using namespace std;
int main()
{
int a;
double b = 3.7;
a = b;                        //实型数据赋给整型变量只赋整数部分
cout <<"a = "<< a << endl;
return 0;
}
```

程序的运行情况及结果如下：

```
a = 3
```

（2）将整型数据赋给实型变量时，将整型数据变换成实型数据后，再赋给实型变量。

（3）将少字节整型数据赋给多字节整型变量时，则将少字节整型数据放到多字节整型变量的低位字节，高位字节扩展少字节数据的符号位，这称为符号扩展。

【例 2-19】 赋值时的符号扩展，正数扩展符号为 0。

```
#include <iostream>
using namespace std;
int main()
{
```

```
short int a = 1;
int b;
b = a;                          //2 字节赋给 4 字节,最高位 0 扩展,如图 2-15 所示
cout <<"b = "<< b << endl;
return 0;
}
```

程序的运行情况及结果如下：

```
b = 1
```

其中,变量 a 是短整型变量,在内存中占 2 字节,而变量 b 是整型变量,在内存中占 4 字节。执行"b=a;"赋值语句后,变量 b 在内存中的存储情况如图 2-15 所示,可见符号扩展后 b 仍为 1。

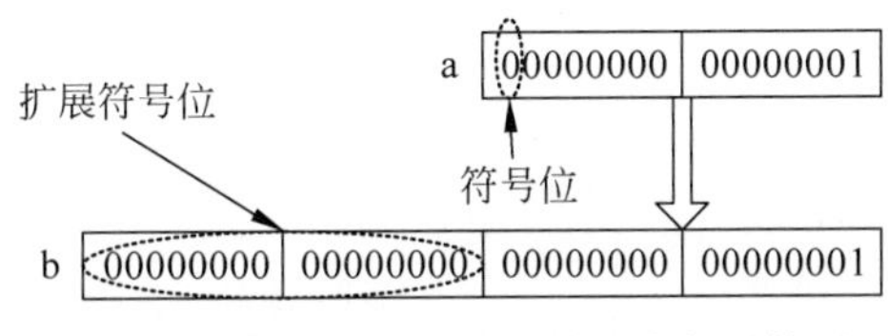

图 2-15　少字节为正数时符号位扩展情况

【例 2-20】　赋值时的符号扩展,负数扩展符号为 1。

```
#include <iostream>
using namespace std;
int main()
{
    short int a = -1;
    long int b;
    b = a;                          //2 字节赋给 4 字节,最高位 1 扩展,如图 2-16 所示
    cout <<"b = "<< b << endl;
    return 0;
}
```

程序的运行结果如下：

```
b = -1
```

其中,变量 a 是短整型负数变量,在内存中占 2 字节,以补码的形式存储,而变量 b 是整型变量,在内存中占 4 字节。执行"b=a;"赋值语句后,变量 b 在内存中的存储情况如图 2-16 所示,仍为−1 的补码形式,可见扩展后 b 仍为−1。

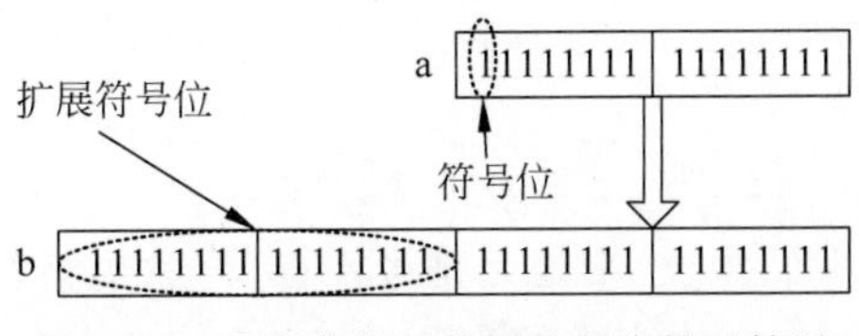

图 2-16　少字节为负数时符号位扩展情况

由此可见,少字节向多字节的符号扩展原则保证了赋值前后数据符号的一致性。

(4) 将多字节数据赋给少字节数据时,则将多字节的低位一一赋值,高位字节舍去。

【例 2-21】 多字节数据赋给少字节数据。

```
#include <iostream>
using namespace std;
int main()
{
    char ch = 256;                    //整型常量(4 字节)赋给字符型变量(1 字节)
    int a = ch + 1;
    cout <<"a = "<< a << endl;
    return 0;
}
```

程序的运行结果如下:

```
a = 1
```

其中,256 是整型常量,在内存中占 4 字节,变量 ch 是字符型变量,在内存中占 1 字节。执行赋值语句"char ch=256;"后,256 的最后一字节赋值给 ch,故 ch 中的值为 0,如图 2-17 所示。因此执行语句"int a=ch+1;"后,变量 a 的值为 1。

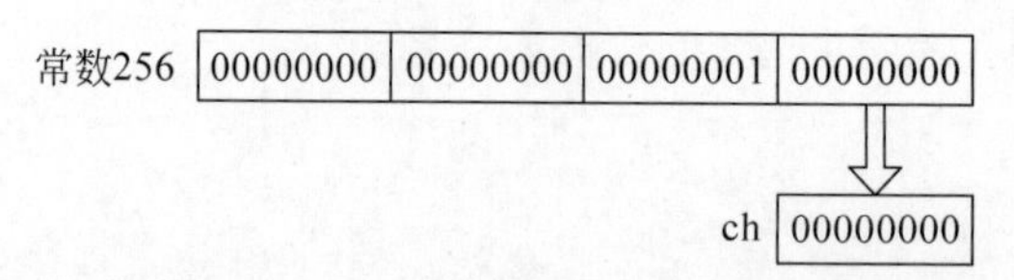

图 2-17　多字节数据赋值给少字节数据

(5) 将字符型数据赋给整型变量时,分两种情况。

第 1 种情况:对于无符号字符类型数据,将其放到整型变量的低位字节,高位字节补 0。

【例 2-22】 无符号字符类型扩展赋值。

```
#include <iostream>
using namespace std;
int main()
{unsigned char c1 = 254;                //c1 为无符号型字符变量
int a;
a = c1;                                 //赋值时高位字节补 0,如图 2-18 所示
cout <<"a = "< a <<'\n';
return 0;
}
```

程序的运行结果如下:

```
a = 254
```

执行赋值语句"a=c1;"后,由于 c1 是无符号字符型,赋给整型变量后,多出的高位字节部分补 0。赋值后变量 c1 和 a 在内存中的存储情况如图 2-18 所示。

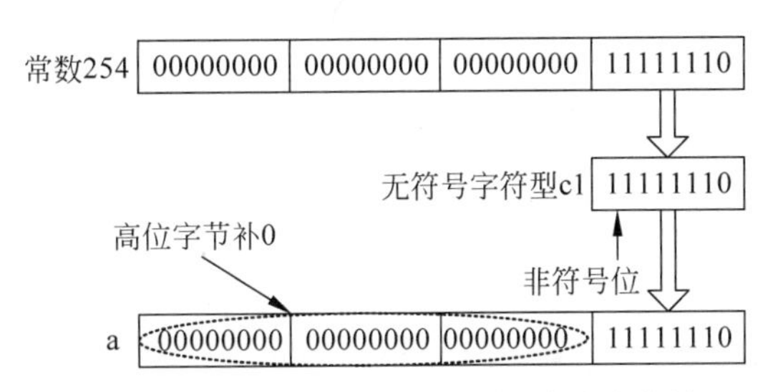

图 2-18 无符号字符型扩展赋值,高位字节补 0

第 2 种情况:对于有符号字符类型数据,将其放到整型变量的低位字节,高位字节扩展符号位。

【例 2-23】 有符号字符类型扩展赋值。

```
#include<iostream>
using namespace std;
int main()
{
    char c1 = 254;                    //c1 默认为有符号字符型,取值范围为 -128~127
    int a;
    a = c1;                           //赋值时高位字节符号位扩展,如图 2-19 所示
    cout<<"a = "<<a<<'n';
    return 0;
}
```

程序的运行情况及结果如下:

```
a = -2
```

执行赋值语句“a=c1;”后,由于 c1 是字符型,赋给整型变量后,多出的高位字节遵循符号扩展原则,由于 c1 的符号位为 1,所以赋值后 a 的值为负数,其存储情况为−2 的补码形式,其值为−2。赋值后变量 c1 和 a 在内存中的存储情况如图 2-19 所示。

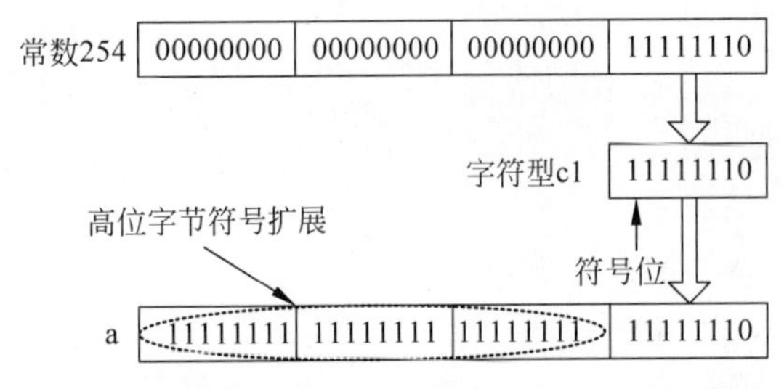

图 2-19 有符号字符型扩展赋值,高位字节符号扩展

2.5.2 强制类型转换

在 C++中,可以利用强制类型转换符将一个类型转换成所需类型。例如:

```
(double)a                     //将变量 a 转换成 double 类型
(int)(3.5 + x)                //将表达式的值转换成 int 型
```

其语法格式为:

（类型名）（表达式）

【例 2-24】 强制数据类型转换。

```
#include <iostream>
using namespace std;
int main()
{
float y = 4.8;
int x;
x = (int)y;                    //y 的值与类型均不变,但生成中间值 4 赋给 x
cout <<"x = "<< x <<'\t'<<"y = "< y <<'\n';
return 0;
}
```

程序的运行情况及结果如下：

```
x = 4  y = 4.8
```

练习题

一、选择题

1. 程序通常以________形式存储在________中。

A. 代码 内存储器　　B. 文件 外存储器

C. 文件 内存储器　　D. 代码 外存储器

2. CPU 按照________的方式从内存中取出指令、存取数据。

A. 定位　　B. 指令　　C. 寻址　　D. 复制

3. long double 是________类型的数据，其占用字节数是________，取值范围是________。

A. 有符号字符型 16　$\pm10^{-307} \sim \pm10^{308}$

B. 长双精度型　16　$\pm10^{-4931} \sim \pm10^{4932}$

C. 有符号长整型　8　$-2^{31} \sim (2^{31}-1)$

D. 长双精度型　32　$-2^{31} \sim (2^{31}-1)$

4. 下列可用于 C++语言用户标识符的一组是________。

A. void, define, WORD　　B. a3_b3, _123, Car

C. For, －abc, IF Case　　D. 2a, DO, sizeof

5. 下列数据类型不是 C++语言基本数据类型的是________。

A. 字符型　　B. 整型　　C. 实型　　D. 数组

6. float 型(单精度浮点型)，编译系统为每一个 float 型变量分配________字节，数值以规范化的二进制数指数形式放在存储单元中。

A. 4　　B. 6　　C. 8　　D. 10

7. 如果要输出反斜线'\'，则应该在 cout 语句中写成________。

A. \　　B. \\　　C. /\　　D. //\

8. 用 sizeof 运算符求得字符串"abc\\22\n" 的长度是________。

A. 5　　B. 6　　C. 7　　D. 8

9. 字符串'a'在计算机中的存储情况是________。

A. 01100001　　B. 01100000　　C. 01010000　　D. 0110000100000000

10. 表达式 7+'b'+1.8−89.67×'d'的运算结果的类型为________。

A. double 型　　B. int 型　　C. float 型　　D. long 型

11. 将一个 double 型数据 m=6.7 赋值给一个 int 型数据 n，赋值后 n 的值为________。

A. 6　　B. 6.7　　C. 6.70　　D. 7

12. 执行以下赋值语句后，变量 m，n 的值分别为________。

```
float n = 3.5;
int m;
m = (int)n;
```

A. m=4，n=3.5　　B. m=3，n=3　　C. m=4，n=3　　D. m=3，n=3.5

13. 设整型变量 a 为 5，使 b 不为 2 的表达式是________。

A. b=a % 2　　B. b=6−(−−a)

C. b=a−3　　D. b=a/2

14. 设 n=10，i=4，则执行赋值运算 n%=i−1 后，n 的值是________。

A. 0　　B. 1　　C. 2　　D. 3

15. 下列代码运行后，x，y，z 的值分别为________。

```
int main()
{
int x = 0, y = 0, z = 0;
z = x++, y++, ++y;
cout << x << y << z;
return 0;
}
```

A. 1，2，0　　B. 1，2，1　　C. 0，2，1　　D. 0，2，0

16. 执行下列语句后 a，b，c 的值为________。

```
int a = 5;
b = a++;
c = ++a - b;
```

A. a=7，b=6，c=1　　B. a=6，b=6，c=0

C. a=6，b=5，c=1　　D. a=7，b=5，c=2

17. 设 int x=−1；执行表达式++x||++x||++x||++x，x 的值是________。

A. 0　　B. 1　　C. 2　　D. 4

18. 逻辑运算符两侧的运算对象的数据类型是________。

A. 只能是 0 或 1　　B. 只能是 0 或非 0 的正数

C. 只能是整型或字符型数据　　D. 可以是任何类型的数据

二、填空题

1. 在C++中数据类型分为两大类：________和________。

2. 不同的数据类型在内存中的存储方式不同，例如整型数据是以________的方式存放的，而实型数据是以________格式存放的。

3. C++的标识符由字母、________和数字组成，而且第一个字符不能为数字。

4. 符号常量的定义方法是________和________。

5. 写出该long int型数据00000000 00000000 00000000 11001011对应的十进制数：________。

6. 写出该十六进制对应的二进制数：0x10b0，________。

7. C++浮点型变量分为3种，分别是________、________和________型。

8. 浮点数的表示形式，有________和________两种形式。

9. 字符串结束的标识是________。

10. 字符'z'的ASCII码是________。

11. 有符号类型数据和无符号类型数据进行混合运算，结果为________。

12. 设X=5，Y=6，则执行表达式Y+=X--计算后，X和Y的值分别为________和________。

13. 定义short x，那么sizeof(x+4)=________。

14. 以下程序运行后的输出结果是________。

```
int main()
{
    int i = 5, j = 6, m = i++ + j, n = i < 0&&++j > 3;
    cout << i <<','<< j <<','<< m <<','<< n << endl;
    return 0;
}
```

基本控制结构

3.1 算法与流程基本结构

算法，广义地说，是为解决某一问题而采取的方法和步骤。计算机程序本质上是一个算法，告诉计算机确切的步骤来执行一个指定的任务。因此，算法是指一个被定义好的、计算机可施行其指示的有限步骤或次序，算法包含一系列清晰的指令，并可于有限的时间及空间内清晰地表述出来。

结构化编程方法使用规范的控制流程来组织程序的处理步骤，形成层次清晰、边界分明的结构化构造，每个构造具有单一的入口和出口，从而使程序易于理解、排错、维护和验证正确性。而流程图常用来描述程序的基本操作和控制流程，它是程序分析和过程描述的最基本方式，流程图包含的基本元素如图 3-1 所示。

图 3-1　程序流程图的基本元素

程序流程控制由 3 种基本结构组成：顺序结构、分支结构和循环结构。默认按照程序的书写顺序从上往下顺序执行，即顺序结构，有时也会根据解决问题的需要，采用分支结构和循环结构。分支结构是程序根据条件判断结果选择不同向前执行的一种运行方式，循环结构则是程序根据条件判断结果向后反复执行的一种运行方式。

无论是分支结构还是循环结构，首先都要根据条件判断的结果来选择如何执行，条件判断的结果是个逻辑值，即真或假，通常用关系表达式或逻辑表达式来表示条件判断。

3.2 选择结构

有许多问题有两个以上的可能解，不同的解要通过不同的解题路线得到，由于程序设计时往往难以知道要选哪一条路线，必须同时考虑各种情形，于是就会出现从原问题出发的分支结构，待程序运行时再根据具体情况选择采用哪一条解题路径。选择的依据是某一表达式的值，通常是关系表达式或逻辑表达式的值。

3.2.1 选择语句 if

1. 单分支语句

用 if 语句来表示单分支结构，其形式为：

```
if (表达式)
   语句
```

其中，表达式表示执行条件，如果值为真（非 0），则执行语句；如果值为假（0），转向执行后续语句。单分支 if 语句的执行流程如图 3-2 所示。

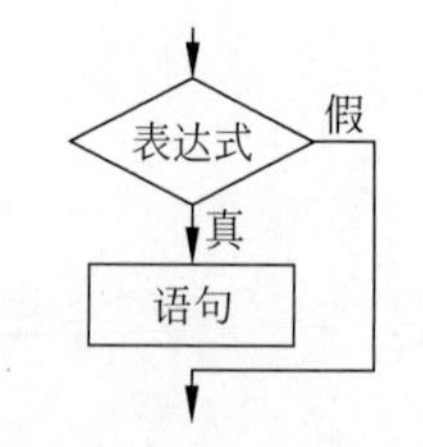

图 3-2 单分支 if 语句的执行流程

例如：

```
if(day == 6||day == 7)
    cout <<"Weekend\n";
```

先计算逻辑表达式 day == 6||day == 7 的值，若为真，则输出 Weekend，否则就跳过该语句。

再如：

```
if ((a + b > c)&&(b + c > a)&&(c + a > b))
{
  s = (a + b + c)/2.0;
  area = sqrt(s * (s - a) * (s - b) * (s - c));
  cout <<"area = "<< area << endl;
}
```

先计算逻辑表达式(a+b>c)&&(b+c>a)&&(c+a>b)的值，若为真，则按顺序执行花括号内的语句块，否则就跳过该语句块。

2. 双分支语句

用 if-else 语句来表示双分支结构，其形式为：

```
if (表达式)
    语句 1;
else
    语句 2;
```

其中，表达式表示执行条件，当表达式为真时，执行语句 1；否则，执行语句 2。if-else 语句的执行流程如图 3-3 所示。

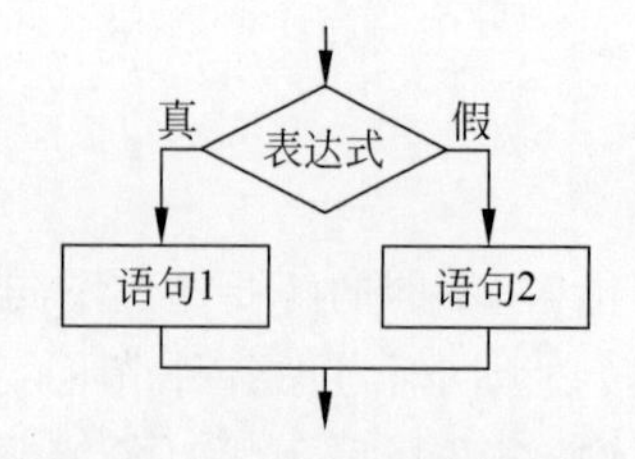

图 3-3 if-else 语句的执行流程

例如：

```
if ((a + b > c)&&(b + c > a)&&(c + a > b))
{
    s = (a + b + c)/2.0;
    area = sqrt(s * (s - a) * (s - b) * (s - c));
    cout <<"area = "<< area << endl;
}
else
    cout <<"It is not a triangle."<< endl;
```

先计算逻辑表达式(a+b>c)&&(b+c>a)&&(c+a>b)的值，若为真，则按顺序执行花括号内的语句块，否则就输出字符串"It is not a triangle."。

【例 3-1】 求两个整数的较大值。

```
#include < iostream >
using namespace std;
int main()
{
    int a,b,max;
    cin >> a >> b;
    if (a > b)
        max = a;
    else
        max = b;
    cout <<"max = "<< max << endl;
    return 0;
}
```

程序的运行情况及结果如下：

```
3 4↙
max = 4
```

3. 多分支语句

用 if-else 语句来表示多分支结构，其形式为：

```
if(表达式 1) 语句 1
else if(表达式 2) 语句 2
else if(表达式 3) 语句 3
⋮
else if(表达式 n) 语句 n
else 语句 n+1
```

多分支语句的执行流程如图 3-4 所示。执行时先求表达式 1 的值，若表达式 1 的值为真，则执行语句 1；若表达式 1 的值为假，再求表达式 2 的值，若表达式 2 的值为真，则执行语句 2；若表达式 2 的值为假，再求表达式 3 的值，以此类推，若前面 n 个表达式的值均为假，则执行语句 n+1。

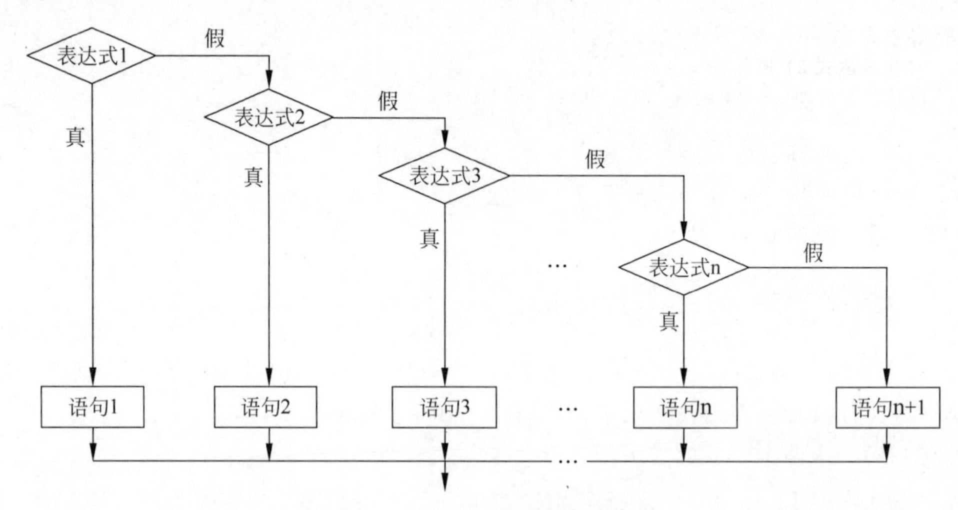

图 3-4　多分支语句的执行流程

【例 3-2】 根据输入的分数情况，输出该分数对应的成绩等级。

```
#include <iostream>
using namespace std;
int main()
{
int score;
cin>>score;
if(score>=90)
    cout<<"Grade A"<<endl;
else if(score>=80)                          //分数在 80 与 90 之间
        cout<<"Grade B"<<endl;
else if(score>=70)                          //分数在 70 与 80 之间
        cout<<"Grade C"<<endl;
else if(score>=60)                          //分数在 60 与 70 之间
        cout<<"Grade D"<<endl;
else                                        //分数在 60 以下
        cout<<"Grade E"<<endl;
return 0;
}
```

程序的运行情况及结果如下：

```
86↙
Grade B
```

关于 if 语句的 4 点说明如下。

(1) if 后面的表达式可以是符合 C++语法规则的任意表达式，常见的有算术表达式、关系表达式和逻辑表达式。

(2) if 语句可以是单一的语句，也可以是由花括号括起来的复合语句(或称语句块)。

(3) if 和 else 必须配套使用，else 不可单独使用。

(4) if 语句中又可以是 if 语句，这称为 if 语句的嵌套。一般形式如下：

```
if(表达式 1)
    if(表达式 2) 语句 1
    else 语句 2
else
    if(表达式 3) 语句 3
    else 语句 4
```

【例 3-3】 根据 pH 值输出水溶液的酸碱度。

```
#include <iostream>
using namespace std;
int main()
{
double PH;
cin>>PH;
if(PH>7)
    cout<<"碱性\n";
else
    if(PH<7)
        cout<<"酸性\n";
    else    //PH 的值为 7
        cout<<"中性\n";
}
```

程序的运行情况及结果如下：

```
7.8↙
碱性
```

注意：if 语句有不同的嵌套形式，但要注意 if 与 else 的配对关系。C++规定，else 总是与它接近的 if 配对。

3.2.2 条件运算符?:

C++还提供了一个三目条件运算符?：用来表示条件表达式，根据逻辑值决定表达式的值。其形式为：

```
操作数 1?操作数 2:操作数 3
```

执行时，先对操作数 1 求值，其值为非 0 时，表达式的值为操作数 2 的值，否则表达式的值为操作数 3 的值。

操作数 1 通常是用于判断的关系表达式或逻辑表达式。例如，表达式 a>b?a:b 的功能是取 a 和 b 中的较大值，因此例 3-1 代码可更改如下：

```
#include <iostream>
using namespace std;
int main()
{
    int x,y,max;
    cin>>x>>y;
    max = x>y?x:y;
    cout<<"max = "<<max<<endl;
```

```
    return 0;
}
```

3.2.3 开关语句 switch

switch 语句应用于根据一个整型表达式的不同值决定程序走不同分支的情况，switch 语句的形式为：

```
switch(表达式)
{
    case 常量表达式 1: 语句 1
    case 常量表达式 2: 语句 2
            ⋮
    case 常量表达式 n: 语句 n
    default:           语句 n+1
}
```

其中，表达式类型为整型、字符型或枚举类型，不能为浮点型。常量表达式具有指定值，与表达式类型相同。

switch 语句的执行流程如图 3-5 所示。先计算表达式的值，然后用这个值依次与 case 后的常量表达式的值进行比较。如果表达式的值等于某个常量表达式 i 的值，则执行语句 i。如果语句 i 之后还有语句，就继续执行语句 i+1 至语句 n+1。如果找不到与表达式的值相等的 case 常量，就执行 default 指示的语句 n+1。

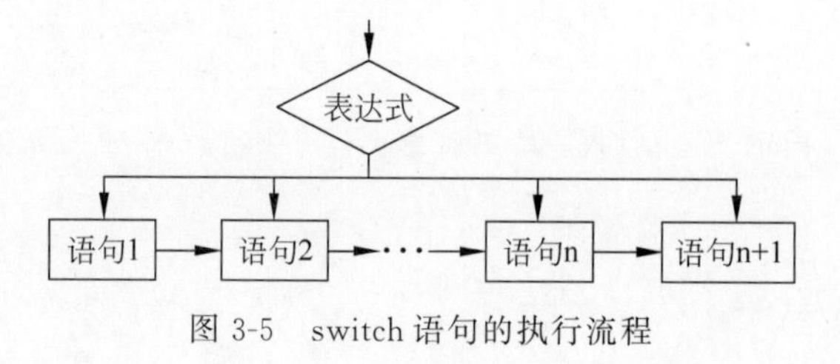

图 3-5　switch 语句的执行流程

break 语句中断一个语句的执行，即能够跳出 switch 语句块，转向执行语句块的后续语句，即 break 可以中止执行 switch 语句中剩下的情况判断和代码执行。break 语句和 default 标号语句均为可选项。

【例 3-4】 测试 switch 语句的执行流程。

```
#include <iostream>
using namespace std;
int main()
{
    int x;
    cout <<"x = ";
    cin >> x;
    switch (x)
    {
    case 1: cout <<"one ";
    case 2: cout <<"two ";
    case 3: cout <<"three ";
```

```
    default: cout <<"other ";
    }
    cout <<"end"<< endl;
    return 0;
}
```

运行程序,输入值为 1,显示结果如下：

```
x = 1↙
one two three other end
```

若重新运行,输入值为 3,显示结果如下：

```
x = 3↙
three other end
```

为了实现真正的选择控制,执行一个 case 标号语句后能跳出 switch 语句块,转向执行后续语句,应该使用 break 语句。

【例 3-5】 测试在 switch 语句中增加 break,中断语句块。

```
#include <iostream>
using namespace std;
int main()
{
    int x;
    cout <<"x = ";
    cin >> x;
    switch (x)
    {
    case 1: cout <<"one ";break;
    case 2: cout <<"two ";break;
    case 3: cout <<"three ";break;
    default: cout <<"other ";
    }
    cout <<"end"<< endl;
    return 0;
}
```

运行程序,输入 x 的值为 1,显示结果如下：

```
x = 1↙
one end
```

选择性地在 case 中使用 break,可以实现多个 case 常量值执行同一个分支语句。

【例 3-6】 两个 case 常量值执行同一个分支语句。

```
#include <iostream>
using namespace std;
int main()
{
```

```
    int x;
    cout <<"x = ";
    cin >> x;
    switch (x)
    {
    case 1:
    case 2: cout <<"one or two ";break;
    case 3: cout <<"three ";break;
    default: cout <<"other ";
    }
    cout <<"end"<< endl;

    return 0;
}
```

程序不管 x 的输入值是 1 还是 2，都执行 case 2 后的语句。输入 1 时，程序执行显示：

```
x = 1↙
one or two end
```

关于 switch 语句需要说明以下几点。

(1) 常量表达式必须互不相同，否则就会出现矛盾而引起错误。例如：

```
switch (int(x))
{
    case 1: y = 1; break;
    case 2: y = x; break;
    case 2: y = x * x; break;                    //错误，case 2 已经使用
    case 3: y = x * x * x; break;
}
```

(2) 各个 case 和 default 出现的次序可以任意。在每个 case 分支都带有 break 的情况下，case 的顺序不影响执行结果。

(3) switch 语句也可以嵌套。

【例 3-7】 输入年份和月份，输出该月的天数。

```
#include < iostream >
using namespace std;

int main()
{
int year,month,days;
cout <<"year:";cin >> year;
cout <<"month:";cin >> month;
switch(month)
{
case 1:
case 3:
case 5:
case 7:
case 8:
```

```
case 10:
case 12: days = 31; break;
case 4:
case 6:
case 9:
case 11:days = 30; break;
case 2:
    if((year % 4 == 0)&&(year % 100 != 0)||(year % 400 == 0))  //判断当前年是否是闰年
        days = 29;
    else
        days = 28;
}
cout <<"days:"<< days << endl;
return 0;
}
```

程序的运行情况及结果如下：

```
year:2022↙
month:2↙
days:28
```

3.3 循环结构

在一个程序中，常常需要在给定条件成立的情况下，重复地执行某些操作。C++为实现这一目的提供了3种循环语句：while语句、do-while语句和for语句。在循环语句中，重复执行的操作叫作循环体，执行重复操作的条件称为循环条件或循环控制条件。循环体可以是单条语句、多条语句构成的语句块，甚至是空语句。

3.3.1 while语句

while语句的形式为：

```
while (表达式)
    循环体
```

其中，表达式为循环控制条件，循环体用于描述重复执行的一系列操作。

while循环执行流程如图3-6所示。若表达式的值为真，则执行其循环体；否则退出循环，执行while循环后边的语句。while循环又称为当型循环。

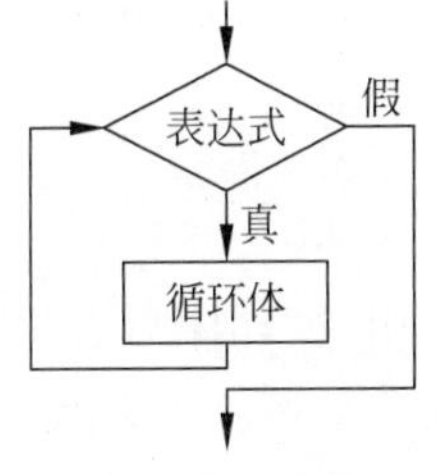

图3-6 while循环的执行流程

从while语句的执行流程可以看到它有以下两个特点。

(1) 若条件表达式的值一开始为假，则循环体一次也不执行。

(2) 表达式的值为真时，反复执行循环体。为了正常结束循环，循环体内应该包含使得循环条件趋向为假的语句，否则程序将会陷入死循环。

【例 3-8】 用 while 语句求和式 s=1+2+…+100。

```
#include <iostream>
using namespace std;
int main()
{
   int s = 0;
   int i = 1;                              //循环变量的初始化
   while(i <= 100)                         //循环条件
    {                                      //循环体
     s += i;
     i++;                                  //改变循环变量
   }
    cout <<"s = 1 + 2 + … + 100 = "<< s << endl;
    return 0;
}
```

该程序的运行情况及结果如下：

```
s = 1 + 2 + … + 100 = 5050
```

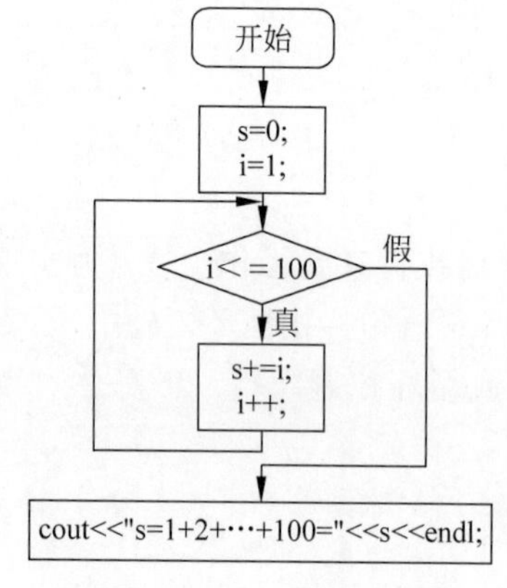

图 3-7　例 3-8 的执行流程

该程序的执行流程如图 3-7 所示。

该例中，变量 s 用来保存多项的和，其被初始化为 0。变量 i 称为循环控制变量，其被初始化为 0。表达式 i<=100 为循环条件表达式，当 i 的值使表达式为真时，不断执行循环体。要想使循环正常结束，循环条件就得为假，那么就需要不断调整 i，调整语句一般应包含在循环体中，如这里的 i++。显然，随着 i 从 0 不断增加到 101 时，循环条件的结果也会从真逐渐变为假，循环也就结束了。

总的来说，一个循环结构包括三部分：循环的初始化、循环条件和循环体。循环开始前要对循环控制变量进行初始化，循环条件通常是包含循环控制变量的一个关系或逻辑表达式，循环体内通常包含对循环控制变量进行调整的语句，使得循环趋向终止。

3.3.2 do-while 语句

do-while 语句的形式为：

```
do
循环体
while (表达式);
```

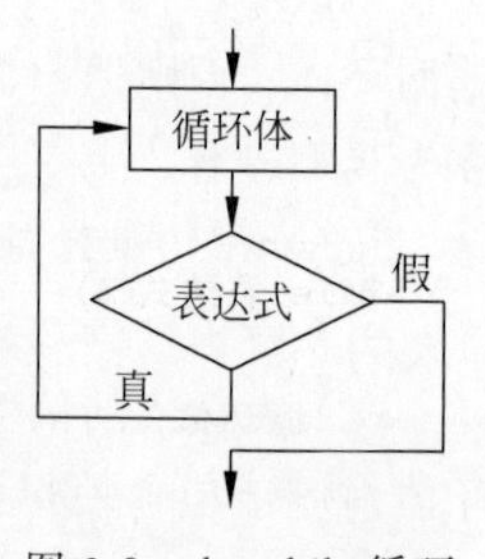

图 3-8　do-while 循环的执行流程

其中，循环体与表达式和 while 语句的含义相同，do-while 语句执行流程如图 3-8 所示。首先执行循环体，然后计算表达式的值，若表达式的值为真，继续执行循环体，否则退出循环，执行 while 循环后边的语句。do-while 循环又称为直到型循环。

与 while 把循环条件放在循环体执行之前不同，do-while 语句把循环条件判断放在循环体执行之后。从 do-while 语句的执行流程可以看到，不管循环条件是否成立，它都至少执行一次循环体。

【例 3-9】　用 do-while 语句求和式 s=1+2+…+100。

```
#include <iostream>
using namespace std;
int main()
{
    int s = 0;                          //和初始化为 0
    int i = 1;                          //循环控制变量 i 初始化为 1
    do
    {
      s += i;                           //不断累加
      i++;                              //调整循环控制变量
    }while(i <= 100);                   //分号不能省
    cout <<"s = 1 + 2 + … + 100 = "<< s << endl;
    return 0;
}
```

3.3.3　for 语句

for 语句的一般形式为：

```
for (表达式 1;表达式 2;表达式 3)
    循环体
```

表达式 1 通常用于循环控制变量的初始化；表达式 2 是循环条件表达式即循环条件，其值为真时执行循环，为假时结束循环；表达式 3 通常用于对循环控制变量进行调整，在循环体执行之后执行，也可以在此省略，放在循环体中。其中，表达式 1、表达式 2 和表达式 3 都可以省略。for 语句的执行流程如图 3-9 所示。

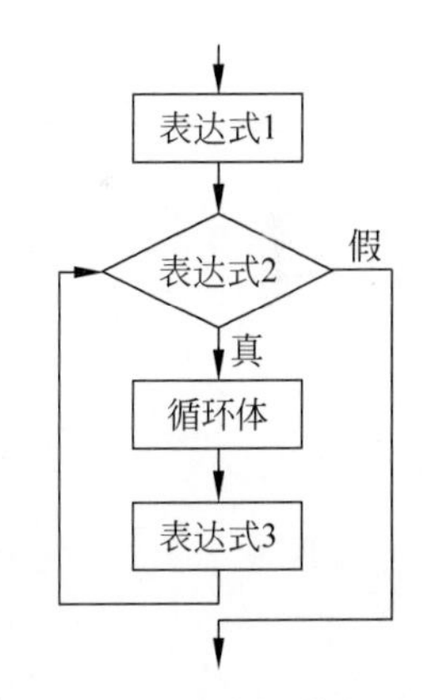

图 3-9　for 语句的执行流程

for 语句的执行过程分析如下：

(1) 求解表达式 1；

(2) 求解表达式 2，若为假，则结束循环，转到(5)；

(3) 若表达式 2 为真，执行循环体，然后求解表达式 3；

(4) 转到(2)；

(5) 执行 for 语句的下一个语句。

从 for 语句的执行过程可以看到，它实际上等效于如下 while 结构：

```
表达式 1;
while(表达式 2)
{
    循环体;
    表达式 3;
}
```

【例 3-10】 用 for 循环求和式 s=1+2+…+100。

```
#include <iostream>
using namespace std;
int main()
{
    int s = 0;
    int i;
    for(i = 1;i <= 100;i++)
        s += i;
    cout <<"s = 1 + 2 + … + 100 = "<< s << endl;
    return 0;
}
```

对于 for 语句的使用需要说明以下几点。

（1）for 语句中省略表达式时，分号不能省略。当省略全部表达式时，for 仅有循环跳转功能。循环变量初始化要在 for 之前设置，而循环条件的判断，循环变量的修改，循环结束控制语句等都要在循环体内实现。

```
for(; ; )
语句块
```

等价于

```
while(1)
语句块
```

例如，求 1+2+…+100 可以写成：

```
int s = 0, i = 1;
for (;;)
{
if (i > 100) break;
s += i;
i++;
}
```

（2）省略各表达式的 for 语句可以构成不同形式的循环。以下都是求 1+2+…+100 的等价程序。

初始化表达式是逗号表达式，省略第 2 个和第 3 个表达式：

```
for(int s = 0, i = 1;;)
{
if(i > 100)  break;
    s += i;
    i++;
 }
```

省略第 1 个和第 3 个表达式：

```
int s = 0, i = 1;
for(;i <= 100;)
{
```

```
    s += i;
    i++;
}
```

把累加计算表达式放在第 3 个表达式，构成逗号表达式，循环体为空语句。

```
for(int s = 0,i = 1;i <= 100;s += i,i++);
```

读者还可以根据需要和习惯，写出不同形式的 for 循环语句。

【例 3-11】 求斐波那契数列的前 n 项。

算法分析：斐波那契数列形如 0,1,1,2,3,5,8,13,21,…其规律是第 1 项 $a_1=0$，第 2 项 $a_2=1$。从第 3 项开始，每一项都等于前面两项之和。程序中可以使用三个变量 a_1、a_2 和 a_3 进行迭代。

初始时，$a_1=0$，$a_2=1$，根据 a_1 和 a_2 的值计算第 3 项 a_3，即 $a_3=a_1+a_2$；然后用 a_2 的值替换 a_1 的值，用 a_3 的值替换 a_2 的值，用 $a_3=a_1+a_2$ 求得第 4 项的值。如此迭代下去，可以求出斐波那契数列各项的值。

```
#include <iostream>
using namespace std;
int main()
{
    int n,i,a1,a2,a3;
    cout <<"n = ";cin >> n;
    a1 = 0; a2 = 1;                     //对第 1 项和第 2 项赋初始值
    cout << a1 <<'\t'<< a2 <<'\t';
    for(i = 3;i <= n;i++)
    {
        a3 = a1 + a2;                   //求新一项的值
        cout << a3 <<'\t';
        if(i % 8 == 0)                  //每输出 8 项换一行
            cout << endl;
        a1 = a2; a2 = a3;               //迭代
    }
    return 0;
}
```

程序的运行情况及结果如下：

```
n = 16↙
0     1     1     2     3     5     8     13
21    34    55    89    144   233   377   610
```

3.3.4 循环结构嵌套

循环结构的嵌套，就是在一个循环语句的循环体内又包含循环语句，各种循环语句都可以相互嵌套。一层循环嵌套一层循环称为双层循环，若再嵌套一层循环称为三层循环，根据实际需要可以设计多层循环。

【例 3-12】 双层循环的实现。

```
#include <iostream>
using namespace std;
int main()
{
    cout <<"i\tj\n";
    for(int i = 1;i <= 3;i++)                //外循环
    {
        cout << i;
        for(int j = 1;j <= 3;j++)            //内循环
            cout <<"\t"<< j << endl;
    }
    return 0;
}
```

程序的运行情况及结果如下：

```
i    j
1    1
     2
     3
2    1
     2
     3
3    1
     2
     3
```

双层循环的执行过程分析如下。

首先外循环的循环控制变量 i 被初始化为 1，外循环的循环条件 i<=3 的结果为真，转而执行循环体。先输出 1 再执行内循环，内循环的循环控制变量 j 初始化为 1，其循环条件表达式 j<=3 的结果为真，于是执行其循环体，输出 1。然后执行 j++，j 变为 2，循环条件依然为真，接着执行循环体，输出 2。接着执行 j++，j 变为 3，循环条件为真，接着执行循环体，输出 3。再次执行 j++，j 变为 4，循环条件为假，内循环结束。转而计算外循环的第三个表达式 i++，i 变为 2，外循环的循环条件为真，执行其循环体，即先输出 2 再执行内循环。以此类推，直至外循环的循环控制变量变为 4，循环条件为假，此时外循环结束。

【例 3-13】 求 100 以内的所有素数。

算法分析：要判别整数 m 是否为素数，最直接的办法是试除法。即用 2，3，…，m−1 逐个去除 m。若其中没有一个数能整除 m，则 m 为素数；否则，m 不是素数。

数学上可以证明：若所有小于或等于 $\sqrt{m}$ 的数都不能整除 m，则大于 $\sqrt{m}$ 的数也一定不能整除 m。因此，在判别一个数 m 是否为素数时，可以缩小测试范围，只需从 2～$\sqrt{m}$ 中检查是否存在 m 的约数。只要找到一个约数，就说明不是素数，退出测试。

```
#include <iostream>
#include <cmath>                          //求平方根的函数 sqrt 在头文件 cmath 中定义
```

```
using namespace std;
int main()
{
    int m,i,k,n=0;
    for(m=2;m<=100;m++)
    {
        k=int(sqrt((float)m));              //函数 sqrt 用于返回参数 m 的平方根
        i=2;
        while(m%i&&i<=k)
            i++;
        if(i>k)
        {
            cout<<m<<'\t';
            n+=1;
            if(n%5==0)  cout<<endl;     //每输出 5 项换一行
        }
    }
    return 0;
}
```

程序的运行结果如下：

```
2	3	5	7	11
13	17	19	23	29
31	37	41	43	47
53	59	61	67	71
73	79	83	89	97
```

3.4　其他控制语句

当循环语句中的循环条件不满足时，就会结束循环体的执行。而在实际使用中，需要在循环条件仍旧满足的情况下，终止某次循环乃至整个循环。C++为此提供了中断循环的手段。

3.4.1　break 语句

break 语句的形式为：

```
break;
```

前面介绍 switch 语句时，曾使用过 break 语句，它的作用是使某个分支的执行到此结束。除此之外，break 语句还可以用在循环语句中。break 语句的作用是无条件地结束 switch 语句或循环语句，包括 while、do-while 和 for 语句的执行，转向执行语句块的后续语句。

break 语句不能用于 switch 语句和循环语句之外的任何结构语句中。

3.4.2　continue 语句

continue 语句的形式为：

```
continue;
```

continue 语句用于循环体中，终止当前一次循环，不执行 continue 的后续语句，转向循环入口继续执行。

break 语句和 continue 语句的执行流程如图 3-10 所示。

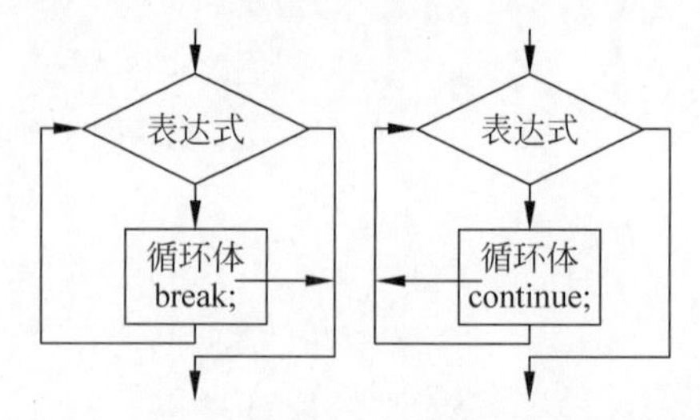

图 3-10　break 语句和 continue 语句的执行流程

【例 3-14】　break 语句与 continue 语句的测试。

```
#include <iostream>
using namespace std;

int main()
{
    int i;
    for(i = 10;i <= 20;i++)
    {
        if(i % 2)
            continue;
        cout << i <<" ";
    }
    cout << endl;
    for(i = 10;i <= 20;i++)
    {
        if(i % 2)
            break;
        cout << i <<" ";
    }
    cout << endl;
    return 0;
}
```

程序的运行情况及结果如下：

```
10 12 14 16 18 20
10
```

程序中，第 1 个 for 循环输出了 10～20 的所有偶数，第 2 个 for 循环输出了 10～20 的第一个偶数。

3.5　综合举例

【例 3-15】　使用公式 $\frac{\pi}{4}=1-\frac{1}{3}+\frac{1}{5}-\frac{1}{7}+\cdots$ 求 π 的近似值，直到最后一项的绝对值小于 10^{-6} 为止。

```
#include <iostream>
#include <cmath>
using namespace std;
int main()
{
    int i = 1,sign = 1;                    //i 表示每一项的分母,sign 表示每一项的符号
    double s = 1,t = 1;                    //s 用来求和,t 表示每一项
    do
    {
        i = i+2;                           //分母每次递增 2
        sign = -sign;                      //符号不断变化
        t = sign * 1.0/i;
        s = s+t;                           //把每一项累加上
    }while(fabs(t)>=1e-6);
    cout<<"PI = "<<4*s<<endl;
        return 0;
}
```

程序的运行情况及结果如下：

```
PI = 3.14159
```

【例 3-16】 求 n!=1×2×…×n 的值，n 从键盘输入。

```
#include <iostream>
using namespace std;
int main()
{
    int i,n;
    long int t;
    cout<<"n=";
    cin>>n;
    t = 1;
    for(i=1;i<=n;i++)
        t *= i;
    cout<<n<<"!="<<t<<endl;
    return 0;
}
```

程序的运行情况及结果如下：

```
n=4↙
4!=24
```

【例 3-17】 已知公鸡每只 5 元，母鸡每只 3 元，小鸡每只 1 元。现要用 100 元买 100 只鸡，问公鸡、母鸡、小鸡各为多少？

算法分析：这个问题采用“穷举法”来求解，即是把问题的解的各种可能组合全部罗列出来，并判断每一种可能组合是否满足给定条件，若满足给定条件就是问题的解。

设 x、y 和 z 分别表示公鸡、母鸡和小鸡的数目。由题意可知 x 的取值为 0～19 的整数，y 的取值为 0～33 的整数，所以可以用外层循环控制 x 在 0～19 变化，内层循环控制 y 在

0～33 变化，在内层循环中对每一个 x 和 y，求出 z，并判断 x、y 和 z 是否满足条件：5x+3y+z/3=100，若满足就输出 x、y 和 z。

```
#include <iostream>
using namespace std;
int main()
{
    int x,y,z;
    cout<<"公鸡:\t"<<"母鸡:\t"<<"小鸡:\t"<<endl;
    for(x=0;x<=19;x++)                          //公鸡取值范围
        for(y=0;y<=33;y++)                      //母鸡取值范围
        {
            z = 100-x-y;                        //小鸡数量
            if((5*x+3*y+z/3.0)==100)            //百钱买百鸡
                cout<<x<<'\t'<<y<<'\t'<<z<<endl;
        }
    return 0;
}
```

程序的运行情况及结果如下：

```
公鸡:  母鸡:  小鸡:
0      25     75
4      18     78
8      1      81
12     4      84
```

【例 3-18】 输入两个正整数，求出它们的最大公约数。

算法分析：求最大公约数有不同的算法，其中速度较快的是辗转相除法。

该算法描述为：m 和 n 为两个正整数，当 m>n 时，m 与 n 的最大公约数等于 n 与余数 r=m%n 的最大公约数；不断更新被除数与除数，那么当余数 r=0 时，此时的除数 n 就是我们要找的最大公约数。

```
#include <iostream>
using namespace std;
int main()
{
    int m,n,a,b,r;
    cout<<"输入两个正整数:"<<endl;
    cout<<"m=";cin>>m;
    cout<<"n=";cin>>n;
    if(m>n)
    {
        a=m;
        b=n;
    }
    else
    {
        a=n;
        b=m;
```

```
    }
    while((r = a % b)!= 0)          //r 表示余数
    {
        a = b;
        b = r;
    }
    cout << m <<"和"<< n <<"的最大公约数为:"<< b << endl;
    return 0;
}
```

运行程序,求 24 和 18 的最大公约数,运行结果如下:

```
输入两个正整数:
m = 24↙
n = 18↙
24 和 18 的最大公约数为:6
```

练习题

一、选择题

1. 已知"int i, x, y;"下列选项中错误的是________。

   A. if(x==y) i++;　　　　B. if(x=y) i--;

   C. if(xy) i--;　　　　D. if(x+y) i++;

2. 设有函数关系为 $y=\begin{cases}-1, & x<0 \\ 0, & x=0 \\ 1, & x>0\end{cases}$,下面选项中能正确表示上述关系的是________。

A.
```
y = 1;
    if (x>=0)
        if (x==0) y = 0;
        else y =-1;
```

B.
```
y = 1;
    if (x>=0)
        if (x==0) y = 0;
    else y = 1;
```

C.
```
if (x<=0)
            if (x<0)   y = -1;
        else   y = 0;
    else   y = 1;
```

D.
```
y = -1;
    if (x<=0)
        if (x<0)   y = -1;
        else   y = 1;
```

3. 假设 i = 2,执行下列语句后,i 的值为________。

```
switch (i)
{
  case 1: i++;
  case 2: i--;
  case 3: ++i; break;
  case 4: --i;
  default: i++;
}
```

A. 1　　B. 2　　C. 3　　D. 4

4. 已知“int i = 0，x = 0;”下面 while 语句执行时循环次数为________。

```
while (!x&&i<3)  {x++; i++;}
```

A. 4　　B. 3　　C. 2　　D. 1

5. 已知“int i = 3;”下面 do-while 语句执行时循环次数为________。

```
do {i--; cout << i << endl;}while(i!= 1);
```

A. 1　　B. 2　　C. 3　　D. 无限

6. 下面 for 语句执行时循环次数为________。

```
for(int i = 0,j = 5;i = j;)
{
cout << i << j << endl;
i++;j--;
}
```

A. 0　　B. 5　　C. 10　　D. 无限

7. 以下为死循环的程序段是________。

A. for (int x = 0; x<3;) {x++;};

B. int k = 0;

　do {++k;} while (k>=0);

C. int a = 5; while (a) {a--;};

D. int i = 3; for(; i; i--);

8. 以下程序的输出结果是________。

```
#include<iostream>
using namespace std;
int main()
{
int i = 0,a = 0;
while(i<20)
{
    for(;;)
    { if((i%10) == 0) break;
        else i--;
    }
    i += 11;
   a += i;
}
cout << a << endl;
return 0;
}
```

A. 11　　B. 32　　C. 21　　D. 33

二、填空题

1. 写出以下程序的输出结果________。

```
#include <iostream>
using namespace std;
int main()
{
int a,b,c,d,x;
a=c=0; b=1; d=20;
if(a)  d=d-10;
else if(!b)
         if(!c)  x=15;
         else  x=25;
cout<<d<<endl;
return 0;
}
```

2. 写出以下程序的输出结果________。

```
#include <iostream>
using namespace std;
int main()
{
int i=1;
while(i<=10)
    if(++i%3!=1)
        continue;
    else cout<<i<<endl;
return 0;
}
```

3. 写出以下程序的输出结果________。

```
#include <iostream>
using namespace std;
int main()
{
int i=0,j=5;
do
{
    i++;j--;
    if(i>3)break;
}while(j>0);
cout<<"i="<<i<<'\t'<<"j="<<j<<endl;
return 0;
}
```

4. 写出以下程序的输出结果________。

```
#include <iostream>
using namespace std;
int main()
{
int i,j;
for(i=1,j=5;i<j;i++)
{j--;}
```

```
cout << i <<'\t'<< j << endl;
return 0;
}
```

5. 写出以下程序的输出结果________。

```
#include <iostream>
using namespace std;
int main()
{
int i,s = 0;
for(i = 0;i < 5;i++)
switch(i)
{
    case 0:s += i;break;
    case 1:s += i;break;
    case 2:s += i;break;
    default:s += 2;
}
cout <<"s = "<< s << endl;
return 0;
}
```

6. 写出以下程序的输出结果________。

```
#include <iostream>
using namespace std;
int main()
{
int i;
for(i = 1;i <= 5;i++)
{
    if(i % 2) cout <<"#";
    else continue;
    cout <<"*";
}
cout <<"$\n";
return 0;
}
```

7. 写出以下程序的输出结果________。

```
#include <iostream>
using namespace std;
int main()
{
int i,j,x = 0;
for(i = 0;i <= 3;i++)
{
    x++;
    for(j = 0;j <= 3;j++)
    {
        if(j % 2)  continue;
```

```
            x++;
        }
        x++;
    }
    cout <<"x = "<< x << endl;
    return 0;
    }
```

三、编程题

1. 输入三角形的三条边长，判断它们能否构成三角形。若能，则判断是等边三角形、等腰三角形还是一般三角形。

2. 我国居民用电实行阶梯电价。阶梯电价是阶梯式递增电价或阶梯式累进电价的简称，是指把户均用电量设置为若干个阶梯分段或分挡定价计算费用。将居民用电量按照满足基本用电需求、正常合理用电需求和较高生活质量用电需求划分为三挡，电价实行分挡递增。总用电量＝第一挡用电量＋第二挡用电量＋第三挡用电量。

试以如下标准根据输入的当年的用电量编程计算当年的电费：

第一挡年用电量 2160 千瓦时：每千瓦时 0.558 元。

第二挡年用电量 2160～4800 千瓦时：每千瓦时 0.608 元。

第三挡年用电量 4800 千瓦时及以上：每千瓦时 0.858 元。

3. 编写程序实现：输入百分制成绩，把它转换成五级分制，转换公式为：

$$\text{grade(级别)}=\begin{cases}\text{excellent(优秀)} & 90\sim100\\ \text{good(良好)} & 80\sim89\\ \text{general(中等)} & 70\sim79\\ \text{pass(合格)} & 60\sim69\\ \text{no pass(不合格)} & 0\sim59\end{cases}$$

4. 已知 XYZ＋YZZ＝532，其中 X、Y 和 Z 为数字，编程求出 X、Y 和 Z。

5. 编程求 1!＋2!＋…＋15!。

6. 编程打印如下图案：

```
        *
      * * *
    * * * * *
  * * * * * * *
* * * * * * * * *
  * * * * * * *
    * * * * *
      * * *
        *
```

7. 在 100～200 中找出同时满足用 3 除余 2，用 5 除余 3 和用 7 除余 2 的所有整数。

8. 将一个正整数分解质因数，质因数就是一个数的约数，并且是质数。例如：输入 90，输出 90＝2＊3＊3＊5。

9. 输出所有的水仙花数，水仙花数是指一个三位数，其各位数字立方和等于该数本身。

例如，153 是一个水仙花数，因为 $153=1^3+5^3+3^3$。

10. 编程输出 1000 之内的所有完数。所谓完数，是指它的因子之和恰好等于它本身。例如，6 的因子为 1，2，3，而 6=1+2+3，所以 6 是一个完数。

11. 一球从 100 米高处落下，每次落地后反跳回原高度的一半，再落下。编程求它在第 10 次落地时，共经过多少米？第 10 次反弹多高？

12. 用迭代法编程求 $x=\sqrt{a}$。求平方根的迭代公式为：

$$x_{n+1}=\frac{1}{2}\left(x_n+\frac{a}{x_n}\right)$$

要求前后两次求出的 x 的差的绝对值小于 10^{-7}。

函数

4.1 概述

在解决实际问题时，当需要将一部分计算任务独立实现的时候，就可以编写函数。这样不仅可以实现逻辑的分离，避免同一段代码在程序中反复出现，使代码结构更清晰，还能减少程序调试的工作量。

一个 C++程序可以由若干函数构成，每个函数都可以完成独立的功能。因此，结构化程序设计方法的基本思想就是对问题进行功能模块的划分，并用函数来实现一个个子功能模块，最后通过 main()函数的总体调控来完成整体的功能。程序设计的任务最终可归结为一个个函数的设计与编写上。合理地编写函数可以简化程序模块的结构，便于阅读和调试。

在 C++中，关于函数的规定有如下 4 点。

(1) 一个 C++程序由一个或多个程序文件(程序模块)组成。对较大的程序，一般不建议把所有内容全放在一个文件中，而是建议将它们分别放在若干个程序文件中，再由这若干个程序文件组成一个 C++程序。这样便于独立地编写、编译，以提高调试效率。一个程序文件可以为多个 C++程序共用。

(2) 一个程序文件由一个或多个函数以及其他相关内容(如命令行、变量定义等)构成。一个程序文件作为一个独立的编译单位，即程序在编译时是以源程序文件为单位，而不是以函数为单位进行编译的。

(3) C++程序的执行是从 main()函数开始的，程序执行的过程中可以调用其他函数，调用结束后流程仍返回到 main()函数，最后在 main()函数中结束整个程序的运行。

(4) 所有函数都是平等的。这里的平等指每个函数的定义都是独立的，即不能在一个函数中定义另一个函数。而函数之间又是可以相互调用的，注意 main()函数只能由系统调用，不能被其他函数调用。

从用户使用的角度来看，函数可以分为以下两类。

(1) 库函数。标准 C++库里包含一百多种预先定义和编译好的函数，称为库函数。每个库函数都在一个或多个头文件中提供了原型，如果用户需要可直接使用这些库函数。使用库函数时，只需将其原型所在的头文件包含进 C++程序文件中即可。如要使用原型在头文件 cmath 中的库函数 sqrt 进行开平方运算，需要在程序文件开头增加如下文件包含命令：

```
#include<cmath>
```

（2）用户自定义函数。用户经常需要自己编写函数以满足实际需求，这也是编程的乐趣所在。在编写函数时，必须指明函数的名称、参数、返回值类型及实现的功能等信息。

从函数的形式来看，函数可以分为以下两类。

（1）无参函数。若函数被调用时，不需要主调函数向其传递数据，则可定义其为无参函数。无参函数常用来执行特定的一组操作。

（2）有参函数。若函数被调用时，需要从主调函数向其传递数据，则应定义为有参函数。一般情况下，执行有参函数会得到一个函数返回值，以供主调函数使用。

4.2 函数的定义与调用

4.2.1 函数的定义

函数必须定义后才能使用。所谓定义函数，就是编写函数需要完成功能的程序块。函数定义的一般格式如下：

```
类型说明符 函数名(形参列表)
{函数体}
```

例如，定义一个求两个整数较大值的函数可编写如下：

```
int max(int a, int b)
{   return a > b?a:b; }
```

函数的定义一般包含以下三部分。

1. 函数名

C++语言中，函数名与变量名的命名方式相同，需要满足标识符的命名规则，如上例中的 max 即为该函数的名称。

2. 函数的参数

当函数需要接收外部传递过来的数据时，需要定义有参函数。有参函数中用于接收外部数据的变量称为形式参数，函数的形式参数一般定义在函数名后的圆括号内，且要指明类型，多个参数用逗号隔开，如上例中的 a 和 b 就是两个整型的形式参数。形式参数并不占内存，只有当函数开始使用时系统才会为形式参数分配内存。

（1）有参函数举例：

```
int max(int a, int b)          //a、b 是形式参数，接收外部数据
{
   int c;
       c = a > b?a:b;
       return c;
}
```

若函数的运行不需要从外部传递数据，可以定义成无参函数，其函数名后的圆括号不可省略，括号内可以写 void，也可以不写。这里 void 的意思是不需要传递数据。

(2) 无参函数举例:

```
void message()
{
   cout <<"1.注册新用户\n";
    cout <<"2.用户登录\n";
    cout <<"3.取消\n";
    cout <<"请输入您的选择:";
}
```

上例中的 message()函数仅完成一些简单的操作。

3. 函数的类型

函数的类型又称函数返回值的类型。大部分函数运行后都会返回一个确定的值,在定义函数时要先规定好函数应该返回一个什么类型的值。函数的类型一般用函数名前的类型说明符来描述,如 max()函数的类型为 int。又如以下函数:

```
double fun(float x)
{   return x * x + 2 * x + 1; }
```

该函数的类型为 double 型,完成这样一个计算功能:根据任意变量 x,计算表达式 x * x+2 * x+1 的结果并返回一个 double 类型的值。

关于函数类型需要说明以下 4 点。

(1) 若函数运行后有一个确定的值,一般要通过 return 语句才能得到这个值。

(2) 若函数的类型和 return 表达式结果的类型不一致,则以函数的类型为准。也就是说,函数的类型决定返回值的类型。对数值型的数据,可以自动进行类型转换。例如:

```
int add(double x, double y)
{   return x + y;       }
```

若 add()函数被调用时,x 的值为 3.7,y 的值为 2.6,则表达式 x+y 的值为 6.3,这是一个 double 型数据,但实际返回的时候会自动转换为整型值 6,这是因为函数返回值的类型一开始就定义的是整型。

(3) 在函数体中允许有多个 return 语句,但每次只会有一个 return 语句被执行,因此函数只会返回一个函数值。例如:

```
int max(int a, int b)
{   if(a > b)   return a;
    else   return b;
}
```

若 a>b,执行语句"return a;",否则执行语句"return b;",每次运行函数只能返回一个值。

(4) 有些函数仅完成一个操作,不需要求出函数值,这种函数的类型为空类型,将其定义为 void 类型,表示"不返回一个值"或"什么也不返回"。例如:

```
void print(void)
{    cout <<"The C++programming Language.\n";}
```

该函数只完成字符串输出的功能，不需要返回任何值。此时函数名后圆括号内的 void 也可以省略。

4.2.2 函数的调用

函数的功能是通过函数的调用来完成的。调用一个函数，就是把流程控制转去执行该函数的函数体的过程。

1. 函数调用的格式

函数调用的一般格式为：

函数名(实参列表)

其中，实参列表是调用函数时所提供的实际参数值，这些参数值可以是常量、变量或者表达式，各实参之间用逗号隔开。实参与形参应该个数相等、类型匹配、顺序一致。如果调用的是无参函数，则实参列表为空，但括号不能省略。

2. 函数调用的方式

函数调用一般有以下 3 种形式。

(1) 函数语句。在函数调用的一般格式后加上分号即构成函数语句。函数以这种方式调用时通常是没有返回值的，一般用于完成某些操作。例如可以调用前面的无参函数 message()完成字符串的打印。

```
message();
```

(2) 函数表达式。当函数以其返回值参与表达式的运算时，此时是作为表达式的一项出现的，这种形式称为函数表达式。例如调用有参的 max()函数求出 x 和 y 中的较大值，并将其赋给变量 z 的表达式：

```
z = max(x,y);
```

(3) 函数参数。函数调用还可以作为另一个函数的参数出现。此时，主调函数把函数的返回值作为实参进行传递，所以要求该函数必须有返回值。例如，利用求解两个变量中较大值的 max()函数来求三个变量 x、y、z 中的最大值，可以用下面表达式计算得到。

```
m = max(max(x,y),z);
```

其中，max(x, y)是一次函数调用，它的值作为 max()函数另一次调用的实参，最终 m 的值是 x、y 和 z 中的最大者。

【例 4-1】 求两个整数中的较大值。

```
#include<iostream>
using namespace std;
int max(int a, int b)                          //a、b 是形式参数，接收外部数据
 {
   int c;
    c = a>b?a:b;
    return c;
}
int main()
```

```
{
    int x,y,z;
     cout <<"请输入两个参数:";
     cin >> x >> y;
     z = max(x,y);              //x、y 是实际参数,为 max()提供外部数据
     cout << x <<"、"<< y <<"的较大值是:"<< z << endl;
     return 0;
}
```

程序的运行情况及结果如下：

```
请输入两个整数:3  7↙
3、7 中的较大值是:7
```

例 4-1 中函数调用时实参与形参的内存情况如图 4-1 所示，过程分析如下。

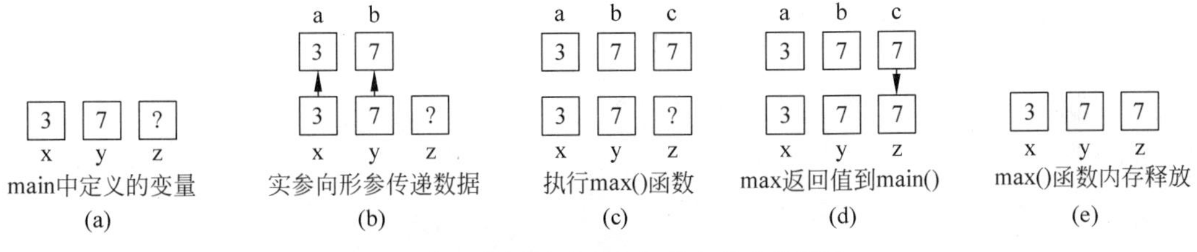

图 4-1　函数调用时实参与形参的内存情况

(1) 程序从 main()函数开始运行，定义变量 x 、y 、z，并且为 x 、y 输入数据 3 和 7，变量 z 的值待定。main()函数内定义的变量如图 4-1(a)所示。

(2) 运行调用语句“z=max(x,y);”，此时，程序调转到 max()函数，定义形参变量 a 和 b，并且将实参 x 和 y 的数据分别传给形参 a 和 b，这个数据传递过程是单向的。实参向形参传递数据的过程如图 4-1(b)所示。

(3) 程序执行 max()函数的函数体，定义变量 c，并且将 a、b 中较大者的值 7 赋值给 c。运行 max()函数如图 4-1(c)所示。

(4) 函数体执行完毕，运行 return 语句，将函数值 c 返回给 main()函数，执行赋值语句“z=max(x,y);”，将返回的函数值赋给变量 z。max()函数值返回到 main()函数，如图 4-1(d)所示。

(5) 程序从 max()函数返回后，所有在 max()函数中分配的变量空间均被系统释放。max()函数内的变量空间释放如图 4-1(e)所示。

关于有参函数的数据传递需要说明以下 3 点。

(1) 在未运行函数调用语句时，形参并不占内存的存储单元，只有在函数开始调用运行时，形参才分配内存单元。调用结束后，形参所占用的内存单元立即被系统释放。

(2) 实参对形参变量的传递是“单向值传递”。在内存中实参、形参分别占据不同的内存单元，但两者类型一般应一致或兼容，调用时也需一一对应。

(3) 实参可以是常量、变量或表达式。如果是表达式，应计算其值后再调用。若例 4-1 中有调用语句“z=max(x+y,x * y);”，则此时传递给形参 a 的值是 10，传递给 b 的值是 21。

【例 4-2】 编程计算 s = 1!＋2!＋…＋n!，n 的值从键盘输入。

算法分析：可以先编写一个用于求 k!(k=1，2，…，n)的 fact()函数，然后在 main()函数中不断调用 fact 依次返回 1!，2!，…，n!的值，最后累加即可。

阶乘 k!的定义为 k=k＊(k－1)＊(k－2)＊…＊2＊1，且规定 0!=1。根据该定义，实现阶乘的函数只需一个整型参数即可。若 k＜0，则阶乘无定义，此时可要求函数返回－1，以作为函数参数错误的标识。当 k≥1 时，要做的操作是一个连乘运算，可用循环语句实现，运算结果通过 return 语句返回。

```
#include < iostream >
using namespace std;
float fact(int k)                       //求 k!的函数,注意返回值类型防止超出取值范围
{
   float product = 1;                   //product 表示阶乘的结果,初始化为 1
    if (k < 0) return -1;
    else if (k == 0) return 1;
    while (k >= 1)
    {
       product = product * k;           //k!= k * (k - 1) * … * 2 * 1
        k--;                            //k 不断递减直至 1
    }
    return product;                     //返回 k!
}
int main()
{
   int i, n;
    float sum = 0;
    cout <<"请输入一个正整数:";
    cin >> n;
    for (i = 1; i <= n; i++)
        sum += fact(i);
    cout <<"sum = "<< sum <<'\n';
    return 0;
}
```

程序的运行情况及结果如下：

```
输入一个正整数:4↙
sum = 33
```

该例中，fact()函数每次被调用时都会将实参 i 的值传给形参 k，fact()函数执行完后将结果返回并累加到 sum 变量。

3. 函数调用的过程

一个 C++程序经过编译后生成可执行代码，即后缀为 exe 的可执行文件，存放在外存储器中。当程序被执行时，首先从外存储器中将程序代码加载到内存的代码区，然后从 main()函数的起始处(入口地址)开始执行。程序在执行过程中如果遇到了对其他函数的调用(如例 4-2 中对 fact()函数的调用)，则暂停当前函数的执行，保存下一条指令的地址(即返回地址，作为从被调用函数返回后继续执行的入口点)，并保存现场相关参数，然后转到被调用函数的入口地址，执行被调用函数。在被调用函数体中，当遇到 return 语句或被调用函数结

束时，则恢复先前保存的现场，并从先前保存的返回地址处开始继续执行主调函数的剩余语句，直到结束。

例 4-2 函数调用及返回过程如图 4-2 所示，图中标号为执行的顺序。

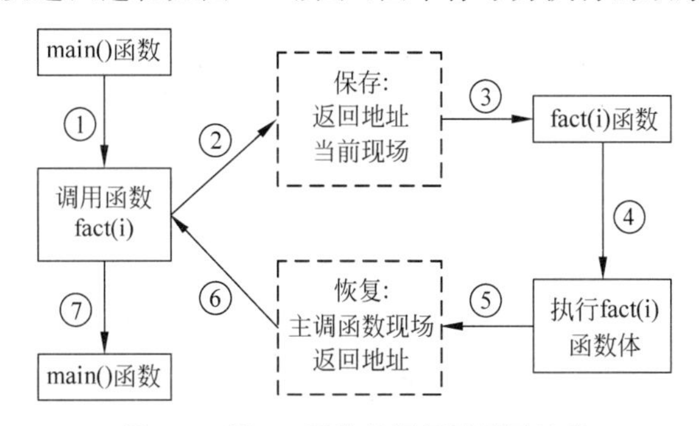

图 4-2　例 4-2 函数的调用及返回过程

4.2.3　函数声明和函数原型

C++程序中调用的函数必须是已经存在的函数，可以是库函数或者用户自定义的函数。对于库函数，只需要在使用之前将函数所在的头文件包含进来。对于用户自定义的函数，若函数定义的位置在主调函数之前，则不必做函数声明；若在主调函数之后，则需要在使用前对函数原型做声明，位置可放在主调函数体外或者主调函数体内。特别地，若主调函数是 main()函数，而 C++程序的一般结构是 main()函数在前，此时应在 main()函数中或 main()函数定义之前对被调用函数做声明。

C++中一般使用函数原型对函数做声明，这是因为函数原型描述了函数到编译器的接口，它将函数的参数类型、数量以及返回值的类型告诉编译器。一旦函数调用时这些信息不一致，就会引起编译失败，系统会提示出错。

使用函数原型进行声明的一般格式为：

类型说明符　函数名(形参列表);

其各部分的意义与函数定义相同。

与函数定义相比，函数原型声明是一条语句，仅指明了函数参数的数值类型及返回值的类型。也就是说仅包含函数头部，没有函数体。

【例 4-3】　重写例 4-1 求两数中较大值的程序，将主调函数写在被调函数前。

```
#include <iostream>
using namespace std;
int main()
 {
   int x,y,z;
    int max(int a, int b);                    //使用函数原型对 max()函数进行声明
    cout <<"请输入两个整数:";
    cin >> x >> y;
    z = max(x,y);
    cout << x <<"、"<< y <<"的较大值是:"<< z << endl;
    return 0;
```

```
}
int max(int a, int b)
 {
   int c;
    c = a>b?a:b;
    return c;
}
```

在例 4-3 中，请看函数原型如何影响函数调用。

首先，函数原型声明告诉编译器，max()函数有两个整型参数，如果函数调用时没有提供这样的参数，编译器就会提示出错。

其次，max()函数完成运算后，将返回值放置在指定的位置（可能是内存中），然后主调函数（这里是 main()函数）将从这个位置取得返回值。因为指明了类型为 int，则编译器知道应该检索几字节。如果不指明，则编译器只能猜测，这是不可能的。也可以在文件中查找函数定义，但这样的做法效率太低。

避免使用原型的唯一方法是在首次使用之前先定义它，但这种做法并不可行。C++的编程风格是将 main()函数放在前面，因为它通常决定了程序的整体结构。

关于函数声明需要说明的是，对函数进行原型声明时，形参列表中可以不给出参数名，只给出参数的类型。例如，前面的原型声明也可以写成：

```
int max(int, int);
```

4.2.4 函数之间的数据传递

1. 值传递

C++程序中向函数传递参数最简单的方式是，将函数的实参复制一份传给被调用函数的形参。函数中声明的参数都是函数私有的。在函数每次被调用时，计算机都会重新为这些变量分配内存并初始化，函数调用结束时计算机又会将这些内存释放掉。这样的变量称为局部变量。也就是说，一旦被调用函数执行完，声明在此函数中的局部变量也将不复存在。有关局部变量的详细描述请参看本章后续内容。

【例 4-4】 交换两个变量值的例子。

```
#include <iostream>
using namespace std;
void swap(int x,int y)
 {
   int t;
    t = x;
    x = y;
    y = t;
}
int main()
 {
   int a = 3,b = 5;
    swap(a,b);
```

```
    cout << a <<' '<< b << endl;
    return 0;
}
```

程序的运行情况及结果如下：

```
3 5
```

从输出结果可以看到，函数 main()中两个变量 a 和 b 的值并没有交换，为什么会出现这种情况？函数调用过程变量值的变化情况如图 4-3 所示，下面具体分析其中函数调用时数据传递的效果。

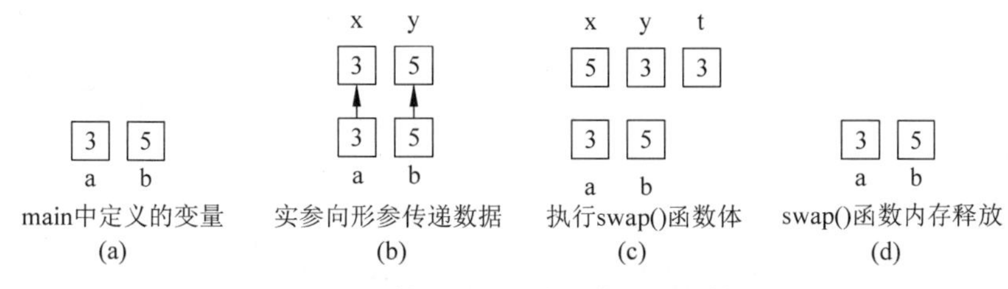

图 4-3　函数调用过程变量值的变化情况

(1) 从 main()函数开始，先定义变量 a，b，并为它们分别赋值为 3 和 5，如图 4-3(a)所示。

(2) 执行"swap(a, b);"，此时，程序调转到 swap()函数，定义形参变量 x 和 y，并且将实参 a 和 b 的数据 3 和 5 分别传给形参 x 和 y，如图 4-3(b)所示。

(3) 执行 swap()函数的函数体，定义变量 t，实现两个形参 x 和 y 的值的交换，即经过三次赋值运算之后，此时形参 x 的值变为 5，形参 y 的值变为 3，变量 t 的值为 3，如图 4-3(c)所示。

(4) 函数体执行完毕，所有在 swap()函数中分配的变量空间均被系统释放，即形参 x、y 和 t 的内存空间均被释放掉，如图 4-3(d)所示。

(5) 程序从 swap()函数返回到 main()函数，输出变量 a 和 b 的值，两者并没有发生变化，仍然是 3 和 5。

从上述过程可以看出，声明在 swap()函数中的形参 x 和 y 是函数私有的，只有当 swap()函数被调用时，才会被分配存储空间并初始化为主调函数中实参的副本。一旦函数调用结束就不复存在，被调函数中形参的改变并没有对主调函数中的实参产生影响。这就是函数调用的单向值传递。

事实上，即使 swap()函数与 main()函数中出现同名变量，两者也是毫无关系的。如把本例中形参变量由 x 和 y 改为 a 和 b，对程序运行也是没有影响的。这是因为声明在各个函数内的变量都属于该函数私有，其生存周期也仅限于该函数被调用期间。

2. 引用传递

当传递占用存储空间小的值时，传值的方式简单、高效。但对于占用存储空间较大的值，如图像、大表或长字符串时，这种传值的方式不大友好，实现代价会比较高。试着思考下：如何在保证可以使用主调函数中实参数据的前提下仅向被调用函数传递一个简单的参数呢？为了方便函数间进行数据传递，C++引入了引用变量。

引用是 C++中一种特殊的语法机制，它允许用户为一个变量起一个别名。定义引用变量的一般格式为：

类型说明符 & 引用变量名 = 变量名;

符号 & 表示"引用"。该定义表明此处定义的是一个引用变量，它是赋值运算符右端变量的一个引用。式子右端变量称为该引用变量的相关联变量。& 前的类型说明符指明了该引用变量的类型，一般与其相关联变量类型一致。

例如：

```
int i, &refi = i;
```

这里定义了一个类型为 int 的引用变量 refi，它是变量 i 的别名，并称 i 为 refi 的相关联变量。经这样说明后，变量 i 与引用变量 refi 代表的是同一变量。因此对引用变量 refi 的操作就是对原始变量 i 的操作。例如：

```
int i = 10,  &refi = i;                          //见图 4-4(a)
refi += 10;                                      //见图 4-4(b)
cout << i << endl;
```


图 4-4 变量 i 及其引用在内存中的存储情况

其结果是变量 i 的值为 20。变量 i 及其引用在内存中的存储情况如图 4-4 所示。

关于引用变量需要说明如下 4 点。

(1) 引用变量需在定义时初始化，且不能初始化为一个常数。如下述定义是非法的：

```
int &refi;
int &refi = 5;
```

(2) 引用不能层层叠加，即不能定义引用的引用。如语句"int&refi = &m;"是非法的。

(3) 可以定义常引用，即可使用修饰词 const。此时系统会禁止通过引用修改它所引用的变量的值。

例如：

```
int i = 10;
const int &refi = i;
```

则语句"refi=5;"是非法的。但变量的值可以通过变量自身来修改，即语句"i=5;"合法。

(4) 在函数调用过程中，若被调用函数的形参是调用语句中实参的引用，那么计算机不会为引用变量分配内存空间，而是规定引用变量与其相关联变量占据同一段内存。这样，通过引用变量或是其相关联变量来访问此段内存中的数据，效果是一样的。

【例 4-5】 用引用来实现两个数的交换。

算法分析：利用引用变量作为函数形参重新编写 swap()函数。

```
#include <iostream>
using namespace std;
void swap(float &x, float &y)                    //定义形参为实参的引用变量
```

```
{
   float t;
    t = y;
    y = x;
    x = t;
}
int main()
{
   float  a = 10, b = 20;
    cout <<"交换前:a = "<< a <<'\t'<<"b = "<< b <<'\n';
    swap(a, b);
    cout <<"交换后:a = "<< a <<'\t'<<"b = "<< b <<'\n';
    return 0;
}
```

程序的运行情况及结果如下：

```
交换前:a = 10        b = 20
交换后:a = 20        b = 10
```

显然，本例中 swap()函数完成了交换 a 和 b 两个变量值的功能。这是因为函数的形参是引用变量。实参 a 与其引用 x 占据相同内存，实参 b 与其引用 y 占据相同内存，所以在 swap()函数中对两个引用变量 x 和 y 进行交换，实质上也是对其相关联变量 a 和 b 进行交换，即调用 swap()函数时，main()函数中两个实参 a 和 b 的值会随 swap()函数中两个引用变量 x 和 y 一起变化。即主调函数中的实参和被调函数中的形参实现了数据的同步更新。引用做函数参数时变量值的变化情况如图 4-5 所示。

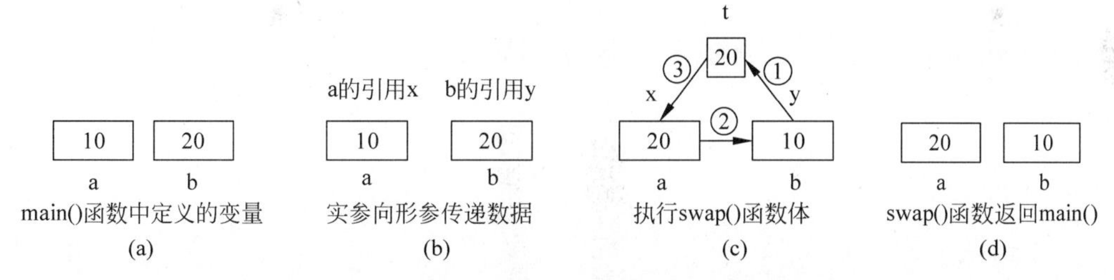

图 4-5　引用做函数参数时变量值的变化情况

在实际应用中，往往基于以下原则来选择数据传递方式：

（1）如果传递的是非常小的值，应使用传值的方式。

（2）如果传递需要修改的大对象，应使用传引用的方式。

4.3　函数的嵌套

C++程序中函数的定义都是平行、独立的，不允许嵌套定义，即在一个函数的函数体内不能再定义另一个函数，main()函数也不例外。但函数之间允许嵌套调用，即可以在一个函数中调用另一个函数，函数的嵌套调用顺序如图 4-6 所示。

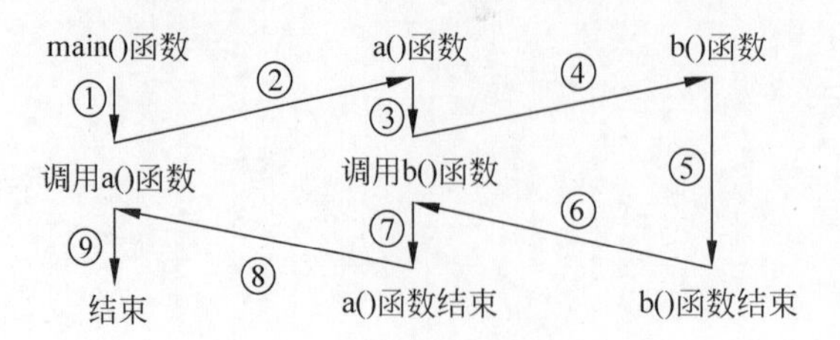

图 4-6　函数的嵌套调用顺序

函数的调用原则是，遇到调用语句时，程序转而执行被调函数中的语句，直至被调函数执行完毕，程序返回到调用处，继续执行调用处的待执行语句或下一条语句。

【例 4-6】 编程求解表达式 $f(k,n)=1^k+2^k+\cdots+n^k$，其中，n 与 k 从键盘输入。

算法分析：该程序求 n 项的累计和，每一项 i 的 k 次幂则可以编写一个函数 pow(i,k) 来实现。累计和可以编写一个 sum(n,k)函数来实现。main()函数中只需完成数据输入、函数调用和结果输出这些操作即可。

```
#include<iostream>
using namespace std;
int pow(int m, int k)                          //定义求 m^k 的函数
 {
        int p = 1;
         for(int i = 1;i <= k;i++)
             p = p * m;
         return p;
}
int sum(int n, int k)                          //累计求各项的和
 {
     int i, s = 0;
     for(int i = 1;i <= n;i++)                 //求 n 项的和
         s += pow(i,k);
     return s;
}
int main()
 {
    int n,k;
     cout <<"请输入 n 和 k 的值:";
     cin >> n >> k;
     cout <<"1^k + 2^k + 3^k + … + "<< n <<"^k = "<< sum(n,k)<< endl;
     return 0;
}
```

程序的运行情况及结果如下：

```
请输入 n 和 k 的值:10  3↙
1^k + 2^k + 3^k + … + 10^k  =  3025
```

本例的程序中三个函数 main()、sum()和 pow()的定义是平行独立的，且每个被调用函数的定义都位于调用其的主调函数之前，故在主调函数中不需要对被调用函数作函数声明。

4.4 函数的递归

递归是一种特殊的嵌套调用,即一个函数在它的函数体内直接或间接调用它自身,称其为递归调用,此时函数称为递归函数。函数的直接递归调用如图 4-7 所示,函数的间接递归调用如图 4-8 所示,图中虚线框表示函数模块。

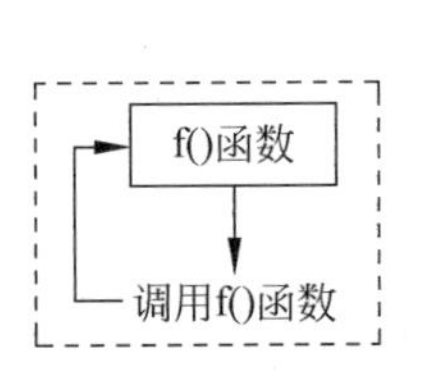

图 4-7 函数的直接递归调用

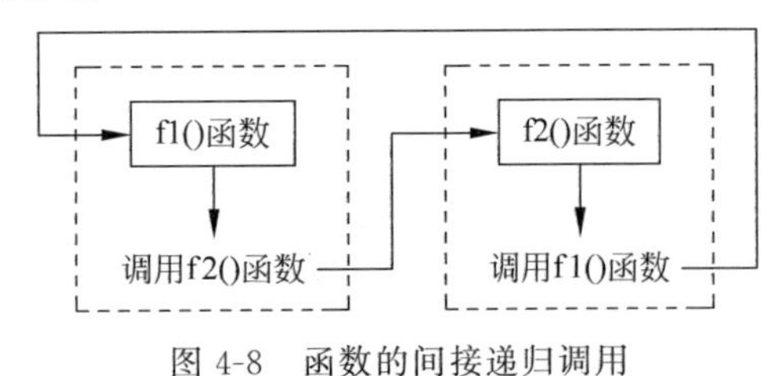

图 4-8 函数的间接递归调用

在递归调用中,主调函数同时也是被调函数,执行递归函数将反复调用其自身。例如:

```
float f(float x)
{
    float y;
    y = f(x);
    return y;
}
```

本例中,f()函数是一个递归函数。运行该函数将无休止地调用其自身,这当然是不正确的。为了防止递归调用无终止地进行,在函数体内必须设置终止递归的手段。一般可用 if 语句来控制,当满足某个条件时递归调用才继续执行,否则就终止递归。

【例 4-7】 用递归方法计算 n!。

算法分析:因为 $n!=n\times(n-1)!$。若函数 fact(n)可以求 n!,那么 fact(n-1)则表示(n-1)!,即有 fact(n)=n * fact(n-1),以此类推,若 n 为 5,则

$$fact(5)=5*fact(4)$$
$$fact(4)=4*fact(3)$$
$$fact(3)=3*fact(2)$$
$$fact(2)=2*fact(1)$$
$$fact(1)=1$$

上述计算过程可以用如下递推公式表示:

$$fact(n)=\begin{cases}1, & n=0\\ 1, & n=1\\ n*fact(n-1), & n>1\end{cases}$$

可见,若用递归方法求解 n!,则求 n!的问题就变为求(n-1)!的问题。同样地,求(n-1)!的问题又可以变为求(n-2)!的问题。以此类推,直到原问题变为求 1!或 0!

```
#include <iostream>
using namespace std;
float fact(int n)
```

```
{
      float p;
       if(n == 0||n == 1) p = 1;                              //A 递归终止条件
       else p = n * fact(n - 1);                              //B 递推公式
      return p;
}
int main()
 {
      int n;
      cout <<"n = ";
      cin >> n;
      cout << n <<"!= "<< fact(n)<<'\n';                      //C 递归调用
      return 0;
}
```

程序的运行情况及结果如下：

```
n = 5
5 != 120
```

递归函数的执行过程比较复杂，可分为连续递推调用和回溯两个阶段。

下面以计算 5! 为例来说明递归执行的过程。执行到 C 行时，流程转向调用 fact(5)，此时参数 n>1，故执行该函数中的 B 行，即成为 5 * fact(4)。同理，fact(4)又成为 4 * fact(3)，以此类推，直到出现函数调用 fact(1)时，执行该函数中的 A 行，并通过 return 语句将 1 返回。当出现函数调用 fact(1)时，递推结束，进入回溯阶段。将返回值 1 与 2 相乘后的结果作为 fact(2)的返回值，与 3 相乘后，结果值 6 作为 fact(3)的返回值，依次进行回溯，最终计算出 5! =120。

图 4-9 给出了递推和回溯阶段的具体实现步骤和递归调用过程中各变量的值。从本例可以看出，每递推调用一次就进入新的一层，直至递推终止。终止递推调用后就开始回溯，一直回溯到第一次调用为止。

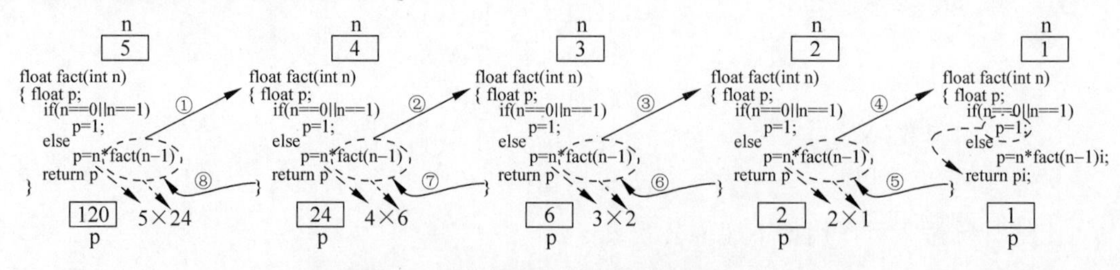

图 4-9　递归调用的步骤和各变量的值

利用递归方法求解问题时，一般要注意以下两点。

(1) 递归公式：本例中为 n! =n * (n−1)!。

(2) 递归终止条件：本例中为 0 或 1 的阶乘为 1。

【例 4-8】 阅读下面程序，分析程序运行的结果。

```
#include < iostream >
using namespace std;
```

```
void recu(char c)
 {
   cout << c;
   if(c<'3') recu(c+1);
   cout << c;
}
int main()
 {
   recu('0');
  return 0;
}
```

此程序中的函数 recu()是一个递归函数，递归结束的条件是“c=='3'”，其调用过程及输出结果如图 4-10 所示。

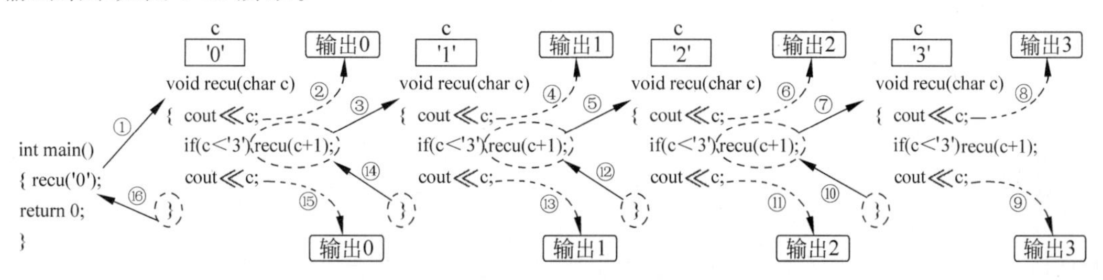

图 4-10 recu()函数的调用过程及输出结果

程序的运行情况及结果如下：

```
01233210
```

可见，0123 是递归函数层层递推调用时的输出，当调用到形参 c 为'3'时，不满足 c<'3'的调用条件，函数开始回溯，在回溯过程中输出 3210。

4.5 默认参数值的函数

C++允许在函数声明或函数定义时为参数预赋一个或多个默认值，这样的函数称为带有默认参数的函数(又称为具有默认参数值的函数)。此类函数在调用时，对于默认参数，可以给出实参值，也可以不给出实参值。如果给出实参，则将实参传给形参进行调用；如果不给出实参值，则按默认值进行调用。

【例 4-9】 利用带有默认参数的函数编写计算长方形面积的程序。

```
#include <iostream>
using namespace std;
int area(int lng = 4, int width = 2)
{    return lng * width;      }
int main()
 {
   int a = 8, b = 6;
    cout << area(a, b)<< endl;                        //A 相当于调用 area(8,6)
    cout << area(a)<< endl;                           //B 相当于调用 area(8,2)
```

```
    cout << area()<< endl;                              //C 相当于调用 area(4,2)
    return 0;
}
```

程序的运行情况及结果如下：

```
48
16
8
```

程序的 B 行调用函数 area()时用到一个默认值，C 行调用函数 area()时用到两个默认值。使用带有默认参数的函数时，应注意以下两点。

（1）默认参数个数不限，但所有的默认参数必须放在参数表的最右端，即先定义所有的非默认参数，再定义默认的参数。例如，具有一个默认值的函数应该写作：

```
int area(int lng, int width = 2)
```

不能写作：

```
int area(int lng = 4, int width)
```

（2）默认参数值必须在函数首次出现时给出。若既有函数原型声明，又有函数定义，此时默认参数应在函数原型声明中给出。在函数原型声明中的变量名同样可以省略。

例 4-9 的源程序可改写为：

```
#include < iostream >
using namespace std;
int main()
 {
   int a = 8, b = 6;
    int area(int = 4, int = 2);             //函数原型声明，变量名可省，必须给出默认值
    cout << area(a, b)<< endl;
    cout << area(a)<< endl;
    cout << area()<< endl;
    return 0;
}
int area(int lng, int width)                //函数定义，不可再给出默认值
{   return lng * width;    }
```

4.6 函数重载

函数重载是指用同一个函数名来表示实现不同功能的函数。编译器可以根据函数实参的具体情况来确定到底调用哪个函数。C++语言提供了两种重载：函数的重载和运算符的重载。本节着重介绍函数重载。

【例 4-10】 利用函数重载实现不同功能。

```
#include <iostream>
using namespace std;
int fun(int a, int b)                       //A  两个参数
{    return a + b;    }
int fun(int a)                              //B  一个参数
{    return a * a;    }
int main()
 {
     cout << fun(3,5)<< endl;               //两个实参,调用 A 行的 fun()函数
     cout << fun(5)<< endl;                 //一个实参,调用 B 行的 fun()函数
     return 0;
}
```

程序的运行情况及结果如下：

```
8
25
```

在本例中,两个被调函数的函数名是一样的,但参数的个数不一样。main()函数在调用 fun()函数时会依据实参的情况来决定调用哪个函数。故执行 fun(3, 5)时调用的是 A 行的 fun()函数,执行 fun(5)时调用的是 B 行的 fun()函数。

【例 4-11】 利用函数重载求两个数的加法。

```
#include <iostream>
using namespace std;
int sum(int a, int b)                              //A  两个整型参数
{    return a + b;       }
double sum(double a, double b)                     //B  两个实型参数
{    return a + b;       }
int main()
 {
     cout <<"3 + 5  = "<< sum(3,5)<< endl;         //实参为整数,调用 A 行的 sum()函数
     cout <<"3.5 + 8.7  = "<< sum(3.5,8.7)<< endl; //实参为浮点数,调用 B 行的 sum()函数
     return 0;
}
```

程序的运行情况及结果如下：

```
3 + 5 = 8
3.5 + 8.7 = 12.2
```

本例中,A 行和 B 行定义的两个 sum()函数中参数数目相同,但类型不同。在 main()函数的调用语句中,sum(3,5)的实参是两个整数,故调用 A 行的 sum()函数；sum(3.5, 8.7)的实参是两个浮点数,故调用 B 行的 sum()函数。

关于重载函数需要说明以下两点。

(1) 定义的重载函数其参数个数或参数类型至少有一个不同,否则编译系统无法识别到底调用哪个重载函数。

（2）仅函数返回值类型不同时不能定义为重载函数。

例如，下面两个 sum()函数，参数类型和个数完全相同，仅函数定义类型不同，此时调用时会具有歧义，系统无法对重载函数进行区别，会造成语法错误。

```
int sum(int a, int b)
{    return a + b;     }
double sum(int a, int b)
{    return (a + b) * 1.0;     }
```

重载函数体现了 C++对多态性的支持，即实现了面向对象（OOP）技术中所谓“一个名字，多个入口”，或称“同一接口，多种方法”的多态性机制。

4.7 局部变量和全局变量

变量在程序中定义的位置决定了其作用范围（有效范围），这称为变量的作用域。根据作用域的不同，C++中的变量可分为两类：局部变量和全局变量。

4.7.1 局部变量

定义在函数内的变量称为局部变量。这类变量的作用域为其定义的函数内部。

例如：

```
float fun1(float a) }                                    //函数 fun1()
{                   }
float b, c;         }局部变量 a,b,c 的作用域
…                   }
}                   }
float fun2(float x) }
{                   }
  float y, z;       }局部变量 x,y,z 的作用域
…                   }
}
int main()          }
{                   }
      float m, n;   }局部变量 m,n 的作用域
…                   }
}                   }
```

fun1()函数内定义的三个变量 a、b、c 均为局部变量，这三个变量仅在 fun1()函数内有效。同样地，变量 x、y、z 的作用域仅限 fun2()函数内，变量 m、n 的作用域仅限于 main()函数内。

有关局部变量需要说明以下 3 点。

（1）局部变量的作用域限制在所定义的函数内部，其他函数无法使用，main()函数也不例外。因此，即使不同函数内定义了同名的局部变量，也不影响各自使用。这是因为它们分别代表不同的对象，系统会为它们分配不同的存储单元，相互独立，互不干扰。如本例中 fun1()函数中的变量 b、c 也可替换为 y、z。

（2）复合语句中定义的变量，也属于局部变量，其作用域仅限在复合语句内。当复合语

句中定义的变量与所在函数中复合语句外部定义的变量同名时，在复合语句中定义的变量起作用。换句话说，变量名相同时，作用域小的那个变量起效。

(3) 局部变量在引用前应当初始化。

【例 4-12】 分析下面程序的输出。

```
#include <iostream>
using namespace std;
int main()
{
    int a = 2,b = 3;
   cout <<"first:"<< a <<'\t'<< b <<'\n';                    //A
   {
   int a = 5;
    b = a * 3;
    cout <<"second:"<< a <<'\t'<< b <<'\n';                   //B
   }
    b += a;
    cout <<"third:"<< a <<'\t'<< b <<'\n';                    //C
    return 0;
}
```

程序的运行情况及结果如下：

```
first: 2     3
second:5     15
third:2      17
```

本例中，main()函数内定义的变量 a 和复合语句中定义的变量 a 存在同名现象。此时，在复合语句内起作用的是在复合语句中定义的变量 a，其初值为 5。在 main()函数内复合语句外起作用的是 main()函数中定义的变量 a，其初值为 2。局部变量的存储变化情况如图 4-11 所示。

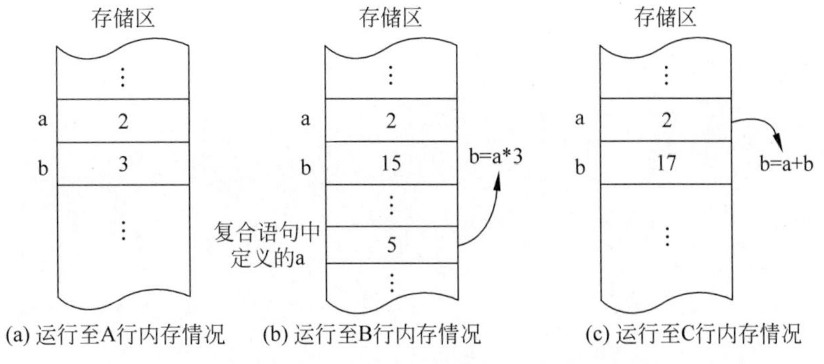

图 4-11 例 4-12 中局部变量的存储变化情况

4.7.2 全局变量

定义在函数外部的变量称为全局变量，也称外部变量。全局变量的作用域限制在所定义的源程序文件中，具体是从定义的位置开始直到源程序文件末尾。因此，本源程序文件中位于该全局变量定义之后的函数都可使用该全局变量。例如：

```
int p,q;            //p,q为全局变量
int f1(int a)   ┐
{               │
int b, c;       ├局部变量a,b,c的作用域
…               │
}               ┘
char c;        //c为全局变量
int f2(int x)  ┐
{              │
int y, z;      ├局部变量x,y,z的作用域    全局变量c的作用域    全局变量p、q的作用域
…              │
}              ┘
int main()
{              ┐
int m, n;      ├局部变量m,n的作用域
…              │
}              ┘
```

本例中有三个变量 p、q、c 定义在函数外部，均属于全局变量，但三者作用域不相同。变量 p、q 定义在源程序最前面，因此位于其后的 f1()函数、f2()函数及 main()函数都可以引用它们。变量 c 定义在 f1()函数之后，f2()函数和 main()函数之前，因此不能在 f1()函数中引用，但可以在 f2()函数及 main()函数中引用。

有关全局变量需要说明以下 5 点。

(1) 全局变量定义后如果不赋初值，编译时自动赋初值 0。

(2) 全局变量增加了函数之间进行数据联系的通道。事实上，在全局变量作用域内的所有函数都能引用全局变量，若全局变量在一个函数中发生了变化，相应地在其他函数中也要同步更新该全局变量的值。一般函数返回值只能有一个，但若想同时获得多个结果的时候就可以通过全局变量来实现。显然，利用全局变量可以减少传递数据时的时间消耗。

【例 4-13】 从键盘输入两个数，求其中的较大数和较小数。

算法分析：本例希望通过一次函数调用得到两个结果值。这里选择利用全局变量来实现，通过函数返回其中一个值，另一个值设为全局变量即可。

```
#include <iostream>
using namespace std;
int m;                              //将较小值定义为全局变量,未赋初值时其值为0
int max(int a, int b)               //返回较大值
 {
     int c;
    m = (a<b)?a:b;                  //全局变量min被重新赋值为两个整数中的较小值
    c = (a>b)?a:b;                  //z被赋值为两个整数中的较大值
    return c;                       //较大值作为函数返回值
}
int main()
 {
    int a,b,c;
    cin>>a>>b;
    c = max(a,b);                   //A
    cout<<"The Maximum value is"<<c<<endl;
```

```
    cout <<"The Minimum value is"<< m << endl;
    return 0;
}
```

程序的运行情况及结果如下：

```
12  34↙
The Maximum value is 34
The Minimum value is 12
```

本例中，在程序开头将所需要的较小值定义为全局变量 m，位于其后的 max()函数和 main()函数都可以引用它。当程序执行到 main()函数中的 A 行语句时，调用 max()函数，于是程序跳转至 max()函数，并且在该函数内全局变量 m 被重新赋值为 x，y 中的较小值，而两者中的较大值由 max()函数返回。

(3) 全局变量可以为所有的函数所共用，使用灵活方便，但滥用全局变量会破坏程序的模块化结构，大大增加了函数之间的耦合性，不利于程序理解和调试。因此，要尽量少用或不用全局变量。

(4) 若在同一源文件中全局变量与局部变量同名，则在局部变量的作用域，局部变量生效而全局变量失效，这一准则事实上与前述复合语句内外局部变量同名时以作用域小的为准是一致的。

【例 4-14】 全局变量与局部变量同名。

```
#include <iostream>
using namespace std;
int a = 10;                                       //全局变量 a
int f1(int a)                                     //形参 a,也属局部变量
{ return a * a; }
int f2(int b)
 {
    int a;                                        //局部变量 a
    a = b+1;
    return a * a;
}
int main()
 {
    cout <<"The result of f1 is:"<< f1(2)<<'\n';
    cout <<"The result of f2 is:"<< f2(2)<<'\n';
    cout <<"a = "<< a <<'\n';                     //全局变量 a
    return 0;
}
```

程序的运行情况及结果如下：

```
The result of f1 is: 4
The result of f2 is: 9
a = 10
```

这个程序中共有三个名为 a 的变量，一个是全局变量，一个是 f1()函数的形参，一个是

f2()函数中的局部变量。按照变量同名时作用域小的起效这一原则，在f1()函数内，形参a有效，全局变量a失效。在f2()函数内，局部变量a有效，全局变量a失效。只有在main()函数中，全局变量a才起效。

(5) 若在函数中想使用与其局部变量同名的全局变量，可以使用作用域运算符"::"。

【例4-15】 在局部变量作用域内引用同名的全局变量。

```
#include < iostream >
using namespace std;
double x = 1.5;
int main()
 {
    double x = 5;
    cout <<"全局变量:"<<::x <<'\n\;                    //A 用作用域运算符引用全局变量
    cout <<"局部变量:"<< x <<'\n\;
    return 0;
}
```

程序的运行情况及结果如下：

```
全局变量:1.5
局部变量:5
```

4.8 变量的存储类别

4.8.1 变量的生存期和存储方式

变量的生存期就是变量占用内存单元的时间。例如，全局变量在程序开始执行时就在内存中开辟存储空间，并一直占据这个空间，直至程序运行结束。而一般局部变量则是在程序运行到其作用域的范围内才会动态开辟存储空间，在程序退出其作用域后释放所占用的空间。

一个C++源程序经编译和连接后，产生可执行程序文件。要执行该程序，系统必须为程序分配内存空间，并将程序装入所分配的内存空间内，然后才能执行该程序。程序存储空间分布如图4-12所示。

用户区
程序区
静态存储区
动态存储区

图4-12 程序的存储空间分布

程序区是用来存放可执行程序的程序代码的，静态存储区和动态存储区用来存放数据。动态存储区用于存放auto类型的局部变量、函数的形式参数、函数调用时的保护现场和返回地址等数据。对以上这些数据，在函数调用开始时分配动态存储空间，函数结束时释放这些空间。这种分配和释放是动态的，如果在一个程序中两次调用同一函数，分配给此函数中动态变量的存储空间地址可能是不相同的。

静态存储区用来存放全局变量和局部静态变量。在程序开始执行时为变量分配存储单元，在程序执行过程中变量一直占据固定的存储单元，程序执行完毕后才释放该存储单元。

针对某一具体变量，其分配在静态存储区还是分配在动态存储区，由定义变量时的存储类型所确定。在 C++ 中，变量的存储类型主要有：自动(auto)类型、静态(static)类型和外部(extern)类型。

4.8.2　auto 型变量

在定义局部变量时，用关键字 auto 修饰的变量称为自动类型变量。自动类型变量属于动态变量。对于这种变量，在函数执行期间，当执行到变量作用域开始处时，系统动态地为变量分配存储空间；当执行到变量的作用域结束处时，系统收回这种变量所占用的存储空间。由于 C++ 编译器默认局部变量为自动类型变量，所以在实际应用中，当定义局部变量时，一般不使用关键字 auto 来修饰变量。例如：

```
int fun(int n)
 {
     auto int a;
    float b;
    …
 }
```

其中，形参 n、局部变量 a 和 b 都是自动型变量。执行完 fun()函数后，系统自动释放 n、a、b 所占的存储单元。前面介绍的程序中定义的变量都没有声明为 auto，其实都默认指定为自动变量。

注意，对于自动类型变量，若没有赋初值，其初值是不确定的。如上面的变量 a 和 b 都没有确定的初值。

4.8.3　static 型局部变量

对于静态局部变量，系统在程序开始执行时为这种变量分配存储空间，当调用函数并执行函数体后，系统并不收回这些变量所占用的存储空间，当再次调用函数时，变量仍使用原来分配的存储空间，因此这种变量仍保留上一次函数调用结束时的值。

【例 4-16】 考察静态局部变量的值。

```
#include <iostream>
using namespace std;
int fun(int a)
 {
   static int b = 3;                    //存储在静态区，只赋一次初值
    b = b + a;
    return b;
}
int main()
 {
    int a = 2, y;
    y = fun(a);
    cout <<"第 1 次调用 y = "<< y << endl;
    cout <<"第 2 次调用 y = "<< y << endl;
    return 0;
}
```

程序的运行情况及结果如下：

```
第一次调用 y = 5
第二次调用 y = 7
```

程序中 b 是静态局部变量，a 是自动变量。在第 1 次调用 fun()函数时，b 的初值为 3，a 的初值为 2，第 1 次调用结束时，b 为 5，函数的值为 b 的值 5。由于 b 是静态局部变量，在函数调用结束后，它所占用的内存空间并不释放，因此该值（b 为 5）仍然保留。在第 2 次调用 fun()函数时，b 的初值为 5（上一次函数调用结束时的值）而不是 3，a 的初值为 2。因此第 2 次调用结束时 b 的值为 7，函数返回此值。具体各变量在内存的存储情况如图 4-13 所示。

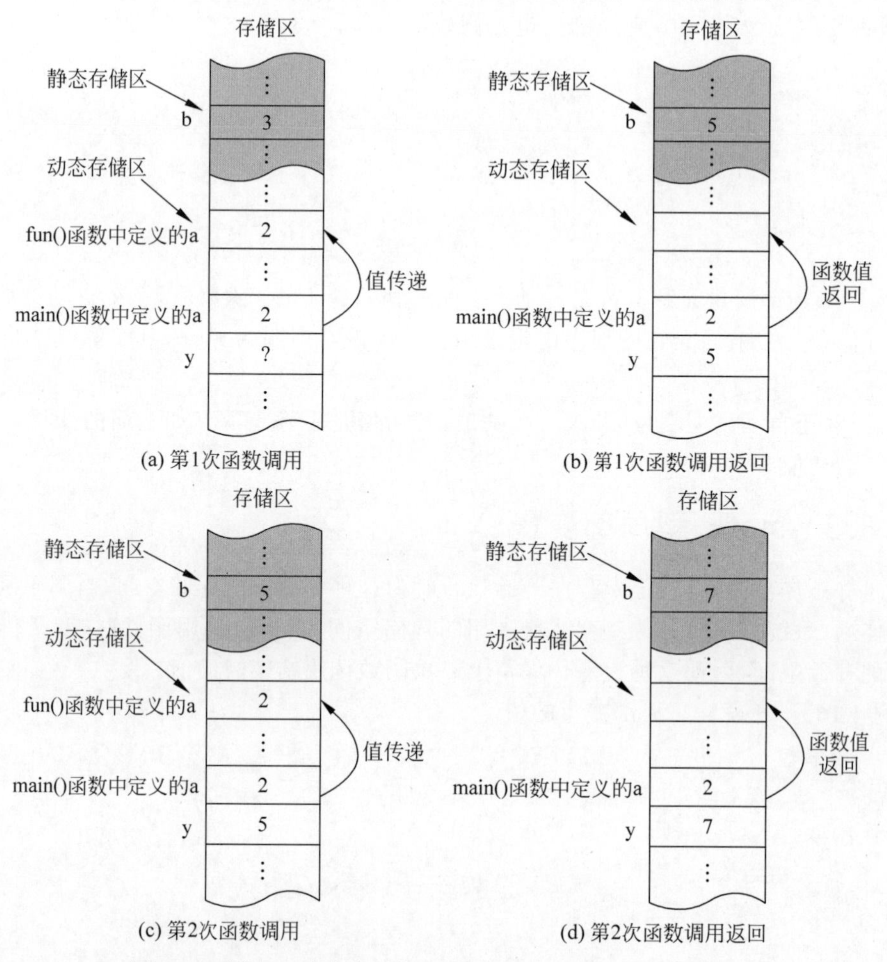

图 4-13　例 4-16 中静态局部变量和动态局部变量的存储情况

关于静态局部变量需要说明以下 3 点。

（1）静态局部变量是在编译时赋初值的，即只赋初值一次，在程序运行时它已有初值。以后每次调用函数时不再重新赋初值而只是保留上次函数调用结束时的值。而自动变量赋初值是在函数调用时进行的，且每调用一次函数就重新初始化一次。

（2）定义静态局部变量时，若没有明确地赋初值，则编译时系统自动赋以初值 0（数值型变量）或空字符'\0'（字符变量）。

（3）静态局部变量在函数调用结束后虽然仍存在，但由于变量的作用域所限，其他函数是不能引用它的。

4.8.4　extern 型变量

在说明变量时，用关键字 extern 修饰的变量称为外部类型变量。外部类型变量一定是全局变量。用 extern 修饰全局变量时，其作用是扩展全局变量的作用域，有以下两种情况。

1. 在同一个源程序文件中修饰全局变量

如果全局变量不在文件的开头定义，其有效的作用范围只限于从定义处到文件结束。如果在定义点之前的函数想引用该全局变量，则应该在引用之前用关键字 extern 对该变量作“外部变量声明”，表示该变量是一个已经定义的全局变量，可以合法地使用。

【例 4-17】 用 extern 声明全局变量，扩展它在程序中的作用域。

```
# include< iostream>
using namespace std;
int max(int x, int y)
 {
   int z;
  Z=x>y?x:y;
  return(z);
}
int main()
 {
   extern int a,b;                         //A  声明 a 和 b 为外部类型变量
    cout << max(a,b)<<'/n';                //B  使用全局变量 a 和 b
    return 0;
}
int a=10, b=-8;                            //C  定义全局变量 a 和 b
```

程序的运行情况及结果如下：

```
10
```

在本程序的 C 行定义了全局变量 a 和 b，但由于它们定义在 main()函数之后，作用域达不到 main()函数。在 main()函数中用 extern 对 a 和 b 进行外部变量声明后，就可以将 a 和 b 的作用域扩展到 main()函数，进而从声明处合法地使用它们。

2. 在多文件组成的程序中修饰全局变量

如果一个 C++程序由多个源程序文件组成，此时要想在 a 文件中引用 b 文件中已定义的全局变量，则需要在 a 文件中使用 extern 对被引用的全局变量进行说明，将其作用域扩展到 a 文件中。

【例 4-18】 输入 a 和 m 的值，求 a^m。

该程序是由两个文件 file1.cpp 和 file2.cpp 组成的。

文件 file1.cpp 的内容如下：

```
#include< iostream>
using namespace std;
int a;                          //定义全局变量 a
int main()
```

```
{
     extern int power(int);                    //声明被调函数是定义在其他文件中的函数
    int c,d,m;
    cout <<"请输入 a 和 m 的值:";
    cin >> a >> m;
    c = a*a*a;
    cout << a <<"^3"<<" = "<< c << endl;
    d = power(m);                              //调用外部函数
    cout << a <<"^"<< m <<" = "<< d << endl;
    return 0;
}
```

文件 file2.cpp 的内容如下：

```
extern int a;                                  //声明变量 a 是引用其他文件中的外部变量
int power(int n)
 {
    int i,y = 1;
    for (i = 1; i< = n; i++)
      y* = a;
    return y;
}
```

将两个文件组成一个工程(Project)文件，编译后运行情况如下：

```
请输入 a 和 m 的值:2 5↙
2^3 = 8
```

本例中，在源文件 file1.cpp 中定义了一个全局变量 a，在源文件 file2.cpp 中对该全局变量做了如下说明：

```
extern int a;
```

那么在编译和连接时，系统据此就会知道 a 是一个已在另一个文件中定义的全局变量，同时会将该全局变量的作用域扩展到本文件，从而在本文件中合法地引用它。

需要注意的是，extern 既可以用来扩展全局变量在本文件中的作用域，又可以使全局变量的作用域从一个文件扩展到程序中的其他文件，那么系统怎么区别处理呢？实际上，在编译遇到 extern 时，系统先在本文件中找全局变量的定义，如果找到，就在本文件中扩展作用域。如果找不到，就在连接时从其他文件中找全局变量的定义，如果从其他文件中找到了，就将作用域扩展到本文件，如果找不到，就按出错处理。

4.8.5 用 static 声明全局变量

在定义全局变量时若加上修饰词 static，则表示所定义的全局变量仅限本程序文件内使用，不能被其他文件引用。

【例 4-19】 限定全局变量的作用域。

假定程序由源文件 file1.cpp 和源文件 file2.cpp 组成，其中源文件 file1.cpp 的内容如下：

```
static int a = 10;                    //用 static 定义的全局变量,不能被其他文件引用
int b;                                //全局变量,可以被其他文件引用
extern void fun();                    //声明 fun() 函数是在其他文件中定义的
int main()
 {
  fun();
  return 0;
}
```

源文件 file2.cpp 的内容如下：

```
#include < iostream >
using namespace std;
extern int a;                         //声明 a 是在其他文件中定义的全局变量
extern int b;                         //声明 b 是在其他文件中定义的全局变量
void fun()
 {
    a += 2;                           //A
    b * = 10;                         //B
    cout <<"a = "<< a <<'\n'<<"b = "<< b <<'\n';
}
```

该程序在文件 file1.cpp 中定义了全局变量 a 和 b，而在文件 file.2.cpp 中引用了它们，编译时 A 行出现错误，B 行未出现错误。表明文件 file2.cpp 中可以使用 file1.cpp 中定义的全局变量 b，但不能使用 file1.cpp 中定义的静态全局变量 a。因为 A 行引用的变量 a 是另一文件 file1.cpp 中定义的静态全局变量，它的作用域只限于文件 file1.cpp。而 B 行引用的变量 b 虽然也是 file1.cpp 中定义的全局变量，但它的作用域未被 static 限定，可以被其他文件引用。因此，用 static 修饰全局变量的作用是将该全局变量的作用域限定在本文件内。

在程序设计中，常由若干人分别完成一个程序的不同模块，为了使每个人独立地在其设计的文件中使用相同的全局变量名而互不干扰，只需在每个文件中的全局变量前加上 static 即可。这就为程序的模块化、通用性提供了便利。

如果其他文件不需要引用本文件的全局变量，可以对本文件中的全局变量都加上 static，成为静态全局变量，以免被其他文件误用。

4.9 综合举例

【例 4-20】 打印 100～200 所有的素数。要求编写函数判断一个整数是否为素数。

算法分析：首先可以编写一个判断整数是否为素数的函数。然后在 main()函数中对 100～200 的数逐一进行判断，若为素数就打印出来。

对于整数 k，通常称 1 和 k 为其平凡因子；称满足 $i|k$ 且 $1<i<k$ 的整数 i 为 k 的非平凡因子。因此，判断一个整数是否为素数的问题可以归属为判断整数是否存在非平凡因子的问题。

```
#include<iostream>
#include<cmath>
using namespace std;
int prime(int x)
 {    int i;
    for(i=2;i<=sqrt(x);i++)          //因子的遍历范围亦可设置为2～x,2～x/2
        if(x%i==0)                    //找到非平凡因子
        break;                        //退出循环,此时循环控制变量 i<=sqrt(x)
if(i>sqrt(x))                         //因循环条件不满足而退出循环,不存在非平凡因子
    return 1;                         //素数返回1
else                                  //从 break 退出循环,存在非平凡因子
    return -1;                        //非素数返回-1
}
int main()
 {    int x,num=0;
      for(x=101;x<200;x++)
    {
    if(prime(x)==1)                   //为素数
    {
        cout<<x<<'\t';
        num++;                        //计数变量增加1
        if(num%10==0)                 //10个换一行
            cout<<endl;
    }
   }
return 0;
}
```

程序的运行情况及结果如下：

```
101    103    107    109    113    127    131    137    139    149
151    157    163    167    173    179    181    191    193    197
199
```

本例中，在main()函数中对100～200的数逐一进行判断。通过被调用prime()函数的返回值确认当前的数到底是素数还是非素数，若是素数就输出，且素数个数加1，每输出10个素数就换一行。

【例 4-21】 求两个正整数的最大公约数和最小公倍数。要求通过函数调用来实现。

算法分析：一般常采用定义法或辗转相除法来求解两个整数的最大公约数。所谓定义法指的是两个正整数的公约数中最大的那个即为最大公约数。因此，可以考虑从两者较小的数开始倒着筛选公约数，遇到的第一个就是两者的最大公约数。两个正整数的最小公倍数可以借助最大公约数进行求解。

```
#include<iostream>
using namespace std;
int main()
{
int gcd(int m, int n);                //求两个整数的最大公约数的函数声明
 int lcm(int m, int n);               //求两个整数的最小公倍数的函数声明
```

```
cin >> num;
 n = digit(num);                //求位数
 cout << n << endl;
 seq(num);                      //调用正序输出函数
 cout << endl;
inv(num);                       //调用反序输出函数
 cout << endl;
 return 0;
}
int digit(int p)                //求位数
 {
 int n = 0;
 while(p)                       //当前数不为 0
 {
     n++;                       //位数加 1
     p/ = 10;                   //不断更新当前数
}
return n;
}
void seq(int num)               //正序输出
 {
 if(num/10) seq(num/10);        //递归调用,一直递归到个位数才停止
 cout << num % 10 <<' ';        //输出当前数的个位数
}
void inv(int num)               //反序输出
 {
 while(num)                     //被除数不为 0
{
     cout << num % 10 <<' ';    //输出当前数的个位数,如 1234,输出 4
     num/ = 10;                 //更新当前数为其除最低位的剩余位构成的数,如 1234 更新为 123
 }
}
```

程序的运行情况及结果如下：

```
2435↙
4
2 4 3 5
5 3 4 2
```

本例中，正序输出采用的是递归调用的方法，读者也可以尝试下别的方法，如结合已求出的位数、整除运算以及模运算来解决这一问题。

练习题

一、选择题

1. 对于一个完整可运行的C++源程序，下列说法中正确的是________。

   A. 至少有一个 main()函数

   B. 至多有一个 main()函数

C. 必须有且只能有一个 main()函数

D. 必须有一个 main()函数和一个以上的其他函数组成

2. 已知函数 f 的定义如下：

```
void f()
{cout <<"That's great!";}
```

则调用 f 函数的正确形式是________。

A. f；　　B. f()；　　C. f(void)；　　D. f(1)；

3. 已知 f 函数的定义如下：

```
int f(int a, int b)
{  if (a<b) return (a, b);
else   return (b, a);
}
```

在 main()函数中若调用函数 f(2,3)，得到的返回值是________。

A. 2　　B. 3　　C. 2 和 3　　D. 3 和 2

4. 有如下程序：

```
#include <iostream>
using namespace std;
int f(int x)
{ return x * x + 1;}
int main()
 {   int a, b;
     for(a = 0,b = 0; a < 3; a++)
       {
          b = b + f(a);
         count <<(char)(b + 'A');
       }
 return 0;
}
```

运行后输出结果是________。

A. BCD　　B. BDI　　C. ABE　　D. BCF

5. 有如下的函数定义：

```
void func(int a, int &b) {a++; b++;}
```

若执行代码段：

```
int x = 0, y = 1;
func(x, y);
```

则 func()函数执行后，变量 x 和 y 的值分别为________。

A. 0 和 1　　B. 1 和 1　　C. 0 和 2　　D. 1 和 2

6. 有如下程序：

```
#include <iostream>
using namespace std;
int f(int x)
{   int y;
if(x == 0||x == 1) return 3;
 y = x * x - f(x - 2);
return y;
}
int main()
{   cout << f(3)<< endl;
return 0;
}
```

运行后输出结果是________。

A. 9　　B. 0　　C. 6　　D. 8

7. 以下叙述中正确的是________。

A. 内联函数的参数传递关系与一般函数的参数传递关系不同

B. 建立内联函数的目的是提高程序的执行效率

C. 建立内联函数的目的是减少程序文件占用的内存空间

D. 任意函数均可定义成为内联函数

8. 下列函数原型声明中，错误的是________。

A. int fun(int m, int n);　　B. int fun(int, int);

C. int fun(int m=3, int n);　　D. int fun(int &m, int &n);

9. 在程序中，每种变量都有各自的有效作用范围和生存期，其中________在整个程序运行过程中都存在，但只在函数调用时有效。

A. 自动变量　　B. 静态全局变量　C. 寄存器变量　　D. 静态局部变量

10. 有如下程序：

```
#include <iostream>
using namespace std;
int a = 1, b = 2;
void fun1(int a, int b)
{   cout << a << b;   }
void fun2(void)
{   a = 3; b = 4;   }
int main()
 {   fun1(5,6); fun2();
 cout << a << b;
 return 0;
}
```

运行后输出结果是________。

A. 3456　　B. 1256　　C. 5612　　D. 5634

二、填空题

1. 以下程序的运行结果是________。

```
#include <iostream>
using namespace std;
int fun(int m)
 {   int i;
 if(m==2||m==3)   return 1;
 if(m<2||m%2==0) return 0;
 for(i=3; i<m; i=i+2)
     if (m%i==0) return 0;
 return 1;
}
int main()
 {   int n;
     for(n=1; n<10; n++)
      if (fun(n)==1) cout<<n;
      cout<<'\n';
     return 0;
}
```

2. 以下程序的运行结果是________。

```
#include <iostream>
using namespace std;
int func(int x)
{   if (x<100) return x%10;
    else return func(x/100)*10+x%10;
}
int main()
 {   cout<<"The result is: "<<(func(132645))<<endl;
 return 0;
}
```

3. 下面程序中函数 double mycos(double x)的功能是根据下列公式计算 cos(x)的近似值。

$$\cos(x)=1-\frac{x^2}{2!}+\frac{x^4}{4!}-\frac{x^6}{6!}+\cdots+(-1)^n\frac{x^{2n}}{(2n)!}$$

精度要求：当通项的绝对值小于或等于 10^{-6} 时为止。请在画线处完善程序。

```
#include <iostream>
include   <________>
using namespace std;
double mycos(double x)
 {   int n=1;
 double sum=0, term=1.0;
 while(________>=1e-6)
     {  sum+=term;
     term*=________;
     n=n+2;
     }
 return sum;
}
int main()
```

```
{   double x;
 cout <<"x = ";
 cin >> x;
cout <<"mycos(x) = "<< mycos(x)<<'\n';
 return 0;
}
```

4. 以下程序验证一个猜想：任意一个十进制正整数与其反序数相加后得到一个新的正整数，重复该步骤最终可得到一个回文数。所谓反序数，是指按原数从右向左读所得到的数。例如，123 的反序数是 321。所谓回文数，是指一个数从左向右读的值与从右向左读的值相等。例如，12321、234432 都是回文数。请在画线处完善程序。

```
#include <iostream>
using namespace std;
int invert(int x)
 {
  int s;
   for(s = 0; x > 0; ________)
     s = s * 10 + x % 10;
  return s;
}
int main()
 {
int n, c = 0;
 cout <<" input a number:";
 cin >> n;
 while(________)
     {
    cout <<"input a number:";
     cin >> n;
     }
 n = n + invert(n);
 c++;
 while(________)
     {
    n = n + invert(n);
     c++;
    }
 cout << n <<", count = "<< c << endl;
 return 0;
}
```

5. 以下程序的运行结果是________。

```
#include <iostream>
using namespace std;
int a = 2;
int main()
 {   int b = 3;
    if (++a||b--)
    cout <<"first: "<< a <<'\t'<< b << endl;
    {int a = 5;
```

```
        b = a * 3;
        cout <<"second: "<< a <<'\t'<< b << endl;
        }
        a += b;
        cout <<"third: "<< a <<'\t'<< b << endl;
        return 0;
}
```

6. 以下程序的运行结果是________。

```
#include < iostream >
using namespace std;
int a;
int m(int a)
 {   static int s;
     return(++s) + ( -- a);
}
int main()
 {   int a = 2;
 cout << m(m(a));
 return 0;
}
```

7. 以下程序的运行结果是________。

```
#include < iostream >
using namespace std;
int a = 0;
void fun()
 {   int a = 10;
     cout <<( ::a -= -- a)<<'\n';
}
int main()
 {   int a = 10;
     for(int i = - 10;i < a + ::a; i++)
         fun();
     return 0;
}
```

三、编程题

1. 编写函数，将输入的十进制数转换为十六进制数。

2. 求三个整数中的最小值。要求用函数来实现求两数中较小者的功能。

3. 求方程 $ax^2+bx+c=0$ 的根，用三个函数分别求判别式大于0、等于0和小于0时的根，并输出结果。从 main()函数输入 a、b、c 的值。

4. 求 $S_n=a+aa+aaa+\cdots+\overbrace{aa\cdots a}^{n个a}$ 的值，其中 a 和 n 通过键盘输入。要求编写函数实现对通项 $\overbrace{aa\cdots a}^{k个a}$ 的求解。

5. 打印斐波那契数列的前 n 项，其中 n 由键盘输入。要求使用递归来求解斐波那契数列，结果在 main()函数中输出。所谓斐波那契数列是指这样一个数列：1，1，2，3，5，8，13，21，34，…。在数学上，斐波那契数列可用如下递推关系式表示：

$$F(n)=\begin{cases}0, & n=0\\ 1, & n=1\\ F(n-1)+F(n-2), & n\geqslant 2, n\in N\end{cases}$$

类与对象

结构化程序设计的重点在于函数设计，而函数就是程序模块的基本功能单元，是对待处理任务的一种抽象。把一切逻辑功能完全独立的或相对独立的程序部分都设计成函数，并让每一个函数只完成单一的功能。这样，一个函数就是一个程序模块，程序的各个部分除了必要的信息交流之外，互不影响。函数之间的相互调用，构成了完整的可运行的系统。

随着软件复杂性的不断提高，把过程化或者结构化概念应用于大型的、复杂的程序中可能导致各种各样的问题，比如：

(1) 难以维护和修改程序。

(2) 许多编程细节难以组织，增加了程序员的负担。

(3) 难以调试程序并跟踪其逻辑。

(4) 导致诸如意外数据修改等逻辑错误的产生。

面向对象程序设计不是以函数过程和数据结构为中心，而是以对象代表求解问题的中心环节，它追求的是现实问题空间与软件系统空间的近似和直接模拟。面向对象程序设计的方式与人类社会认识和理解客观事物的思路是高度一致的。在客观世界和社会生活中，复杂的事物总是由许多部分组成的。人们生产一台计算机时，总是分别设计和制造显示器、键盘、中央处理器、显示卡、主板、内存、硬盘、电源等，最后把它们组装成一台计算机。在组装时，各部分之间有一定的联系和兼容的标准，以便协调工作。这就是面向对象程序设计的基本思路。

在面向对象程序设计中，程序模块由类构成。类是对逻辑上相关的函数和数据的封装，它是对问题的抽象描述。相比函数，类的集成程度更高，也就更加适用于大型复杂程序的开发。

面向对象的程序设计方法要分析待解决的问题中包含哪些类事物，每类事物都有哪些特点，不同的事物种类之间是什么关系，事物之间如何相互作用等，这跟结构化程序设计考虑如何将问题分解成一个一个子问题的思路完全不同。

需要指出的是，面向对象的程序设计方法也离不开结构化的程序设计思想。编写一个类的内部代码细节时，还是要用结构化的设计方式。

5.1 类和对象的定义

5.1.1 类的声明

类是面向对象程序设计方法的核心，利用类可以实现对数据的封装和隐藏，任何类都是数据成员和函数成员的封装体。与熟悉的int、float等基本类型不同，类是一种用户自定义类型，使用者根据需要可以自我定义，称为类的声明。类的声明的一般格式如下：

```
class 类名
{
private:
  私有成员变量和成员函数的声明
protected:
  保护成员变量和成员函数的声明
public:
  公有成员变量和成员函数的声明
};
```

其中private、protected、public分别表示对成员的不同访问权限的控制，它们的具体含义如下。

(1) private(私有)：私有成员，只能被类中的成员函数及该类的友元函数访问。

(2) protected(保护)：保护成员，只能被该类中的成员函数、派生类的成员函数或该类的友元函数访问。

(3) public(公有)：公有成员，可被与该类的对象处在同一作用域内的任何函数访问。

一般情况下，将成员变量声明为私有的，以便隐藏数据；而将部分成员函数声明为公有的，用于提供外界和这个类的对象的接口，从而使得其他函数(如main()函数)可以访问和处理该类的对象。对于那些仅仅是为支持公有函数的实现而不作为对象接口的成员函数，也应该将它们说明为私有的。公有成员函数是外界所能观察到的对象接口，它们所表达的功能构成对象的功能，使同一个对象的功能能够在不同的软件系统中保持不变。这样，当数据结构发生变化时，只需要修改少量的代码(类的成员函数的实现代码)，就可以保持对象功能不变，只要对象的功能不变，则公有成员函数所定义的接口就不会发生改变。这样，对象内部实现所做的修改就不会影响使用该对象的软件系统。这就是面向对象程序设计使用数据封装为程序员开发活动带来的另外一个益处。

下面以三角形为例理解类的设计和定义过程。在面向对象的设计中，各种形状的三角形被称为对象。通过对这些对象进行分析，得到三角形对象都有三条边，三条边长度一旦确定，三角形的形状、周长和面积也就确定下来，由此设计出三角形类Triangle的定义。描述三角形对象属性的三条边的长度，在C++中定义为该类的成员变量，计算三角形的面积和周长的操作，在C++中定义为该类的成员函数。除此之外，还设计了三个成员函数，它们分别完成初始化三角形的三条边，测试三条边的长度是否满足组成三角形的要求和显示三角形的三条边的长度的操作。下面是三角形类Triangle的定义描述：

```
class Triangle
{
private:                                      //私有的成员变量和成员函数
    double a,b,c;                             //三条边的长度
public:                                       //公有的成员变量和成员函数
    void setabc(double x, double y, double z) //三角形初始化的函数
    {
        a = x;
```

```
        b = y;
        c = z;
    }
    void display()              //显示三条边的函数
    {
        cout << "a: " << a << "\t b: " << b << "\t c: " << c << endl;
    }
    bool isTriangle()           //测试是否为三角形的函数
    {
        return (a + b > c) && (a + c > b) && (b + c > a);
    }
    double area()               //求面积为函数
    {
        if (isTriangle())
        {
            double p = (a + b + c) / 2;
            return sqrt(p * (p - a) * (p - b) * (p - c));
        }
        else
            return - 1;
    }
    double  peri()              //求周长为函数
    {
        if (isTriangle())
        {
            return a + b + c;
        }
        else
            return - 1;
    }
};
```

类的定义有两种形式：类内定义和类外定义。前面的举例是类内定义形式，下面是类外定义形式。

```
class Triangle
{
private:
    double a,b,c;                         //三条边的长度
public:
    void setabc(int,int,int);             //三角形初始化的函数
    void display();                       //显示三条边的函数
    bool isTriangle();                    //测试是否为三角形的函数
    double area();                        //求面积的函数
    double peri();                        //求周长的函数
};
void Triangle::setabc(double x, double y, double z)
{
  a = x;
  b = y;
  c = z;
}
```

```
void Triangle::display()
{
 cout << "a: " << a << "\t b: " << b << "\t c: " << c << endl;
}
bool Triangle::isTriangle()
{
 return (a + b > c) && (a + c > b) && (b + c > a);
}
double Triangle::area()
{
 if (isTriangle())
 {
     double p = (a + b + c) / 2;
     return sqrt(p * (p - a) * (p - b) * (p - c));
 }
 else
     return -1;
}
double  Triangle::peri()
{
 if (isTriangle())
 {
     return a + b + c;
 }
 else
     return -1;
}
```

5.1.2 对象的定义

类的作用是定义对象。类和对象的关系如同一个模具与用这个模具铸造出来的零件之间的关系。类给出了属于该类的全体对象的抽象定义，而对象则是符合这种定义的特定的实体。所以，在 C++中将对象称作类的一个实例。在程序中，每个对象需要自己的存储空间以保存它们自己的属性值，而所有对象共同使用类定义的操作代码。人们常说同类对象具有相同的属性和操作，是指它们的定义形式相同，而不是说每个对象的属性值都相同。

类的定义仅仅定义类的形式，它不占用任何内存来装载类的实例。只有定义类的对象，系统才会开辟相应的内存空间给对象，才能引用类的成员变量和成员函数。因此使用类之前，必须先定义类的一个实例，即对象。对象的本质就是变量，因此对象的定义也类似于变量的定义，而通常我们说对象是一个类的实例化。在定义一个对象前必须先定义好所属的类，一个类可以同时定义 1 个或多个对象，不同对象的成员变量的值是不同的。定义多个对象的方法如下：

类名　对象 1,对象 2, … ,对象 n;

例如，定义了 Triangle 类后，就可以通过它来创建对象了。

```
Triangle tri1, tri2, tri3;                    //定义 Triangle 类型的 3 个对象
```

5.1.3　对象成员的访问

当定义了类的对象之后，就可以通过对象成员访问运算符“.”来访问对象的公有成员，其一般形式如下：

```
对象名.成员;
```

例如：

```
tri1.setabc(3,4,5);            // setabc已定义为公有成员函数
```

一般来说，对象的使用有以下 4 点规则。

（1）使用“.”操作符访问其成员。

（2）同类对象之间可以直接赋值，如 tri2＝tri1。

（3）对象可以是函数的参数和返回值。

（4）对象的成员也可以是对象。

【例 5-1】　定义三角形类的对象，并完成对象成员的访问。

```
#include <iostream>
using namespace std;
class Triangle
{
private:
    double a,b,c;                                 //三条边的长度
public:
void setabc(double x, double y, double z)    //三角形初始化的函数
{
    a = x;
    b = y;
    c = z;
}
void display()                                //显示三条边的函数
{
    cout << "a: " << a << "\t b: " << b << "\t c: " << c << endl;
}
bool isTriangle()                             //测试是否为三角形的函数
{
    return (a + b > c) && (a + c > b) && (b + c > a);
}
double area()                                 //求面积的函数
{
    if (isTriangle())
    {
        double p = (a + b + c) / 2;
        return sqrt(p * (p - a) * (p - b) * (p - c));
    }
    else
        return -1;
}
double  peri()                                //求周长的函数
```

```
{
    if (isTriangle())
    {
        return a + b + c;
    }
    else
        return -1;
}
};
int main()
{
Triangle tri1,tri2;          //A
tri1.setabc(3,4,5);          //B
tri2.setabc(5,5,5);          //C
cout <<"tri1 的周长为:"<< tri1.peri()<<'\t'<<"面积为:"<< tri1.area()<< endl;
cout <<"tri2 的周长为:"<< tri2.peri()<<'\t'<<"面积为:"<< tri2.area()<< endl;
return 0;
}
```

程序的运行情况及结果如下：

```
tri1 的周长为:12      面积为:6
tri2 的周长为:15      面积为:10.8253
```

main()函数中 A 行定义了 Triangle 类的对象实例 tri1 和 tri2，B 和 C 行分别调用 setabc()函数设置了它们的三条边长，如图 5-1 所示。实际上，不同对象私有数据成员在内存中是互不相关的，共享的是成员函数定义。

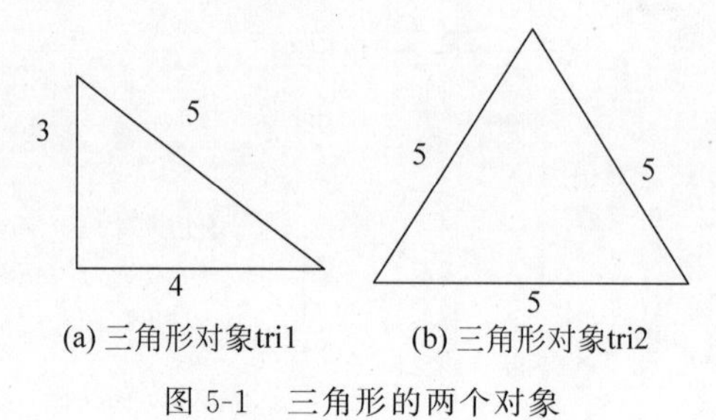

(a) 三角形对象tri1　　(b) 三角形对象tri2

图 5-1　三角形的两个对象

5.2　构造函数和析构函数

构造函数和析构函数是类的两种特殊的成员函数。构造函数是在创建对象时，使用给定的值来将对象初始化。析构函数的功能正好相反，是在系统释放对象前，对对象做一些善后工作。

5.2.1　构造函数的定义

建立一个对象时，对象的状态/属性（成员变量的取值）是不确定的。为了使对象在创建的时候有确定的状态/属性，必须对其正确地初始化。构造函数作为特殊的成员函数，在定义对象时由系统自动调用，自动进行对象的初始化，因此类的构造函数一般定义为公有的。

类的构造函数定义一般形式如下：

```
类名([形参 1,形参 2, …,形参 n])
{
函数体
}
```

构造函数的函数体实现对私有数据成员的初始化功能，例如对于 Triangle 类，其构造函数定义如下：

```
Triangle(double x, double y, double z)                    //形式 1,对数据成员赋值
{
    a = x;
    b = y;
    c = z;
}
```

构造函数定义也可以使用初始化列表来实现对象的初始化。例如，对于以上的 Triangle，其构造函数还可以定义如下：

```
Triangle(double x, double y, double x): a(x), b(y), c(z)
 { }                      //形式 2 :使用初始化列表,函数体为空
```

构造函数的参数在排列时无顺序要求，只要保证相互对应即可。可以使用默认参数，也可以利用函数重载，定义多个构造函数。在程序中定义对象时，系统自动调用相应的构造函数来初始化对象。

在给类定义构造函数时，要注意以下 5 点。

（1）构造函数的函数名与类名相同。

（2）构造函数没有返回类型，返回类型也不能是 void。

（3）构造函数可以有一个或多个参数，也可以没有参数，无参数的构造函数称为默认构造函数。

（4）构造函数可以重载，即一个类可以有一个以上的构造函数。

（5）同一个类的构造函数在重载时必须有不同的形参列表，列表在形参数量和类型上有所不同。

【例 5-2】 定义三角形类的构造函数，并完成对象成员的访问。

```
#include <iostream>
using namespace std;
class Triangle
{
    private:
      double a,b,c;                                          //三条边的长度
    public:
      Triangle(double x, double y, double z): a(x), b(y), c(z)   //A
      //使用初始化列表构造函数
     { }
    void display()                                           //显示三条边的函数
    {
        cout << "a: " << a << "\t b: " << b << "\t c: " << c << endl;
```

```
}
bool isTriangle()                          //测试是否为三角形的函数
{
    return (a + b > c) && (a + c > b) && (b + c > a);
}
double area()                              //求面积的函数
{
if (isTriangle())
{
    double p = (a + b + c) / 2;
    return sqrt(p * (p - a) * (p - b) * (p - c));
}
else
    return -1;
}
double  peri()                             //求周长的函数
{
if (isTriangle())
{
    return a + b + c;
}
else
    return -1;
}
};
int main()
{
Triangle tri1(3,4,5),tri2(5,5,5);     //B
cout <<"tri1 的周长为:"<< tri1.peri()<<'\t'<<"面积为:"<< tri1.area()<< endl;
cout <<"tri2 的周长为:"<< tri2.peri()<<'\t'<<"面积为:"<< tri2.area()<< endl;
return 0;
}
```

程序的运行情况及结果如下：

```
tri1 的周长为:12      面积为:6
tri2 的周长为:15      面积为:10.8253
```

A 行定义了构造函数，B 行在定义对象实例 tri1 和 tri2 同时调用 A 行构造函数设置了它们的边长。跟其他成员函数不同，构造函数在定义类的对象时由系统自动调用，而其他函数需要用函数名来显式调用。

5.2.2 构造函数的重载

在一个类中可以定义多个构造函数，以便提供对象不同的初始化的方法。这些构造函数具有相同的名字，而参数的个数或参数的类型不相同，这称为构造函数的重载。

【例 5-3】 构造函数的重载举例。

```
#include < iostream >
using namespace std;
```

```
class Rect                                      //矩形类
{
    double a,b;
public:
    Rect(double a1 = 1)                         //默认值为 1 能创建正方形对象的构造函数
    {
        a = b = a1;
    }
    Rect(double a1, double b1):a(a1),b(b1)      //能创建矩形对象的构造函数
     { }
    double cir()                                //求周长的函数
    {
        return 2 * (a + b);
    }
    double area()                               //求面积的函数
    {
        return a * b;
    }
    void show()                                 //输出矩形信息
    {
        cout <<"矩形边长分别为:"<< a <<'\t'<< b << endl;
    }
};
int main()
{
    Rect defaultrect;                           //调用默认值为 1 的能创建正方形对象的构造函数
    Rect rect1(5);                              //调用能创建正方形对象的构造函数
    Rect rect2(4,5);                            //调用能创建矩形对象的构造函数
    cout <<"defaultrect:";
    defaultrect.show();
    cout <<"面积 = "<< defaultrect.area()
        <<"\t 周长 = "<< defaultrect.cir()<< endl;
    cout <<"rect1:";
    rect1.show();
    cout <<"面积 = "<< rect1.area()<<"\t 周长 = "<< rect1.cir()<< endl;
    cout <<"rect2:";
    rect2.show();
    cout <<"面积 = "<< rect2.area()<<"\t 周长 = "<< rect2.cir()<< endl;
    return 0;
}
```

程序的运行情况及结果如下：

```
defaultrect:矩形边长分别为:1    1
面积 = 1    周长 = 4
rect1:矩形边长分别为:5 5
面积 = 25   周长 = 20
rect2:矩形边长分别为:4 5
面积 = 20   周长 = 18
```

注意：所有的对象在创建时，必须调用相应的构造函数，而且任一对象的构造函数必须唯一。

5.2.3 默认构造函数

默认构造函数(default constructor)有以下两种形式。

(1) 参数为默认值的构造函数。

如果在类体中声明以下形式的构造函数：

```
Triangle(double x = 5,double y = 5,double z = 5 );
```

用这个构造函数初始化对象时，可以提供全部参数、部分参数或不提供参数，对于没有提供的那部分参数，用默认值的参数值。例如，可以使用以下的方法定义对象：

```
Triangle tri1;                        //相当于 Triangle tri1(5,5,5);
Triangle tri2(3);                     //相当于 Triangle tri2(3,5,5);
Triangle tri3(3,4);                   //相当于 Triangle tri3(3,4,5);
```

构造函数也可以部分是默认参数，其调用原则与一般的默认参数的函数一样，例如，在类体中说明以下形式的构造函数：

```
Triangle(double x,double y = 5,double z = 5);
```

用这个构造函数初始化对象时，因为形参 x 没有默认值，所以必须为 x 指定实参，因此，定义对象时至少要指定一个参数。

```
Triangle tri2(3);                   //相当于 Triangle tri2(3,5,5);
Triangle tri3(3,4);                 //相当于 Triangle tri3(3,4,5);
Triangle tri4(3,4,4);               //相当于 Triangle tri4(3,4,4);
```

(2) 无参构造函数。

这种形式的构造函数可以显式定义，也可以由系统自动提供。无参构造函数的形式如下：

```
类名()
{
  函数体
}
```

如果类中没有定义任何构造函数时，C++编译器会自动提供一个默认构造函数，这个函数一般不执行任何操作，其函数体为空。例如，系统为 Triangle 类提供的默认构造函数形式如下：

```
Triangle()
{  }                            //函数体为空
```

用户显式定义的无参构造函数，函数体内可以有需要的语句。例如：

```
Triangle()
{
  a = b = c = 0;                //将三角形的边长初始化为 0
}
```

由于是无参构造函数，定义类的对象时可以不提供参数。例如：

```
Triangle tri1;          //调用无参构造函数
```

默认构造函数的使用要注意以下 3 点。

（1）只要用户显式定义了一个类的构造函数，则编译系统就不再自动提供上面函数体为空的默认构造函数。

（2）参数全部默认的构造函数只能有一个。例如，类中不能同时出现以下两个构造函数的声明：

```
Triangle(double x = 5,double y = 5,double z = 5);
Triangle()
{
  a = b = c = 0;             //将三角形的边长初始化为 0
}
```

因为此时用语句“Triangle tri;”创建对象时，系统不能确定应该调用哪个构造函数。

（3）构造函数可以重载，但是每个对象调用的构造函数必须唯一。

【例 5-4】 默认构造函数举例。

```
#include < iostream >
using namespace std;
class Box                          //盒子类
{
private:
    int height,width,depth;    //长度,宽度,深度
public:
    Box();                     //无参构造函数
    Box(int,int,int);          //带 3 个参数的构造函数
    int volume();              //容积函数
};
Box::Box()
{
    height = 1;
    width = 1;
    depth = 1;
}
Box::Box(int ht,int wd,int dp)
{
    height = ht;
    width = wd;
    depth = dp;
}
int Box::volume()
{
    return height * width * depth;
}
int main()
{
    Box thisbox(7,8,9);        //A 使用带参数的构造函数创建对象 thisbox
    Box defaultbox;            //B 使用默认不带参数的构造函数创建对象 defaultbox
```

```
    int volume = thisbox.volume();
    cout << volume << endl;
    int volume2 = defaultbox.volume();
    cout << volume2 << endl;
    return 0;
}
```

程序的运行情况及结果如下：

```
504
1
```

5.2.4 复制构造函数

复制构造函数是一种特殊的构造函数，具有一般构造函数的功能，它提供将一个已知对象的成员变量的值复制给正在创建的同类对象的方法，即使用已有的对象来复制一个新对象。

通常情况下，编译器建立一个默认的复制构造函数，复制构造函数采用复制方式使用已有的对象来创建新对象。

定义复制功能的构造函数的一般格式为：

类名(类名 &变量名)
{
函数体
}

复制构造函数的形参为引用变量，引用在类中一个很重要的用途就是定义复制构造函数。以前面的 Rect 类为例，系统默认的复制构造函数为：

```
Rect(Rect &r)          //Rect &r 表示定义 r 为 Rect 类的引用变量
{
a = r.a;
b = r.b;
}
```

【例 5-5】 系统默认的复制构造函数。

```
#include <iostream>
using namespace std;
class Book                                //书本类
{
    int length,width,pages;               //长度、宽度、页数
public:
    Book()                                //默认构造函数
    {
        length = 260;
        width = 185;
        pages = 365;
    }
    Book(int len,int wid,int pag)         //有参构造函数
```

```
    {
        length = len;
        width = wid;
        pages = pag;
    }
    void display()
    {
        cout <<"Length: "<< length <<"\t Width: "<< width << endl;
    }
};
int main()
{
    Book defaultbook;                    //调用默认构造函数定义对象
    Book copybook1(defaultbook);         //调用系统默认的复制构造函数
    defaultbook.display();
    copybook1.display();
    Book thisbook(184,130,265);          //调用有参构造函数
    Book copybook2(thisbook);            //调用系统默认的复制构造函数
    thisbook.display();
    copybook2.display();
    return 0;
}
```

程序的运行情况及结果如下：

```
Length: 260       Width: 185
Length: 260       Width: 185
Length: 184       Width: 130
Length: 184       Width: 130
```

5.2.5　析构函数

构造函数的作用是定义对象时分配内存空间，使用给定的值初始化对象。析构函数(destructor)的作用恰恰相反，在释放对象之前做一些必要的清理工作，主要是清理系统分配的对象内存，它们的调用都不需要用户干涉，当创建一个对象时，系统自动调用该类的构造函数，当对象退出作用域时，系统自动调用该类的析构函数。析构函数也与类同名，为了与构造函数区分，在析构函数的前面加上一个“～”符号。一个类只有一个析构函数，析构函数的类外声明如下：

```
～类名()
{
函数体
}
```

以前面的类 Book 为例，系统默认的析构函数如下：

```
～Book()
{ }
```

析构函数的特点如下。

（1）析构函数是一个特殊的成员函数，函数名必须与类名相同，并在其前面加上符号“～”，以便和构造函数名区别。

（2）析构函数不能带有任何参数，不能有返回值，不指定函数类型。

（3）一个类中，只能定义一个析构函数，析构函数不允许重载。

（4）析构函数是在撤销对象时由系统自动调用的。

在程序的执行过程中，当遇到某一对象的生存期结束时，系统自动调用析构函数，然后再收回为对象分配的存储空间。

不同存储类型的对象调用构造函数和析构函数的顺序如下。

（1）对于全局定义的对象（在函数外定义的对象），在程序开始执行时，调用构造函数；到程序结束时，调用析构函数。

（2）对于局部定义的对象（在函数内定义的对象），当程序执行到定义对象的地方时，调用构造函数，在退出对象的作用域时，调用析构函数。

（3）用 static 定义的局部对象，在首次到达对象的定义时调用构造函数，到程序结束时，调用析构函数。

【例 5-6】 析构函数的应用。

```
#include<iostream>
#include<cstring>
using namespace std;
class  A
{
   float   x,y;
public:
   A(float a, float b)
   {
     x=a;
     y=b;
     cout<<"初始化自动局部对象 x="<<x<<" y="<<y<<endl;
   }
   A()
   {
    x=0;
    y=0;
    cout<<"初始化静态局部对象 x="<<x<<" y="<<y<<endl;
}
 A(float  a)
{
    x=a;
    y=0;
    cout<<"初始化全局对象 x="<<x<<" y="<<y<<endl;
}
 ~A()
{
  cout<<"调用析构函数 x="<<x<<" y="<<y<<endl;
}
};
A  a0(100.0);                     //定义全局对象
void f()
```

```
{
  cout<<" -->进入 f()函数\n";
   A  ab(10.0,  20.0);          //定义局部自动对象
   static  A  a3;               //初始化局部静态对象
}
int main()
{
  cout<<"进入 main()函数\n ";
  f();
  f();
  return 0;
}
```

程序的运行情况及结果如下：

```
初始化全局对象 x=100 y=0
进入 main()函数
  -->进入 f()函数
初始化自动局部对象 x=10 y=20
初始化静态局部对象 x=0 y=0
调用析构函数 x=10 y=20
 -->进入 f()函数
初始化自动局部对象 x=10 y=20
调用析构函数 x=10 y=20
调用析构函数 x=0 y=0
调用析构函数 x=100 y=0
```

5.3　静态成员

5.3.1　静态成员变量

通常情况下，每次创建一个对象时，编译系统把该类中的有关成员变量复制到该对象中，即同一类的不同对象，其成员变量之间是互相独立的、独立存储的。

当我们将类的某一个成员变量的存储类型指定为静态类型时，则该类所产生的所有对象，其静态成员均共享一个存储空间，这个空间是在编译的时候分配的。换言之，在说明对象时，不再为静态类型的成员额外分配空间。

在类定义中，用关键字 static 修饰的成员变量称为静态成员。

有关静态成员变量的使用，说明以下 4 点。

(1) 类的静态成员变量是静态分配存储空间的，而其他成员是动态分配存储空间的(全局变量除外)。当类中没有定义静态成员变量时，在程序执行期间遇到说明类的对象时，才为对象的所有成员依次分配存储空间，这种存储空间的分配是动态的。而当类中定义了静态成员变量时，在编译时，就要为类的静态成员变量分配存储空间。

(2) 必须在文件作用域中，对静态成员变量做一次且只能做一次定义性声明。因为静态成员变量在定义性声明时已分配了存储空间，所以通过静态成员变量名前加上类名和作

用域运算符，可直接引用静态成员变量。在 C++ 中，静态变量缺省的初值为 0，所以静态成员变量总有唯一的初值。当然，在对静态成员变量做定义性的声明时，也可以指定一个初值。

(3) 静态成员变量兼具有全局变量的生命期和成员变量的访问权限的特性。静态成员变量与全局变量一样都是静态分配存储空间的，但全局变量在程序中的任何位置都可以访问它，而静态成员变量受到访问权限的约束。必须是 public 权限时，才可能在类外进行访问。

(4) 为了保持静态成员变量取值的一致性，通常在构造函数中不给静态成员变量置初值，而是在对静态成员变量的定义性声明时指定初值。

例如：

```
class Cuboid                    //立方体类
{
public:
    //...
    static  int  count;         //使用静态成员变量,表示立方体的总数量
};
```

应用程序中声明对象如下：

```
Cuboid cub1, cub2, cub3;
```

则对象 cub1、cub2、cub3 共享静态成员变量 count。

由于静态成员变量是在类的范畴，对于该类所有的对象共享的存储单元，存储在静态数据区，因此静态成员变量必须在应用之前初始化。

【例 5-7】 静态成员变量的应用。

```
#include <iostream>
using namespace std;
class  Cuboid                           //立方体类
{
    private:
        int  a;                         //棱长
        static  int count;              //静态成员变量的声明,count 表示对象个数
    public:
        Cuboid(int a1 = 1)              //构造函数
        {
           a = a1;
            count++;
            cout <<"Number of Cuboids = "<< count <<'\n';
        }
        ~ Cuboid()                      //析构函数
        {
           count -- ;
            cout <<"Number of Cuboids = "<< count <<'\n';
        }
        void show()                     //显示函数
        {
```

```
            cout << " Cuboid a  =  "<< a <<'\n';
             cout << "count = "<< count <<"\n";
        }
};
int Cuboid::count = 0;                   //静态成员变量的初始化
int  main()
{
     Cuboid  cub1(20),cub2,cub3;         //定义三个对象
    cub1.show();
    return 0;
}
```

程序的运行情况及结果如下：

```
Number of Cuboids = 1
Number of Cuboids = 2
Number of Cuboids = 3
Cuboid a  =  20
count = 3
Number of Cuboids = 2
Number of Cuboids = 1
Number of Cuboids = 0
```

静态数据成员用得比较多的场合一般为以下两种。

(1) 用来保存流动变化的对象个数(如例5-7的count)。

(2) 作为一个标识,指示一个特定的动作是否发生(如可能创建几个对象,每个对象要对某个磁盘文件进行写操作,但显然在同一时间里只允许一个对象写文件,在这种情况下,用户希望利用一个静态成员变量,指出文件何时正在使用,何时处于空闲状态)。

5.3.2 静态成员函数

例5-7中的静态数据成员是通过普通成员show()函数显示出来的,这种使用并不规范。因为静态数据成员是属于类的,不是属于哪个对象的。为了方便访问静态数据成员,使用静态成员函数访问静态数据成员。静态成员函数与静态数据成员一样是属于类的,它们不是任何对象的组成部分。

对静态成员函数的用法说明以下5点。

(1) 与静态成员变量一样,在类外的程序代码中,通过类名加上作用域操作符::,可直接调用静态成员函数。

(2) 静态成员函数只能直接调用该类的静态成员变量或静态成员函数,不能直接调用非静态的成员变量。这是因为静态成员函数可被其他程序代码直接调用,所以,它不包含对象地址的this指针。

(3) 静态成员函数的实现部分在类定义之外定义时,其前面不能加修饰词static。这是由于关键字static不是数据类型的组成部分,因此,在类外定义静态成员函数的实现部分时,不能使用这个关键字。

（4）不能把静态成员函数定义为虚函数。静态成员函数也是在编译时分配存储空间的，所以在程序的执行过程中不能提供多态性。

（5）可将静态成员函数定义为内联函数(inline)，其定义方法与非静态成员函数完全相同。

【例 5-8】 静态成员函数。

```
#include <iostream>
using namespace std;
class  Cuboid                                   //立方体类
{
private:
    int a;                                      //棱长
    static int count;                           //静态成员变量的声明,count 表示对象个数
public:
    Cuboid(int a1 = 1)
    {
        a = a1;
        count++;
    }
    ~Cuboid()
    {
        count -- ;
    }

    void show()                                 //显示函数
    {
        cout << " Cuboid a  = "<< a <<'\n';
        cout << "count = "<< count <<"\n";
    }
    static int TotalNumber()                    //静态成员函数,表示返回对象个数
     {
         return count;
    }
};
int Cuboid::count  =  0;                        //静态成员变量的初始化
int  main()
{   Cuboid  cub1(20),cub2,cub3;
    cout << Cuboid::TotalNumber()<< endl;       //用类名引用静态成员函数
    cout << cub1.TotalNumber()<< endl;          //用对象引用静态成员函数
    return 0;
}
```

程序的运行情况及结果如下：

```
3
3
```

从运行结果可以看到，既可以用类名引用静态成员函数，也可以用该类的对象引用静态成员函数，两者结果一样。

5.4　常成员

在程序设计中,如果既想要数据能在一定范围内被共享,又要保证它不被任意修改,可以将该数据用 const 修饰为常量,因为常量在程序运行期间是不可改变的。在类的定义中常量中有类的常成员,常成员包括常成员变量和常成员函数。

5.4.1　常成员变量

在声明类的成员变量时,前面加上 const 关键字,表示该成员变量初始化之后不能再改变。注意,常成员变量的唯一初始化方法,就是用构造函数的初始化列表完成初始化。通常把常成员变量定义为静态成员,使其成为类的一个常量。

【例 5-9】　常成员变量的应用。

```
#include <iostream>
using namespace std;
class Circle                                        //圆类
{
private:
    int r;                                          //圆半径
    const int id;                                   //圆 id
    static const double PI;                         //静态常成员变量 ,PI 表示圆周率
public:
    Circle(int i, int r1);                          //有参构造函数
    void show();                                    //显示函数
    double area();                                  //面积函数
    double cir();                                   //周长函数
};
//静态常成员变量,类外初始化
const double Circle::PI = 3.14159;
//常成员变量只能通过初始化列表,获得初始值
//id 为常成员变量,不能把 id = i 写到构造函数体内,必须通过初始化列表实现初始化
//普通成员 r 也可在初始化列表中赋值
Circle::Circle(int i, int r1) :id(i), r(r1){ }    //通过初始化列表实现初始化
double Circle::cir()
{
    return 2 * PI * r;
}
double Circle::area()
{
    return PI * r * r;
}

void Circle::show()
{
    cout << "Circle id = " << id << "\t r = " << r << endl;
}
int main()
{
```

```
    Circle circle1(20, 1);
    circle1.show();
    cout << circle1.area() << endl;
    return 0;
}
```

程序的运行情况及结果如下：

```
Circle id = 20   r = 1
3.14159
```

5.4.2 常成员函数

const 成员函数可以访问所有的成员变量，但是不能修改它们的值，const 关键字的作用有两点：一是限制不能修改传入参数的值，二是提醒程序员这是 const 函数，不要修改。

常成员函数的定义需要注意的地方有两点。

（1）const 关键字需要加在函数声明的尾部，因为加在头部的表示返回值是 const 变量。

（2）在函数声明和函数定义的函数名尾部都要加 const 关键字。

【例 5-10】 常成员函数的应用。

```
#include <iostream>
using namespace std;
class Circle                              //圆类
{
private:
    int r;                                //圆半径
    const int id;                         //常成员变量,id 表示圆 id
    static const double PI;               //静态常成员变量,PI 表示圆周率
public:
   Circle(int i, int r1);
   void show();
   int getId() const                      //常成员函数,返回常成员
  {
      return id;
  }
   const double getPI() const             //常成员函数,返回静态常成员
  {
      return PI;
  }
};
//静态常成员变量,类外初始化
const double Circle::PI = 3.14159;
//常成员变量只能通过初始化列表,获得初始值
Circle::Circle(int i, int r1):id(i),r(r1){ }
 void Circle::show()
{
   cout << id << endl;
}
int main()
```

```
{
    Circle c1(20,1);
    c1.show();
    cout << c1.getId()<< endl;
    cout << c1.getPI()<< endl;
    return 0;
}
```

程序的运行情况及结果如下：

```
20
20
3.14159
```

5.5 结构体

5.5.1 结构体类型

前面我们讨论了 C++ 语言所提供的各种基本数据类型，例如 int、short int、long int、float、double、long double 等。这些基本数据类型对于描述复杂应用问题中的多种类型的数据是远远不够的。程序设计语言一般都提供了便于程序员定义自己所需要的数据类型的机制，这就是自定义数据类型，从而大幅提高了程序设计语言描述复杂数据对象的能力。

结构体是 C 语言中的自定义类型，在 C++ 中继续保留。结构体的引入给 C 语言中的逻辑处理带来了更多的方便，如描述一个人的数据信息，包括姓名、年龄、体重、性别等，这些数据信息的类型和含义是不一样的。结构体允许用户定义一种新的数据类型，把属于同一个事物的若干相关数据构成一个整体，统一管理，这种新的数据类型称为结构体类型。在 C++ 中，结构体与类类似，但有着本质的区别。

结构体声明的语法格式如下：

```
struct  结构体类型名
{
  数据类型  成员变量 1;
  数据类型  成员变量 2;
     ⋮
  数据类型  成员变量 n;
};
```

其中 struct 是结构体类型声明的关键字，结构体类型名必须是合法的标识符，成员变量 1，成员变量 2，…，成员变量 n 是互不同名的成员项，表示数据集中包括的各项数据。例如，我们可以用一个结构体来描述一个长方形类型 square_type。

```
struct square_type
{
     double a;              //长
    double b;               //宽
};
```

于是，square_type 就是一个已经声明了的程序员可以使用的结构体数据类型，接下来就可以定义 square_type 类型变量了。

5.5.2 结构体变量

定义一个类型为 square_type 的结构体变量 square 的方法如下：

```
square_type square;
```

一个结构体变量所分配到的是一块连续的内存空间，各个成员在这块空间中依次顺序存储，这块内存空间的字节数是它的所有成员各自所需的内存字节数的总和，例如，我们刚才定义的结构体变量 square 占有 16 字节的内存空间。

结构体变量先声明结构体类型，后定义变量，再使用。例如：

```
struct date_type                        //日期结构体类型
{
    unsigned short year;                //年
    unsigned short month;               //月
    unsigned short day;                 //日
};
data_type d1,d2;                        //定义两个日期类型变量 d1,d2
```

先声明了一个用来描述日期类型的结构体类型 date_type，然后用 date_type 定义了两个表示不同日期的结构体变量 d1 和 d2。又例如：

```
struct time_type                        //时间结构体类型
{
    unsigned short hour;                //时
    unsigned short minute;              //分
    unsigned short second;              //秒
};
time_type t1,t2;                        //定义两个时间类型变量 t1,t2
```

先声明了一个用来描述时间类型的结构体类型 time_type，然后用 time_type 定义了两个表示不同时间的结构体变量 t1 和 t2。

与其他类型变量的初始化一样，对结构体变量的初始化，可以在结构体变量定义时指定其初始值。例如：

```
date_type d = {2022,12,8};
```

定义了一个表示日期的结构体变量 d，并且给结构体变量 d 的各个成员 d. year、d. month、d. day 指定了初始值，即 d. year 的值是 2022，d. month 的值是 12，而 d. day 的值是 8。

由于结构体变量是多种数据类型的组合，所以不能以变量的形式整体进行赋值或运算，例如：

```
date_type d;
d = {2022,12,8};                   //错误
```

对结构体变量的操作是通过对该变量的各个成员的操作来实现的，引用结构体变量的

成员的形式如下：

结构体变量名.成员

其中，“.”是成员运算符，在所有的C++运算符中优先级最高。

结构体变量在内存中依照其成员的顺序排列，所占内存空间的大小是其全体成员所占空间的总和。在编译时，编译系统仅对结构体变量分配空间，不对结构体类型分配空间。对结构体中各个成员可以单独引用、赋值，其作用与变量等同。结构体的成员可以是另一个结构体类型的变量。

关于结构类型变量的使用，说明以下3点。

(1) 同类型的结构体变量之间可以直接赋值。这种赋值等同于各个对应成员的依次赋值。

(2) 结构体变量不能直接进行输入输出，它的每一个成员能否直接进行输入输出，取决于其成员的类型，若是基本类型或是字符串，则可以直接输入输出。

(3) 结构体变量可以作为函数的参数，函数也可以返回结构体类型的值。当函数的形参与实参为结构体类型的变量时，这种结合方式属于值传递(传值调用)。

【例5-11】 结构体类型的应用。

表5-1是一个应用问题中要求程序组织和处理的书籍基本情况，在这里，一个数据元素是一本书籍的所有信息的集合，包含书本的ISBN、书名、出版社、出版时间和价格。显然，这些属性从不同的角度刻画了一本书籍的不同状态或者特征。一般来说，它们具有不同的数据类型。对于表5-1来说，可以用一个结构体类型来描述。

表5-1 书籍基本情况

ISBN	书　　名	出版社	出版时间	价格
7302652090	C++从入门到精通(第6版)	清华大学出版社	2024.6.1	99.8
7302627739	深入浅出数据结构与算法(微课视频版)	清华大学出版社	2023.4.1	99
7302644156	启发式优化算法理论及应用	清华大学出版社	2023.10.1	59
7302635284	Java项目驱动开发教程	清华大学出版社	2023.6.1	89
7302649717	高效C/C++调试	清华大学出版社	2024.1.1	99

```
#include <iostream>
#include <string>
using namespace std;
struct time                          //出版时间结构体类型
{
  unsigned short year;
  unsigned short month;
};
struct Book                          //书本结构体类型
{
  string serial_number;              //ISBN
  string name;                       //name为string对象,书名
  string publishing_house;           //publishing_house为string对象,出版社
  time   publishing_date;            //该结构体成员是另一个结构体类型的变量,出版时间
  float price;                       //价格
};
```

```
int main()
{
    Book book1;
    book1.serial_number = "7302652090";
    book1.name = "C++从入门到精通(第 6 版)";
    book1.publishing_house = "清华大学出版社";
    book1.publishing_date.year = 2024;
    book1.publishing_date.month = 6;
    book1.price = 99.8;
    //输出数据
    cout << book1.serial_number <<'\n'
        << book1.name <<'\n'
        << book1.publishing_house <<'\n'
        << book1.publishing_date.year <<'-'
        << book1.publishing_date.month <<'\n'
        <<'¥'<< book1.price << endl;
    return 0;
}
```

程序的运行情况及结果如下：

```
7302652090
C++从入门到精通(第 6 版)
清华大学出版社
2024-6
¥99.8
```

5.6 枚举

如果用变量 tomorrow 表示明天的序号，那么我们对 tomorrow 可以有两种理解，一是它表示明天是几号，这时可以用语句 int tomorrow，把 tomorrow 定义为 int 型的变量；二是它表示明天是星期几，这时也可以用语句 int tomorrow，把 tomorrow 也定义为 int 型的变量。我们看到，对于 tomorrow 的两种不同的理解，上面却用了相同的 C++的描述形式。更为重要的是，按照第一种理解，tomorrow 的取值范围是 1 到 31，按照第二种理解，tomorrow 的取值范围是 1 到 7，然而我们都用 int 型来定义 tomorrow。数据类型 int 所规定的取值范围远远超过了我们对 tomorrow 的两种不同的理解的取值范围，即一个变量的实际取值范围与它的数据类型所规定的数据范围不一致。C++语言提供的枚举类型的定义机制有助于程序员避免这种不一致，另外，枚举类型机制也有利于提高程序的可读性。

当一个变量只能取给定的几个值时，则可以定义其为枚举类型。枚举类型声明的语法如下：

```
enum  枚举类型名
{
    枚举常量 1,枚举常量 2,…,枚举常量 n
};
```

例如，为了描述一周之内的某一天，我们可以用保留字 enum 声明一个枚举类型

weekday_type：

```
enum weekday_type               //星期枚举类型
{
    SUNDAY, MONDAY, TUESDAY, WEDNESDAY, THURSDAY, FRIDAY, SATURDAY
};
```

其中，SUNDAY、MONDAY、TUESDAY、WEDNESDAY、THURSDAY、FRIDAY 和 SATURDAY 是枚举类型 weekday_type 的所有枚举常量，用以表明以 weekday_type 为类型的变量的取值只能是这 7 个枚举常量中的某一个。另外，C++语言的编译程序将根据源程序中枚举常量的书写顺序，为每个枚举常量都规定一个内部值。枚举类型中，第一个枚举常量的内部值是 0；如果一个枚举常量的内部值是 i，则它后面的那个枚举常量的内部值是 i+1。在一定的作用域内，一个枚举常量本身与它的内部值是等价的。例如，在枚举类型 weekday_type 中 SUNDAY 的内部值是 0，MONDAY 的内部值是 1，以此类推。现在就可以用枚举类型 weekday_type 来定义所需要的枚举变量了。

```
weekday_type  today, tomorrow;
if (today == SUNDAY)
        tomorrow = MONDAY;
```

这里的 if 语句反映了枚举变量 today 和 tomorrow 之间的取值关系。实际上，根据枚举常量内部值的规定，枚举变量 today 和 tomorrow 之间的取值关系可以由下面的语句说明：

```
tomorrow = (today + 1) % 7;
```

C++语言还允许程序员指定枚举常量的内部值。例如：

```
enum weekday_type
{SUNDAY = 7, MONDAY = 1, TUESDAY, WEDNESDAY, THURSDAY, FRIDAY, SATURDAY};
```

则 SUNDAY 的内部值是 7，MONDAY 的内部值是 1，TUESDAY 的内部值是 2，以此类推。

【例 5-12】 枚举类型的应用。

有一张表格，它依次记录了某国从 1 月到 12 月实际每个月的产值 GDP，要计算某国全年的总产值 GDP。这个问题在学习一维数组的时候就可以解决了。现在我们只是就这个问题而言，在下面的程序中月份采用枚举类型，函数中手工输入每月的产值，将返回某国的全年的总产值 GDP。

```
#include <iostream>
using namespace std;
enum month
{Jan = 1, Feb, Mar, Apr, May, Jun, Jul, Aug, Sep, Oct, Nov, Dec};
int main()
{
  float yearearn, monthearn;
  month m;
  yearearn = 0;
```

```
    for(m = Jan; m <= Dec; m = month(m + 1))
    {
      cout <<"Enter the monthly earning for ";
      switch(m)
      {
        case Jan   : cout <<"January.     \n"; break;
        case Feb   : cout <<"February.    \n"; break;
        case Mar   : cout <<"March.       \n"; break;
        case Apr   : cout <<"April.       \n"; break;
        case May   : cout <<"May.         \n"; break;
        case Jun   : cout <<"June.        \n"; break;
        case Jul   : cout <<"July.        \n"; break;
        case Aug   : cout <<"August.      \n"; break;
        case Sep   : cout <<"September.   \n"; break;
        case Oct   : cout <<"October.     \n"; break;
        case Nov   : cout <<"November.    \n"; break;
        case Dec   : cout <<"December.     \n"; break;
      }
      cin >> monthearn;
      yearearn += monthearn;
    }
    cout <<"The GDP of the country:"<< yearearn << endl;
    return 0;
}
```

程序的运行情况及结果如下：

```
Enter the monthly earning for January.
3↙
Enter the monthly earning for February.
1↙
Enter the monthly earning for March.
4↙
Enter the monthly earning for April.
5↙
Enter the monthly earning for May.
7↙
Enter the monthly earning for June.
9↙
Enter the monthly earning for July.
10↙
Enter the monthly earning for August.
12↙
Enter the monthly earning for September.
3↙
Enter the monthly earning for October.
3↙
Enter the monthly earning for November.
4↙
Enter the monthly earning for December.
7↙
The GDP of the country:68
```

5.7 综合举例

综上所述，面向对象的编程可以分为以下两个步骤。

(1) 确定类的功能，实际上就是定义一个类，根据类要实现的功能确定类的成员数据和成员函数。

(2) 编写 main()函数，验证类的各个功能的正确性。

【例 5-13】 利用面向对象的编程方法求两个数的最大公约数和最小公倍数。

定义一个类 Num，实现求两个数的最大公约数和最小公倍数的功能，类中包括：

(1) 私有成员数据。

int x,y：存放两个整数。

(2) 公有成员函数。

Num(int a,int b)：构造函数，用于初始化私有数据成员。

int gys(x,y)：利用欧几里得算法求 x 和 y 的最大公约数，作为函数值返回。

int gbs(x,y)：求 x 和 y 的最小公倍数，作为函数值返回。

```
#include<iostream>
using namespace std;
class Num                             //类名,求两数的最大公约数和最小公倍数
{
 int x,y;                             //私有数据
public:
 void Num(int a, int b);              //构造函数
 int gys();                           //求最大公约数
 int gbs();                           //求最小公倍数
};
Num::Num(int a, int b)
{
  x=a;
  y=b;
}
int Num::gys()                        //用欧几里得算法求 m、n 的最大公约数
{
    int r, m,n;
    m=x;
    n=y;
    if(m<n)                           //要求 m 大于 n,当 m 小于 n 时,交换 m、n 的值
    {
          r=m;
          m=n;
          n=r;
     }
     while(r=m%n)                     //r 不为 0,循环迭代
     {
       m=n;
       n=r;
     }
    return n;                         //返回最大公约数的值
```

```
}
int Num::gbs()
{
    int r = gys();
    return x * y/r;                    //两数的最小公倍数是两数之积除以最大公约数
}
int main()
{
    int a,b;
    cout <<"请输入两个整数: ";
    cin >> a >> b;
    Num num(a,b);                      //定义类的对象 num,并调用构造函数初始化对象
    cout << a <<" , "<< b <<"的最大公约数是: "<< num.gys()<<'\t';
    cout <<"最小公倍数是: "<< num.gbs()<< endl;
    return 0;
}
```

程序的运行情况及结果如下：

```
请输入两个正整数:12 16↙
12  ,  16 的最大公约数是:4              最小公倍数是:48
```

【例 5-14】 体育场改造预算。

体育场

过道

图 5-2 矩形体育场平面图

某矩形体育场如图 5-2 所示，现在需在其周围建一矩形过道，并在四周围上栅栏。栅栏单价为 50 元/米，过道造价单价为 300 元/米^2，过道宽为 3 米，体育场的长宽由键盘输入。请编写程序计算并输出过道和栅栏的总造价。

分析：过道总造价＝过道面积×造价单价，过道面积＝外体育场面积－内体育场面积。这里的内体育场是指真正的体育场，外体育场就是内体育场加上一圈过道得到的体育场。栅栏总造价＝栅栏长度×单价，栅栏长度＝内体育场周长。建立矩形类和体育场类，矩形类属性为长和宽，成员函数为周长函数和面积函数。体育场类设计为成员数据，有内外两个体育场对象，而栅栏单价、过道造价单价和长度相对稳定，就设置为静态常成员，普通成员函数为总造价函数、栅栏总造价函数和过道总造价函数。

```
#include < iostream >
using namespace  std;
class Rect                    //长方形类
{
    private:
        int a,b;              //长,宽
    public:
        Rect(int a1,int b1):a(a1),b(b1){ }
        int c()               //周长函数
        {
            return 2 * (a + b);
        }
        int s()               //面积函数
```

```
        {
            return a * b;
        }
};
class Stadium                      //体育场类
{
    private:
        Rect irect,orect;          //内长方形,外长方形
        //静态常成员变量 cca 表示过道造价,ccf 表示栅栏造价, lena 表示过道长度
        static const int cca,ccf,lena;
    public:
        //构造函数参数的 a1 和 b1 是指真正的体育场长和宽,也就是内体育场长和宽
        Stadium(int a1,int b1):irect(a1,b1),orect(a1 + 2 * lena,b1 + 2 * lena){ }

        int cc()                   //总造价函数
        {
            return  (orect.s() - irect.s()) * cca + ccf * irect.c();
        }
        int ccas()                 //过道总造价函数
        {
            return (orect.s() - irect.s()) * cca;
        }
        int ccfs()                 //栅栏总造价函数
        {
            return  ccf * irect.c();
        }
};
const int Stadium::cca = 300;
const int Stadium::ccf = 50;
const int Stadium::lena = 3;
int main()
{
    int a,b,p;
    cout <<"请输入体育场总长度和总宽度:";
    cin >> a >> b;
    Stadium s = Stadium(a,b);
    p = s.cc();
    cout <<"该体育场工程总造价为 "<< p <<"元 \n"
        <<"其中过道总造价为 "<< s.ccas()<<"元 \n"
        <<"栅栏总造价为 "<< s.ccfs()<<"元"<< endl;
    return 0;
}
```

程序的运行情况及结果如下：

```
请输入体育场总长度和总宽度:100 50↙
该体育场工程总造价为 295800 元
其中过道总造价为 280800 元
栅栏总造价为 15000 元
```

练习题

一、选择题

1. 有以下类定义：

```
class MyClass
{
    char a;
    int b;
    double c;
public:
  MyClass():c(0.0),b(0),a(',') {}
};
```

创建这个类的对象时，数据成员的初始化顺序是________。

A. a，b，c　　B. c，b，a　　C. b，a，c　　D. c，a，b

2. 下面选项中，对类A的析构函数的正确定义是________。

A. ～A::A()　　B. void ～A::A(参数)

C. ～A::A(参数)　　D. void ～A::A()

3. 下面有关构造函数的不正确说法是________。

A. 构造函数可以用来实现所有成员变量的初始化

B. 构造函数不是类的成员函数

C. 当生成类的实例时，自动调用构造函数进行初始化

D. 构造函数用来分配对象所需的内存

4. 下面有关类的说法错误的是________。

A. 一个类可以有多个构造函数　　B. 一个类只能有一个析构函数

C. 可以给析构函数指定参数　　D. 一个类中可以说明具有类型的成员变量

5. 以下程序的运行结果是________。

```
#include < iostream >
using  namespace std;
class Test
{
public:
    Test(){}
    Test(Test * t){cout << 1;}
 };
Test fun(Test &u)
{
    Test t = u;
    return t;
}
int main()
{
Tes x,y;
```

```
x = fun(y);
return 0;
}
```

A. 无输出　　B. 1　　C. 11　　D. 111

6. 以下程序的运行结果是________。

```
#include <iostream>
using namespace std;
class Con
{
char ID;
public:
    char getID()
    {return ID;}
    Con(){ID = 'A';cout << 1;}
    Con(char id){ID = id;cout << 2;}
    Con(Con &c){ID = c.getID();cout << 3;}

};
void show(Con c)
{
cout << c.getID();
}
int main()
{
Con c1;
show(c1);
Con c2('B');
show(c2);
return 0;
}
```

A. 1A2B　　B. 13A23B　　C. 13A2B　　D. 1A23B

二、填空题

1. 阅读以下一段程序,请写出程序的输出结果________。

```
#include <iostream>
using  namespace std;
class base
 {
     private:
         int x;
     public:
       void setX(int a){x = a;}
         int getX(){return x;}
};
int main()
{
base a;
a.setX(55);
```

```
cout << a.getX()<< endl;
return 0;
}
```

2. 阅读以下一段程序，请写出程序的输出结果________。

```
#include < iostream >
#include < iomanip >
using  namespace std;
//Time abstract data type(ADT) definition
class Time
{
public:
    Time();                         //constructor
    void setTime(int, int, int);    //set hour, minute, second
    void printUniversal();          //print universal time format
    void printStandard();           //print standard time format
private:
    int hour;                       //0 - 23(24 - hour clock format)
    int minute;                     //0 - 59
    int second;                     //0 - 59
};                                  //end class Time
Time::Time()
{
hour = minute = second = 0;
}
void Time::setTime(int h, int m, int s)
{
   hour = (h >=  0 && h < 24) ? h:0;
   minute = (m >=  0 && m < 60) ? m:0;
   second = (s >=  0 && s < 60) ? s:0;
}
void Time::printUniversal()
{
   cout << setfill('0')<< setw(2)<< hour <<":"
        << setw(2)<< minute <<":"
        << setw(2)<< second;
}
void Time::printStandard()
{
   cout <<((hour  ==  0||hour  ==  12)?12:hour % 12)
        <<":"<< setfill('0')<< setw(2)<< minute
        <<":"<< setw(2)<< second
        <<(hour < 12?"AM":"PM");
}
int main()
{
    Time t1;
    t1.setTime(18,22,9);
    cout <<"this time is:";
    t1.printStandard();
}
```

三、编程题

1. 设计一个复数类,包含表示实数部分和虚数部分的成员数据,内有成员函数来计算两个复数的加、减、乘、除。编写完整程序测试复数类。

2. 设计一个点类,包含表示横、纵坐标值的成员数据,内有成员函数来计算与另一个点的距离。编写完整程序测试点类。

3. 设计一名学生结构体,包含学号、姓名、性别、生日、三门课成绩(即数学、语文、英语)。编写完整程序求每名学生的总成绩。

第6章 数组与字符串

在程序设计中需要存储同一数据类型的、彼此相关的多个数据时,如存储数学上使用的一个数列或信息系统中的同一类所有对象时,采用定义单个变量或对象的方法是不行的,此时需要用到数组。

数组是一组具有相同类型的有序变量的集合。这些变量按照一定的规则排列,保存在一块连续的内存区中。其中,数组名代表这块内存区的名称,数组中的变量被称为该数组的元素,数组的类型就是这些元素的数据类型。

在程序设计中使用数组的好处是可以用一个统一的数组名代表逻辑上相关的一组数据,并用下标表示各数据元素在数组中的排列顺序,这样通过数组名和下标就可以唯一地确定该数据元素。

数组可以是一维,也可以是多维。本章将介绍数组的定义及应用,包括一维数组、多维数组和字符数组。

6.1 一维数组

6.1.1 一维数组的定义

C++语言规定:变量一律要"先定义,后使用"。数组在使用前也必须先定义。定义一个数组应明确数组名、数组类型、数组长度(即该数组中元素的个数)。

一维数组的定义格式如下:

```
数据类型名 数组名[正整数常量表达式];
```

其中,数据类型名表示数组类型,它可以是前面所学的如 int、float、double、char、bool 等基础数据类型,也可以是由基础数据类型构造的构造类型如枚举、结构体、共同体和类等。

数组名是用户自定义的标识符,其命名规则同样遵循 C++语言用户标识符的命名规则。数组名代表数组元素在内存中的起始位置,实质上代表一个地址常量,代表着整个数组的首地址,也是第一个元素的地址,也是该连续存储区域的起始地址。因此在程序设计中不能对数组名赋值。

正整数常量表达式的结果就是该数组长度。数组长度应该在编译时确定,所以该表达式不能有变量,只能是常量,或者由常量组成的表达式,并且其值只能是一个正整数,不能小于或等于零,也不能有小数。

注意:由于不同的编译系统采取不同的 C++语言标准,有些编译系统数组长度可用变量表达式指定，有些编译系统强调一定要正整数常量表达式。

例如：

```
const int SIZE = 10;          //定义 SIZE 为常变量
char  a[5];                   //定义了一个具有 5 个元素的一维字符型数组 a
int  b[SIZE];                 //定义了一个具有 10 个元素的一维整型数组 b
float  c[SIZE + 5];           //定义了一个具有 15 个元素的一维浮点型数组 c
```

6.1.2 一维数组的访问

定义数组后，用户便可随时使用该数组的任何元素。

C++语言规定，只能引用单个数组元素，不能整体引用一个数组。如果要引用全部数组元素，必须要用循环结构来遍历整个数组。

数组元素通过下标运算符[ ]访问，格式如下：

数组名[下标]

数组元素又称为下标变量，一个数组元素实质上就是一个变量，它代表内存中的一个存储单元，与相应类型的变量具有完全相同的性质。

下标可以是由常量或变量、操作符、函数等组成的表达式，其结果一定是整数，并且取得值必须在该数组的定义范围之内。因为下标是数组元素所在地址到数组名所代表的第一个元素的内存地址的偏移量，第 1 个元素的偏移量是 0，第 2 个元素的偏移量是 1，以此类推，最后一个元素的偏移量是数组长度减 1，所以下标的正常取值范围为[0，数组长度－1]。如：

```
int  a[6];
```

则数组 a 元素的下标正常取值范围为[0，5]。

一维数组 a 的长度为 6，其 6 个元素在内存中的存放如图 6-1 所示。

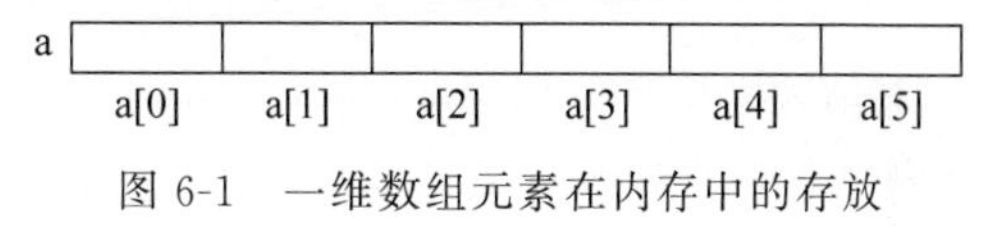

图 6-1 一维数组元素在内存中的存放

注意：下标的取值不能超出其数组元素的存储区域，免得出现结果错误而不知。因为C++语言编译系统并不检查数组元素的下标是否越界，即引用该数组以外的存储区。如果程序运行时该下标越界取值，引用时得到的将是一个程序员无法控制的值，而向该存储单元中存储数据，则可能会破坏系统的运行。因此，引用时应避免下标越界。

【例 6-1】 输入 5 个整数保存到数组中，并求出其算术平均数。

```
#include <iostream>
using namespace std;
int main()
{
    const int n = 5;
    int i,a[n],sum;
    cout <<"请输入 5 个整数:";
    for(i = 0;i < n;i++)
        cin >> a[i];                                  //通过循环写入数组元素
    cout <<"该数组的值是:";
    for(i = 0;i < sizeof(a)/sizeof(int);i++)         //  A
        cout << a[i]<<' ';                            //通过循环输出数组元素
```

```
    for(i = 0,sum = 0;i < sizeof(a)/sizeof(int);i++)            //通过循环读取数组元素
        sum += a[i];
    cout <<"算术平均数是"<< sum/n << endl;                        // B
    return 0;
}
```

程序的运行情况及结果如下：

```
请输入 5 个整数:5 10 20 25 30↙
该数组的值是:5 10 20 25 30 算术平均数是 18
```

程序分析：

(1) A 行中，sizeof 运算符用于计算操作数的内存字节数，通过 sizeof(a)/sizeof(int)计算出数组 a 的数组长度。

(2) B 行中，sum/n 的值为整数；如果想让该值为 double 数据类型，可改为(double) sum/n。

6.1.3 一维数组的初始化

定义一个数组后，系统为该数组开辟一个连续的存储空间，因此给数组元素赋值的本质就是给上述存储空间赋值。程序设计中，可以用赋值语句对数组元素逐个赋值，也可以采用数组初始化方法。

数组初始化是指在编译阶段，定义数组的同时给数组元素赋初值，这样将减少系统运行时间，提高运行效率。

初始化赋值的一般形式如下：

数据类型名 数组名[整型常量表达式] = {初值表};

其中在{ }中的各数据值即为各元素的初值，数值的数据类型必须与数组类型一致或相配，各值之间用逗号间隔，给定初值的顺序即为在内存中的存放顺序。C++规定：初值表中的数据个数必须小于或等于数组长度。违反此语法规则，编译不通过。

下面介绍一维数组初始化的 4 种方法。

(1) 完全初始化。

对数组中的所有元素赋初值。例如：

```
int  a[5] = {0,1,2,3,4};
```

初值个数与数组长度相等。

经过初始化之后，使得 a[0]=0，a[1]=1，a[2]=2，a[3]=3，a[4]=4。

(2) 部分初始化。

可以对数组中的部分元素赋初值。例如：

```
int  a[5] = {1,2,3};
```

定义数组 a 有 5 个元素，但花括号内的初值只有 3 个，则表示前 3 个元素分别为 1、2、3，数组中的其余元素的初值为 0，即 a[0]=1，a[1]=2，a[2]=3，a[3]=0，a[4]=0。

部分初始化对于没有给出具体初值的数组元素自动补 0 或 0.0。

(3) 省略数组长度的完全初始化。

完全初始化数组时可以省略数组长度,这是因为 C++语言编译系统会根据初值表中数据个数来确定数组长度。例如:

```
int  a[] = {0,1,2,3,4};
```

等价于:

```
int  a[5] = {0,1,2,3,4};
```

在花括号中列举了 5 个值,因此 C++编译系统认定数组 a 的元素个数为 5。若要定义的数组长度比初值表中的个数大时,必须要用方法(2)来实现。

(4) 没有初始化。

全局一维数组和用 static 修饰的局部一维数组不赋初值时,系统均默认设置其为 0。如:

```
static  int a[3];          //此处,数组 a 的各元素的值都为 0
```

局部一维数组不赋初值时,元素都为无法确定的随机值。如:

```
void fun()
{
    int a[3];              //数组 a 的各元素的值都是随机值
}
```

【例 6-2】 一维数组倒置。

算法分析:数组元素从首尾开始一一交换到数组中央。

```
#include <iostream>
#include <iomanip>
using namespace std;
int main()
{
   int a[10] = {12,9,78, -91, 331,42, 76, -8, 671, 3};  //采用方法(1)来初始化
   int i,j,temp;
   cout <<"数组倒置前:"<< endl;
   for(i = 0;i < sizeof(a)/sizeof(int);i++)
         cout << setw(5)<< a[i];
   cout << endl;
   for(i = 0,j = 9;i < j;i++,j -- )                     //从首尾开始一一交换到数组中央
       temp = a[i], a[i] = a[j], a[j] = temp;           //a[i],a[j]值交换
   cout <<"数组倒置后:"<< endl;
   for(i = 0;i < sizeof(a)/sizeof(int);i++)
       cout << setw(5)<< a[i];
   cout << endl;
   return 0;
}
```

程序的运行情况及结果如下:

```
数组倒置前:
   12    9   78  -91  331   42   76   -8  671    3
数组倒置后:
    3  671   -8   76   42  331  -91   78    9   12
```

6.2 二维数组

除了一维数组，C++语言还支持多维数组。数组的维度就是下标的个数。多维数组在实际应用中最广泛的是二维数组。二维数组在逻辑上可以看成一个具有行和列的矩阵，需要两个下标才能标识某个元素的位置，通常称第一个下标为行下标，简称行标，称第二个下标为列下标，简称列标。本节只介绍二维数组，三维数组及更多维数组可由二维数组类推而得到。

6.2.1 二维数组的定义

二维数组的定义与一维数组的定义相似，一般形式如下：

数据类型名 数组名[正整数常量表达式 1][正整数常量表达式 2];

其中，正整数常量表达式 1 表示二维数组的行数；正整数常量表达式 2 表示该数组的列数。例如：

```
int a[2][3];          //定义一个 2 行 3 列的整型二维数组 a
```

数组 a 在逻辑上的空间形式为 2 行 3 列，每一个数组元素都是整型。该二维数组共有 2×3 共 6 个数组元素。因此 a 数组各元素的逻辑结构排列如下：

```
a[0][0]  a[0][1]  a[0][2]
a[1][0]  a[1][1]  a[1][2]
```

二维数组在逻辑概念上是二维的，其下标在行与列两个方向上变化，下标在数组中的位置处于一个矩阵之中，而不像一维数组只是一个向量。而实际物理上，存储器却是连续编址的，也就是说，存储器单元是按一维线性排列的。二维数组在内存中的排列顺序是“先行后列”，即在内存中先存第 1 行的元素，然后再存第 2 行的元素，就这样，一直存完最后一行的所有元素，如图 6-2 所示。

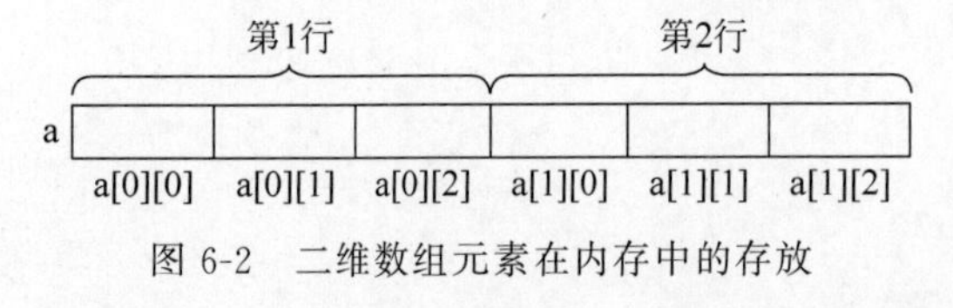

图 6-2 二维数组元素在内存中的存放

在定义二维数组的行数和列数时，与定义一维数组的长度语法规则是一样的。

注意：有些编译系统的行数可用变量表达式来指定，但列数必须用正整数常量表达式。而有些编译系统则要求行数和列数必须是正整数常量表达式。

6.2.2 二维数组的访问

引用二维数组中的元素需要分别指定行标和列标，一般格式如下：

数组名[行标][列标]

行标和列标取值规则与一维数组中的下标取值规则一致。

例如：

```
int a[3][5];
```

表示数组 a 是 3 行 5 列的二维数组。当需要引用数组 a 中的元素时，就用 a[i][j]，此时 i,j 为整数，0≤i<3，0≤j<5，i 为行标，j 为列标，行标和列标都不能越界。对于上面的例子，a[0][5]，a[3][0]，a[3][5]三者都不是该数组的元素。

访问二维数组元素也只能逐个访问，如果要遍历访问整个二维数组建议用双重循环。

【例 6-3】 二维数组的输入和输出。

```
#include <iostream>
#include <iomanip>
#define M  3
#define N  4
using namespace std;
int main()
{
    int i,j,a[M][N];
    cout <<"请输入"<< M * N <<"个整数:";
    for(i = 0;i < M;i++)                        // 行循环
        for(j = 0;j < N;j++)                    // 列循环
            cin >> a[i][j];

    cout <<"a:"<< endl;
    for(i = 0;i < M;i++)                        //行循环
      {
        for(j = 0;j < N;j++)                    //列循环
            cout << setw(5)<< a[i][j];
        cout << endl;                           //分行
    }

    return 0;
}
```

程序的运行情况及结果如下：

```
请输入 12 个整数:1 2 3 4 5 6 7 8 9 10 11 12↙
a:
    1    2    3    4
    5    6    7    8
    9   10   11   12
```

6.2.3　二维数组的初始化

在定义数组的同时给数组元素赋值，即在编译阶段给数组所在的内存赋值，即二维数组的初始化。初始化一般形式如下：

数据类型名 数组名[正整型常量表达式 1][正整型常量表达式 2] = {初值表};

与一维数组相同，可对所有的元素初始化，也可只对部分元素初始化。下面介绍二维数组的 4 种初始化情形。

（1）完全初始化。

定义二维数组的同时对所有的数组元素赋初值。如：

```
int a[3][4] = {{0,1,2,3},{10,11,12,13},{20,21,22,23}} ;
int b[3][4] = {0,1,2,3,10,11,12,13,20,21,22,23};
```

数组 a 的初始化方法是把第一对花括号内数据{0,1,2,3}依次赋给数组 a 的第 1 行的元素，即 a[0][0]=0,a[0][1]=1,a[0][2]=2,a[0][3]=3，把第二对花括号内的数据依次赋给数组 a 的第 2 行的元素……将最后一对花括号内的数据依次赋给数组 a 的最后一行的元素，即按行赋初值。

数组 b 的初始化方法是按数组元素的物理排列顺序，依次列出各个元素的值，如同一维数组的初值表。

数组 a 和数组 b 的初始化方法效果相同。

（2）部分初始化。

可以部分数组元素赋初值。如：

```
int  a[3][4] = {{1},{10,11},{20,21,22}};
int  b[3][4] = {1,10,11,20,21,22};
```

数组 a 分行初始化元素，没有被赋值的元素，其值均为 0。

数组 b 按数组元素的物理排列顺序，部分元素初始化，没有赋值的元素为 0。

（3）省略行维的初始化。

定义数组分行或部分赋值时，可以省略行维，但不可省略列维。如：

```
int a[ ][4] = {{1,2},{5,6,7,8},{9,10,11,12}};
int b[ ][4] = {1,2,3,4,5,6,7,8,9};
```

数组 a 虽然省略行维，但是初值表中有 4 对花括号，说明该数组有三行数据，因此系统能够判定行维为 3，等价于：

```
int a[3][4] = {{1,2},{5,6,7,8},{9,10,11,12}};
```

数组 b 虽然省略行维，但是列维为 4，那么编译系统会自动计算行维＝初值个数除以列维，能整除则商就是行维，不能整除则商＋1 是行维。此处，9/4 无法整除，商为 2，行维就是 2＋1＝3，等价于：

```
int a[3][4] = {1,2,3,4,5,6,7,8,9};
```

（4）没有初始化。

当没有初始化时，数组定义的行维和列维均不能省略。

此时局部二维数组元素的值均不确定。全局数组和用 static 修饰的局部数组元素为 0。如：

```
static  int a[2][3];             //此处数组 a 的各元素的值都为 0
```

【例 6-4】 求二维数组中的最大元素的值及其位置。

```
#include <iostream>
using namespace std;
int main()
{
    const   int  M=3;
    int a[M][M]={{10,7,89},{31,907,45},{32,5,67}};
    int i,j,row=0,col=0,max=a[0][0];
    //假定 a[0][0]为最大值,row 存放最大值行号,col 存放最大值列号
    for(i=0;i<M;i++)                          //行循环
        for(j=0;j<M;j++)                      //列循环
            if(a[i][j]>max)                   //如果 max 小
             {
                max=a[i][j];                  //记录最大值
                row=i;                        //记录最大值的行号
                col=j;                        //记录最大值的列号
            }
    cout<<"a 数组的最大元素是:a["<<row<<"]["<<col<<"]="<<max<<endl;
    return 0;
}
```

程序的运行情况及结果如下：

```
a 数组的最大元素是:a[1][1]=907
```

6.3 字符数组与字符串

在现实世界中,许多值如人名、身份证号码等都需要使用一串字符来表示,该串字符被称为字符串。在 C++ 中,字符串可以通过两种方式表示：传统字符串和字符数组。数组类型为字符型的数组是字符数组,字符数组中的一个元素存放一个字符的 ASCII 码值。而字符串就是以'\0'为结束字符的字符数组。所以,字符数组不一定是字符串。但字符串一定是字符数组。对于字符串来说,它的长度是可变的。由于字符串的连续性,编译系统仅通过一个指向其首字符的字符指针和'\0'来标记字符串的结束就能实现对整个字符串的引用。

6.3.1 字符数组的定义

字符数组定义的形式与前面介绍的数值数组相同。例如：

```
char str1[10];                         // str1 为一维字符数组
char str2[5][10];                      // str2 为二维字符数组
```

字符数组的初始化方式与数值数组的初始化相同,一共有 3 种初始化方式。

(1) 完全初始化。

如果字符个数等于数组长度,取其相应字符的 ASCII 码值一一初始化。例如：

```
char str[5]={'c', 'h', 'i', 'n','a'};
```

该语句定义 str 为字符数组，包含 5 个元素，初始化后数组的元素值为：str[0]='c'，str[1]='h'，str[2]='i'，str[3]='n'，str[4]='a'。

（2）部分初始化。

字符个数小于数组长度，字符数组的部分初始化对于后面没有给出具体初值的数组元素自动补'\0'。例如：

```
char str[10] = {'c', 'h', 'i', 'n','a'};
```

其前 5 个元素分别是定义时指定的值，后 5 个元素的值都是'\0'，即 str[5]、str[6]、str[7]、str[8]、str[9]的值都为'\0'。

（3）省略数组长度的初始化。

字符个数即为数组长度。例如：

```
char  str[] = {'c', 'h', 'i', 'n','a'};
```

此时数组的长度是 5。

同理，也可定义和初始化一个多维字符数组。

6.3.2 字符数组的使用

字符数组的输入输出方法有两种，可以跟普通数组一样逐个元素处理，也可以把它当作整体处理。

（1）逐个字符的输入输出。

【例 6-5】 字符数组逐个字符的输入输出。

```
#include <iostream>
using namespace std;
int main()
{
    char str[10];
    int i;
    cout <<"请输入 5 个字符:";
    for(i = 0;i < 5;i++)            //循环输入
        cin >> str[i];
    cout <<"请输出字符数组的值:";
    for(i = 0;i < 5;i++)            //循环输出
        cout << str[i];
}
```

程序的运行情况及结果如下：

```
请输入 5 个字符:Hello
请输出字符数组的值:Hello
```

这种输入输出形式与整型数组一样，不能体现字符数组输入输出的特性，它不会自动在字符数组中写入'\0'。此时，str 数组的存储内容如下：

H	e	l	l	o	随机值	随机值	随机值	随机值	随机值

一般不用此方法来实现字符数组的输入输出。

(2) 把字符数组作为字符串输入输出。

对于一维字符数组的标准输入，只要在cin后给出字符数组名；标准输出时，只要在cout后给出字符数组名。

【例6-6】 通过键盘输入字符串给字符数组，并把这个数组中的字符串输出。

```
#include <iostream>
using namespace std;
int main()
{
    char str[50];
    cout <<"请输入字符串:";
    cin >> str;
    cout <<"请输出该字符串:";
    cout <<"str = "<< str << endl;

    return 0;
}
```

程序的运行情况及结果如下：

```
请输入字符串:This↙
请输出该字符串:str = This
```

注意：字符数组作为字符串输入输出时，可以以字符串为单位，整体输入输出。用cin格式输入字符串时，空格符和回车符均作为字符串的输入结束符。所以，此题程序运行时输入如下，那么结果跟前面不一样。

```
请输入字符串:This is a book.↙
请输出该字符串:str = This
```

因为输入的字符串“This”后面有空格，系统认为输入结束，因此只将“This”作为一个字符串送入str数组中，并且自动在“This”后添加一个'\0'作为输入结束。

用cout格式整体输出字符串时，从数组首地址处开始输出字符，直至遇到字符'\0'时，结束输出。

当要把包括空格的一行字符作为一个字符串输入字符数组中时，需要使用cin.getline()函数。cin.getline()函数使用格式如下：

```
cin.getline(字符数组名,长度 n);
```

其中，字符数组名指要保存的字符数组名，该函数能输入的最大有效字符个数为n−1。

【例6-7】 使用cin.getline()函数实现字符串的输入。

```
#include <iostream>
using namespace std;
int main()
{
    char str[50];
```

```
    cout <<"请输入字符串:";
    cin.getline(str,50);
    cout <<"请输出该字符串:";
    cout <<"str = "<< str << endl;
    return 0;
}
```

程序的运行情况及结果如下：

```
请输入字符串:This is Mary speeking.↙
请输出该字符串:str = This is Mary speeking.
```

使用 cin.getline()函数时注意：

当输入行中的字符个数小于 n 时，系统会全部接收。系统接收字符串后自动在后面加了一个字符串结束标识'\0'，因此，该数组可以正确地用 cout 整体输出。但当输入行中的字符个数大于或等于 n 时，系统只接收 n－1 个字符。

必须记住，字符串结束标识'\0'是判断字符串有效长度的重要标记。在程序设计中往往依靠检测'\0'的位置来判定字符串是否结束，而不是根据数组长度来决定字符串长度。

【例 6-8】 初始化字符数组，来观察'\0'的作用。

```
#include <iostream>
using namespace std;
int main()
{
    char str1[10] = {'T','h','i','s','\0','a','b','c','d','e'},
    str2[10] = {'T','h','i','s','!','a','b','c','d','e'}; // A
    cout <<"str1 = "<< str1 << endl;
    cout <<"str2 = "<< str2 << endl;
    return 0;
}
```

程序的运行情况及结果如下：

```
str1 = This
str2 = This!abcde 烫 This
```

程序分析：

可能有人会问，该程序执行结果为什么会这样？因为系统读取字符串是根据检测'\0'的位置来判定字符串是否结束。str1 字符串输出到 str1[4]这个'\0'就结束了。str2 由于初始化方法的原因，系统并没有自动在数组元素后面添加'\0'，字符串就一直读取直到遇到'\0'才结束。

在程序设计时，把字符数组当作字符串输出时，必须保证在这个数组中包含字符串结束符'\0'。如果想要在初始化时让系统自动添加'\0'，可以把 A 行 str2 改为以下语句：

```
char str2[] = {"This!abcde"};
```

或

```
char str2[ ] = "This!abcde";
```

如此初始化后的str2长度为11，而不是10。此时，str2就是一个字符串变量，是一个以空字符'\0'作为结束符的字符数组，其数组长度是字符串实际字符的个数+1，此处的1就是因为系统自动添加'\0'这个空字符。

6.3.3 字符串操作函数

C++中没有对字符串变量进行赋值、连接、比较的运算符，但提供了许多字符串处理函数，使用这些函数可大幅减轻编程的负担。使用字符串处理函数必须包含头文件“cstring”。

下面介绍几个最常用的字符串处理函数，需要注意的是字符串处理函数的所有实参都是数组名，或是字符类型地址。

(1) 字符串复制函数strcpy()。

格式如下：

```
strcpy(char destination[], const char source[]);
```

strcpy()函数用于复制字符串，其主要功能是将源字符串source复制到目标字符串destination。

(2) 字符串连接函数strcat()。

格式如下：

```
strcat(char target[], const char source[]);
```

strcat()函数用于连接字符串，主要功能是将字符串source连接到字符串target的后面。

(3) 字符串比较函数strcmp()和strncmp()。

格式如下：

```
strcmp(const char str1[], const  char str2[])
strncmp(const char str1[], const  char str2[], int n)
```

strcmp()函数用于两个字符串的比较。函数对两个字符串中的ASCII字符从下标为0的元素开始，逐个两两比较，如果字符的ASCII码值相等，继续比下一个下标元素，直到遇到不同字符或其中有一个下标元素是'\0'为止。函数返回值是两字符串对应的第一个不同的ASCII码值的差值。如果两个字符串中的字符均相同，则认为两个字符串相等，函数返回值为0；str1大于str2，函数返回值大于0；str1小于str2，函数返回值小于0。而strncmp()函数用于两个字符串前n个字符的比较，其功能与strcmp()相似。

(4) 字符串长度函数strlen()。

格式如下：

```
strlen(const char string[]);
```

strlen()函数用于计算字符串string的实际字符个数，该字符个数不计算'\0'这个字符。

【例 6-9】 字符串函数的应用。

```
#include <iostream>
using namespace std;
int main()
{
    char str1[] = "Hello,World!",str2[] = "Hello,John.",str3[80];
    cout << str1 <<"与"<< str2 <<"相等吗?"<< endl
        <<(strcmp(str1,str2) == 0?"相等!":"不相等!")<< endl
        <<"前 6 个字符相等吗?"
        <<(strncmp(str1,str2,6) == 0?"相等!":"不相等!")<< endl;
    strcpy(str3,str1);                                  //str3 复制 str1 的内容
    strcat(str3,str2);                                  //把 str2 复制到 str3 的后面
    cout << str3 <<"长度为"<< strlen(str3)<< endl;      //str3 为 str1 与 str2 的连接
    return 0;
}
```

程序的运行情况及结果如下：

```
Hello,World!与 Hello,John.相等吗?
不相等!
前 6 个字符相等吗?相等!
Hello,World!Hello,John.长度为 23
```

除了这些函数，还有其他更多函数，这里不一一列举了，想知道的读者可以自行查看。部分字符串函数如表 6-1 所示。

表 6-1 部分字符串函数

函　数	功　能
upper(字符串表达式)	将字符串表达式中的小写字符转换为大写
lower(字符串表达式)	将字符串表达式中的大写字符转换为小写
ltrim(字符串表达式)	删除头部空格
rtrim(字符串表达式)	截断尾部空格
replace(字符串表达式 1,字符串表达式 2,字符串表达式 3)	用字符串表达式 3 替换字符串表达式 1 出现的所有字符串表达式 2
stuff(字符串表达式 1,开始,长度,字符串表达式 2)	删除指定长度的字符串表达式 1 并在指定的开始处插入字符串表达式 2
substring(字符串表达式,开始,长度)	截取字符串表达式中的一部分,从开始位置取指定长度的字符
left(字符串表达式 ,长度)	截取字符串,从左边开始取指定长度的字符
right(字符串表达式,长度)	截取字符串,从右边开始取指定长度的字符
len(字符串表达式)	返回字符串表达式的字符长度
space(长度)	生成指定长度个空格组成的字符串
str(数字数据)	返回由数字数据转换来的字符串

6.3.4 string 类

C++标准库中的 string 类使得可以像对待基础类型那样针对 string 复制、赋值和比较，

也不必担心内存是否足够、占用的内存实际长度等问题，只需运用操作符，例如以=进行赋值，以==进行比较，以+进行连接。标准模板库(Standard Template Library，STL)提供很多字符串操作函数。使用 string 类需要包括头文件 string。string 的常见各项操作如表 6-2 所示。

表 6-2　string 的常见各项操作

操　　作	说　　明
string(字符类型地址) string(长度，字符变量)	创建或复制一个 string
=	赋值
assign(字符串 s)	用字符串 s 赋值当前字符串
+=	添加字符
append(字符串 s)	把字符串 s 连接到当前字符串结尾
push_back(字符 c)	当前字符串之后插入一个字符 c
swap(字符串 s)	交换当前字符串与字符串 s 的值
insert(位置 pos，字符串 s) insert(位置 pos，字符串 s，长度 n) insert(位置 pos，长度 n，字符 c)	从位置 pos 插入字符串 s 从位置 pos 插入字符串 s 中 pos 开始的前 n 个字符 从位置 pos 处插入 n 个字符 c
erase(位置 pos，长度 n)	删除 pos 开始的 n 个字符，返回修改后的字符串
clear()	清空字符
resize(长度 len，字符 c)	把字符串当前大小置为 len，并用字符 c 填充不足的部分
replace(位置 pos，长度 n，字符串 s)	删除从 pos 开始的 n 个字符，然后在 pos 处插入字符串 s
+	连接字符串
==、!=、<、<=、>、>=	比较字符串
compare(字符串 s)	比较当前字符串和 s 的大小
empty()	判断当前字符串是否为空
size()、length()	返回当前字符串的大小
max_size(string)	返回 string 对象中可存放的最大字符串的长度
[下标]、at(下标)	根据下标访问字符
<<	输出当前字符串
>>	输入字符串，以换行符和空格结束
getline(输入流 in，字符串 s)	从输入流 in 读取字符输入字符串 s，以换行符结束
substr(位置 pos，长度 n)	返回从位置 pos 开始的 n 个字符组成的字符串
find(字符 c，位置 pos=0)	从位置 pos 开始查找字符 c 在当前字符串中的位置

【例 6-10】 字符串的应用。

操作过程：替换字符串“This is a book.”中的“book”为“notebook”，再添加“Bingo.”后输出。

```
#include <iostream>
#include <string>
using namespace std;
int main()
{
    string str = "This is a book." , find_str, replace_str, tmp;
```

```
    cout << str << endl;
    cout <<"请依次输入查找词 替换词:";
    cin >> find_str >> replace_str;
    str.replace(str.find(find_str),find_str.size(),replace_str);     //A
    cout << str << endl;
    cout <<"请输入要添加的句子:";
    cin >> tmp;
    cout <<"要添加的句子是:"<< tmp << endl;
    str += tmp;                                                       //B
    cout <<"最后的句子是:"<< str << endl;
    return 0;
}
```

程序的运行情况及结果如下：

```
This is a book.
请依次输入查找词 替换词:book notebook↙
This is a notebook.
请输入要添加的句子:Bingo.↙
要添加的句子是:Bingo.
最后的句子是:This is a notebook.Bingo.
```

程序分析：

A 行，题目要用 notebook 来替换 book，用 replace()函数来实现。replace()函数中的位置 pos 由 find()函数（位置 pos 取默认值为 0）的返回值提供，长度 n 由字符串 s 的 size()函数的返回值提供。B 行，两个字符串连接可以直接用操作符+=来赋值。

6.4 数组作为函数的参数

数组可以作为函数的参数使用，进行数据传递。数组用作函数参数有两种形式，一种是函数把数组元素（下标变量）作为函数的实参；另一种是把数组名作为函数的形参和实参使用。数组元素作为实参时，只是把单个元素的值传递给函数形参；而数组名作为实参时，传递的是数组的首地址，也就是整个数组。此时函数定义时函数形参为一维数组，可以省略下标，但一定要有方括号；如果函数形参为二维数组时，可以省略行标，但是一定要保留行标的方括号，一定不能省略列标。

6.4.1 数组元素作为函数的实参

数组元素本身就是普通变量。当函数形参是普通变量时，数组元素作为函数的实参，与用变量作实参一样，值传递给形参。

【例 6-11】 依次判断一组正整数是否为素数。

分析：判断正整数 n 是否为素数最简单的方法是，用 n 除以 2 到 sqrt(n)，只要有一个能除尽则 n 不是素数，否则 n 是素数。用到 sqrt()等数学函数必须要包括头文件 cmath。

```
#include <iostream>
#include <cmath>
using namespace std;
bool isPrime(unsigned n)            //判断n是否为素数,是则返回true,否则返回false
{
    if(n <= 1)return false;
    for(int i = 2;i < sqrt((double)n);i++)
        if(n % i == 0)return false;
    return true;
}
int main()
{
    int a[] = {79,786,10001,113,7456};
    for(int i = 0;i < sizeof(a)/sizeof(int);i++)
        cout << a[i]<<(isPrime(a[i])?"是素数":"不是素数")<< endl;    //a[i]为实参
    return 0;
}
```

程序的运行情况及结果如下：

```
79 是素数
786 不是素数
10001 不是素数
113 是素数
7456 不是素数
```

【例 6-12】 给出一个三角形的三条边的长度,计算该三角形的面积。

分析：给出一个三角形的三条边的长度,根据三角形两边之和必然大于第三边的定理,判断是否为三角形的三条边,若是,则通过海伦公式计算三角形的面积并返回,否则返回−1。

```
#include <iostream>
#include <cmath>
#define M 4
#define N 3
using namespace std;
double area_triangle(double a,double b,double c)            //函数定义,形参为普通变量
{
    if(a + b > c&&a + c > b&&b + c > a)
    {
        double p = (a + b + c)/2;
        return sqrt(p * (p - a) * (p - b) * (p - c));
    }
    return -1;
}
int main()
{
    double a[M][N] = {{3,4,5},{3,3,3},{8,8,4},{3,12,13}}, b[4];
    int i,j;
    for(i = 0;i < M;i++)
     {
```

```
        b[i] = area_triangle(a[i][0],a[i][1],a[i][2]);    //函数调用,实参为数组元素
    }
    for(i = 0;i < M;i++)
     {
        cout <<"边长为";
        for(j = 0;j < N;j++)
            cout << a[i][j]<<' ';
        cout <<"三角形的面积是"<< b[i]<< endl;
    }
    return 0;
}
```

程序的运行情况及结果如下：

```
边长为 3 4 5 三角形的面积是 6
边长为 3 3 3 三角形的面积是 3.89711
边长为 8 8 4 三角形的面积是 15.4919
边长为 3 12 13 三角形的面积是 17.5499
```

6.4.2 一维数组作为函数的参数

一维数组名代表该数组在内存中的首地址。用数组名作为函数形参,实参也要用数组名。此时,函数传递的是数组在内存中的首地址。由于内存的地址是唯一、连续的,因此实参中的数组地址传到形参中,这样实参和形参共用同一段内存。当函数执行时,形参数组中的值发生变化,就是实参数组中的值发生变化。

【例 6-13】 冒泡排序法。

冒泡排序是一种基础的交换排序,它的名称起源于这种排序算法的每一个元素都可以像小气泡一样,根据自身大小,一点一点地向着数组的一侧移动。具体如何移动呢？就是把相邻的元素两两比较,当一个元素大于右侧相邻元素时,交换它们的位置；当一个元素小于或等于右侧相邻元素时,位置不变。如数组 a[6]＝{5,8,6,3,9,2},用冒泡排序法对数组 a 进行排序的详细变化如图 6-3 所示。

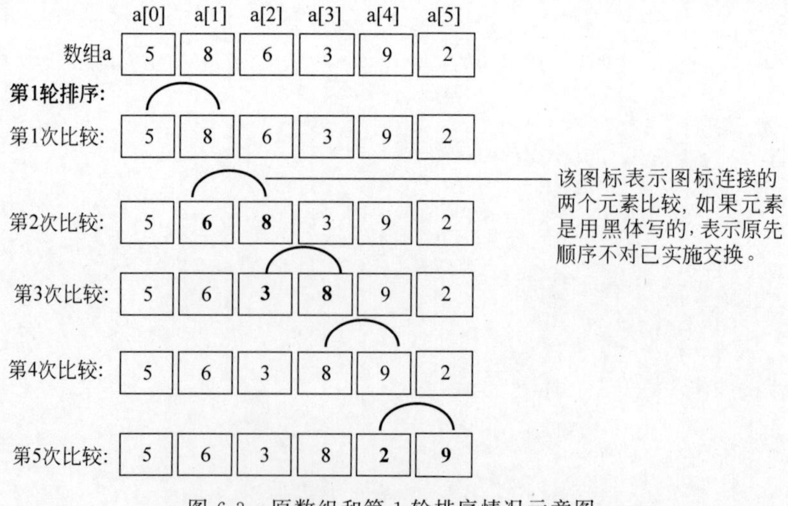

图 6-3 原数组和第 1 轮排序情况示意图

通过第 1 轮排序后，数组元素如图 6-4 所示，9 作为数组中最大的值排在最右侧。此时，数组最右侧可以认为是一个有序区域，虽然这个有序区域目前只有 1 个元素。

5 6 3 8 2 9

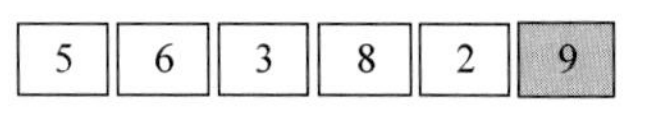

图 6-4 第 1 轮排序后的元素

接着进行第 2 轮排序，此时参与排序的是左侧还没排好序的数组元素。然后就是进行第 3 轮、第 4 轮一直到第 5 轮排序，排序过程与前面一样。图 6-5 和图 6-6 所示就是第 2 轮一直到第 5 轮排序数组元素的变化过程。

第2轮排序:
第1次比较: 5 6 3 8 2 9
第2次比较: 5 3 6 8 2 9
第3次比较: 5 3 6 8 2 9
第4次比较: 5 3 6 2 8 9

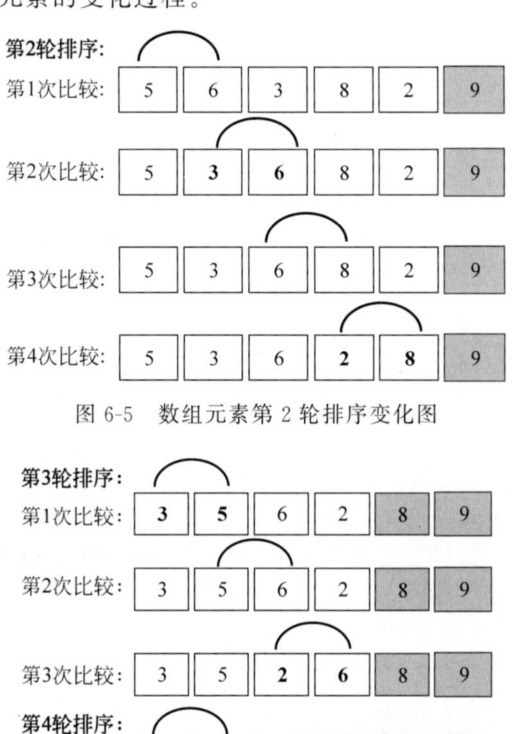

图 6-5 数组元素第 2 轮排序变化图

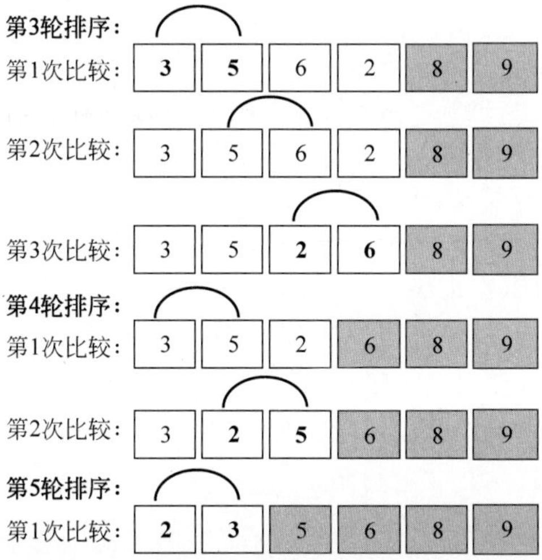

第3轮排序:
第1次比较: 3 5 6 2 8 9
第2次比较: 3 5 6 2 8 9
第3次比较: 3 5 2 6 8 9
第4轮排序:
第1次比较: 3 5 2 6 8 9
第2次比较: 3 2 5 6 8 9
第5轮排序:
第1次比较: 2 3 5 6 8 9

图 6-6 第 3、4、5 轮排序数组元素变化图

到此为止，所有元素都是有序的，这就是冒泡排序的整体思路。

通过图 6-3 到图 6-6 中数组元素变化分析整理得到：如数组长度为 n，那么总轮数为 n－1，而第 i 轮（i 最小为 1）需要比较交换的下标为[0, n－i－1]。用双重循环进行排序。外循环控制所有的轮数，内循环实现每一轮的冒泡处理，先进行相邻元素的比较，如果顺序不对就交换。

```
#include <iostream>
#include <iomanip>
using namespace std;
```

```
void bubble_sort(int a[],int length)                         //冒泡排序法
{
      int i,j,t;
      for(i = 1;i < length;i++)
      {
            for(j = 0;j < length - i;j++)
            {
                 if(a[j]> a[j + 1])
                 {
                     t = a[j], a[j] = a[j + 1], a[j + 1] = t; //a[j]与 a[j + 1]交换
                 }
            }
      }
}
int main()
{
     int a[] = {5,8,6,3,9,2}, i;
     int len = sizeof(a)/sizeof(int);
     cout <<"排序前:";
     for(i = 0;i < len;i++)
         cout << a[i]<<' ';
     cout << endl;
     bubble_sort(a,len);                                     //函数调用,第一个实参为一维数组名
     cout <<"排序后:";
     for(i = 0;i < len;i++)
         cout << a[i]<<' ';
     cout << endl;
     return 0;
}
```

但这只是冒泡排序的原始实现，还需要优化，以节约排序时间。

假如以{9,31,203,88,103,90}这个数列为例，当排序算法到第 3 轮就已经可以看出跟第 2 轮的数列一模一样了，已经是有序数列，根本不需要进行第 4 轮、第 5 轮排序。

在这种情况下，如果能判断出数列已经有序，并作出标记，那么就可以提前结束工作。

以下为已优化的代码：

```
#include <iostream>
#include <iomanip>
using namespace std;
void bubble_sort(int a[],int length)                   //冒泡排序法
{
      int i,j,t;
      bool flag;                                        //标记变量
      for(i = 1;i < length;i++)
      {
         cout <<"第"<< i <<"轮:";
           flag = false;                                //flag 用于标记是否有交换行为,默认为否
           for(j = 0;j < length - i;j++)
           {
               if(a[j]> a[j + 1])
               {
```

```
                t = a[j],a[j] = a[j + 1],a[j + 1] = t;    //a[j]与 a[j + 1]交换
                flag = true;                              //有交换行为,flag 设置为 true
            }
          }
        for(j = 0;j < length;j++)
          cout << setw(5)<< a[j];cout << endl;
        if(!flag)
            break;     //如此一趟下来 flag 为 false 说明没有交换行为,也就是已经排序成功
    }
}
int main()
{
    int a[] = {9,31,203,88,103,90},i;
    int len = sizeof(a)/sizeof(int);
    cout <<"排序前:";
    for(i = 0;i < len;i++)
        cout << a[i]<<' ';
    cout << endl;
    bubble_sort(a,len);                                   //函数调用,第一个实参为一维数组名
    cout <<"排序后:";
    for(i = 0;i < len;i++)
        cout << a[i]<<' ';
    cout << endl;
    return 0;
}
```

程序的运行情况及结果如下：

```
排序前:9 31 203 88 103 90
第 1 轮:     9   31   88  103   90  203
第 2 轮:     9   31   88   90  103  203
第 3 轮:     9   31   88   90  103  203
排序后:9 31 88 90 103 203
```

【例 6-14】 删除字符串中的空格。

分析：读取旧字符数组中的非空格字符依次保存到新数组中,最后添加'\0'。新数组与旧数组共用一个存储空间。

```
#include <iostream>
using namespace std;
void delblankchar(char a[])
{
    int new_i,old_i;                  //new_i 用于记录新数组的下标,old_i 用于记录旧数组的下标
    for(new_i = old_i = 0;a[old_i];old_i++)
        if(a[old_i]!= ' ')            //如果旧数组字符不是空格字符
          {
            a[new_i] = a[old_i]; //复制数组元素
            new_i++;
          }
    a[new_i] = '\0';
}
```

```
int main()
{
    char str[50] = "   This is a book.    ";
    delblankchar(str);
    cout << str << endl;
    return 0;
}
```

程序的运行情况及结果如下：

```
Thisisabook.
```

6.4.3 二维数组作为函数的参数

作为参数传递一个二维数组给函数,其最终目的也是为了内存地址,但是在函数原型中,声明二维数组参数的形式只能省略行标,不能省略列标。当函数形参为二维数组时,函数调用时实参为二维数组的首地址,即二维数组名。

【例 6-15】 矩阵转置。

分析：只需要把对角线两边对称的数据交换一次即可。

```
#include <iostream>
#include <cmath>
#deine N 3
using namespace std;
void matrix_transpose(int a[][N])                          //函数定义,形参为二维数组
{
    int i,j,t;
    for(i = 0;i < N;i++)
        for(j = 0;j < i;j++)                               //A
            t = a[i][j],a[i][j] = a[j][i],a[j][i] = t;   //a[i][j]与 a[j][i]交换
}
int main()
{
    int a[N][N] = {{1,3,9},{57,83,19},{910,39,71}},i,j;
    cout <<"转置前:"<< endl;
    for(i = 0;i < N;i++)
     {
        for(j = 0;j < N - 1;j++)
            cout << a[i][j]<<' ';
        cout << a[i][j]<< endl;
    }
    matrix_transpose(a);                                   //函数调用,实参为二维数组名
    cout <<"转置后:"<< endl;
    for(i = 0;i < N;i++)
     {
        for(j = 0;j < N - 1;j++)
            cout << a[i][j]<<' ';
        cout << a[i][j]<< endl;
    }
    return 0;
}
```

程序的运行情况及结果如下：

```
转置前:
1 3 9
57 83 19
910 39 71
转置后:
1 57 910
3 83 39
9 19 71
```

程序分析：

A 行，此处循环结束条件为 j<i，这样就实现交换一次。注意，如果 j<N 的话，就会实现交换两次，结果等于没交换。

用数组名作为函数参数时应注意以下两点。

(1) 实参数组和形参数组的数据类型必须匹配，否则将引起错误。

(2) 形参数组名的实质是指针变量(指针变量将在第 7 章详细讲解)，而不像实参数组名是常量，在调用时，只传递首地址给形参，因此形参写成数组的形式时，数组长度无关紧要，可以省略。

6.5　对象数组

程序设计中往往需要用到同一类的许多对象，此时需要对象数组来存储。对象数组就是数组里的每个元素都是同一类的对象。

对象数组赋值时先定义对象，然后将对象直接赋给数组下标元素。

在建立对象数组时，同样要调用构造函数。每一个数组元素都要调用一次构造函数。

对象数组有 3 种不同的定义和初始化方式。

(1) 该类有默认构造函数，直接定义对象数组。如：

```
class A
{
    private:
        int num;
    public:
A():num(0){}                              //默认构造函数
};
A  a[20];
```

(2) 该类没有默认构造函数，并且构造函数只有 1 个参数，在定义对象数组时可以直接在等号后面的花括号内提供实参来实现初始化。如：

```
class Cube
{
    private:
        int len;
    public:
```

```
        A(int n):len(n){}
        int volume(){return len * len * len ;}
};
Cube c[3] = {1,2,3};
```

当各个元素的初始值相同时，可以在类中定义不带参数的构造函数或带有默认参数值的构造函数；当各元素的对象的初值要求不同时，需要该类定义带参数的构造函数。

（3）该类构造函数有多个参数，在定义对象数组时只需在花括号中分别写出构造函数并指定实参即可实现初始化。如：

```
class rectangle
{
    private:
        int width,height;
    public:
        rectangle(int w,int h):width(w),height(h){}
};
rectangle r[3] = {rectangle(2,3),rectangle(5,7),rectangle(4,5)};
```

使用对象数组时只能访问单个数组元素。访问数组中对象的成员的一般格式如下：

数组名[下标].成员名

【例 6-16】 定义 Point 类，并创建对象数组。

```
#include <iostream>
#include <cmath>
using namespace std;
class Point
{
private:
    float x,y;
public:
    Point(){}                                         //默认构造函数
    Point(float x1,float y1)
    {
        x = x1,y = y1;
    }
    float getx(){return x;}                           //获得 x 轴的值
    float gety(){return y;}                           //获得 y 轴的值
    void setxy(float x1,float y1){x = x1,y = y1;}     //设置点对象的 x,y 轴的值
    float distance(Point& p)                          //求跟另一个点对象的距离
    {
        float x1 = p.getx(),y1 = p.gety();
        return sqrt((x - x1) * (x - x1) + (y - y1) * (y - y1));
    }
    void show()                                       //显示对象位置
    {
        cout <<"Point x = "<< x <<" y = "<< y << endl;
    }
};
int main()
```

```
{
    Point a[3] = {Point(1,1),Point(3,4)};          //创建对象数组,并初始化前两个元素,
      //调用两个参数的构造函数,最后一个元素调用默认构造函数
    a[2].setxy(0,0);                               //设置 a[2]的 x,y 轴的值
    int i;
    for(i = 0;i < 3;i++)
        a[i].show();                               //显示点对象位置
    cout <<"三点之间的距离分别是"<< a[0].distance(a[1])<<","
<< a[1].distance(a[2])<<","<< a[0].distance(a[2])<< endl;
    return 0;
}
```

程序的运行情况及结果如下：

```
Point x = 1 y = 1
Point x = 3 y = 4
Point x = 0 y = 0
三点之间的距离分别是 3.60555,5,1.41421
```

例 6-16 定义了 Point 类的数组 a。a 数组中的前两个元素显式给出了初始化，根据实参个数和类型调用有两个参数的构造函数创建对象并作为数组元素。第 3 个元素没有初始化，因此系统调用默认构造函数来创建对象，再用 setxy()成员函数来设置 x，y 的值。

6.6 结构体数组

程序设计中还需要结构体数组来存储同一结构体类型的许多数据项，此时结构体数组就是数组里的每个元素的数据结构是同一种结构体。

定义一维结构体数组的格式如下：

结构体名 数组名[正整数常量表达式][={初始化列表}];

例如

```
struct Book
{
  string serial_number;
  string name,publishing_house;
  int year;
  float price;
};
Book book_table[] = {
{"7302652090","C++从入门到精通(第 6 版)",  "清华大学出版社",2024,99.8},
{"7302627739","深入浅出数据结构与算法(微课视频版)",  "清华大学出版社",2023,99},
{"7302644156","启发式优化算法理论及应用",  "清华大学出版社",2023,59},
{"7302635284","Java 项目驱动开发教程",  "清华大学出版社",2023,89},
{"7302649717","高效 C/C++调试",  "清华大学出版社",2024,99}};
```

定义了一个包含有 5 本书籍的结构体数组 book_table，而每个数组元素的类型是结构体 Book，同时给每个数组元素的各个成员都赋予了初始值，例如，book_table[0].serial_ number 的值是"7302652090",book_table[0]. name 的值是"C++从入门到精通(第 6 版)", book_table[0]. publish_house 的值是"清华大学出版社", book_table[0]. year 的值是 2024, book_table[0]. price 的值是 99.8,等等。

使用结构体数组时需要逐个访问数组元素。

访问数组元素的成员的一般格式如下：

数组名[下标].成员名

【例 6-17】 简易图书查询系统。

分析：先定义 Book 结构体再定义结构体数组,输入书名查询该书信息。

```
#include <iostream>
#include <iomanip>
#include <string>
using namespace std;
struct Book
{
  string serial_number;
  string name,publishing_house;
  int year;
  float price;
};
void print(Book b)                    //打印该书信息
{
    cout << setw(10)<<"序列号:"<< b.serial_number << endl
         << setw(10)<<"书名:"<< b.name << endl
         << setw(10)<<"出版社名:"<< b.publishing_house << endl
         << setw(10)<<"出版年份:"<< b.year << endl
         << setw(10)<<"价格:"<< b.price << endl;
}
int main()
{
    Book book_table[] = {
{"7302652090","C++从入门到精通(第 6 版)",  "清华大学出版社",2024,99.8},
{"7302627739","深入浅出数据结构与算法(微课视频版)",  "清华大学出版社",2023,99},
{"7302644156","启发式优化算法理论及应用",  "清华大学出版社",2023,59},
{"7302635284","Java 项目驱动开发教程",  "清华大学出版社",2023,89},
{"7302649717","高效 C/C++调试",  "清华大学出版社",2024,99}};
    string name;
    cout <<"您好:"<< endl;
    while(true)
    {
        bool isfind = false;
        cout <<"请输入您要查询的书名:(如果退出,请输入 exit)";
        cin >> name;
        if(name == "exit")
            break;
        for(int i = 0;i < sizeof(book_table)/sizeof(Book);i++)
            if(book_table[i].name.find(name)!= string::npos)
            {
                print(book_table[i]);
                isfind = true;
```

```
            }
        if(!isfind)
            cout <<"Not Found this book!"<< endl;
    }
    cout <<"欢迎您下次光临!"<< endl;
    return 0;
}
```

程序的执行结果如下：

```
您好:
请输入您要查询的书名:(如果退出,请输入 exit)Java 项目驱动开发教程↙
   序列号:7302635284
     书名:Java 项目驱动开发教程
出版社名:清华大学出版社
出版年份:2023
     价格:89
请输入您要查询的书名:(如果退出,请输入 exit)高效 C/C++调试↙
   序列号:7302649717
     书名:高效 C/C++调试
 出版社名:清华大学出版社
 出版年份:2024
     价格:99
请输入您要查询的书名:(如果退出,请输入 exit)exit↙
欢迎您下次光临!
```

6.7 综合举例

【例 6-18】 定义一个一维数组类，实现该数组类对象的数组元素的增加、删除、求和、排序、查找、输出等功能。

分析：设计该类，类中有两个数据成员，保存数据的一维数组和一个整数变量，变量用来记录一维数组的实际数据存储的个数，即数组实际长度。

排序算法很多，此处用选择排序法，基本思路如下：整个数组分为无序区和有序区，无序区在前，有序区在后，刚开始全是无序区，每次从无序区选择出值最大(小)的一个数据，然后与有序区的前一个数据交换，直至所有数据有序。选择排序的关键是如何从无序区中选择最大(小)值。

查找算法很多，此处用简单查找法和折半查找法。简单查找法是一种最简单的查找方法，从一维数组的一端开始按顺序扫描，依次将数组中的元素与给定值进行比较，若两者相等，则查找成功；若扫描结束后，还未找到，则查找失败。对于一个有序的数组，还可以采用折半查找法来节约时间。折半查找又称二分查找，是一种效率较高的查找方法。其基本思想是：假设数组中的元素升序排列，首先将给定值 keyword 和数组中间位置的元素进行比较，若两者相等，则查找成功；否则，如 keyword 值小，则在数组的前半部分继续利用折半查找法查找，若 keyword 值大，则在数组的后半部分继续利用折半查找法查找。这样，经过一次比较就缩小一半范围的查找区间，如此进行下去，直到查找成功或失败。

```
#include <iostream>
#define Max_length 100
using namespace std;
class Uarray                                    //一维数组类
{
  private:
     int length;                                //用来记录数组实际元素的个数
     int a[Max_length];                         //原始数组
  public:
     Uarray():length(0){}                       //默认构造函数
     Uarray(int a1[],int n)                     //构造函数
     {
         length = n;
         for(int i = 0;i < length;i++)
              a[i] = a1[i];
     }
    void extend(int a1[],int n)                 //用另一维数组扩充原数组
    {
       int i = 0;
       while(i < n&&length < Max_length)        //不得超出数组最大长度
              a[length++] = a1[i++];
    }
    int len()                                   //求数组长度
    {
        return length;
    }
    bool isempty()                              //判断数组是否为空
    {
         if(length <= 0)
                return true;
        else
                return false;
    }
    bool isfull()                               //判断数组是否已满
    {
         if(length >= Max_length)
                 return true;
         else
                 return false;
    }
    int sum()                                   //求和
    {
         int nsum = 0;
         for(int i = 0;i < length;i++)
               nsum += a[i];
         return nsum;
    }
    void sort()                                 //排序,此处算法用选择排序法
    {
        int i,j,t,max_index;
        for(i = length - 1;i > 0;i--)           //控制趟数,总趟数为 n - 1
        {
        //求最大值的下标
```

```
            max_index = 0;
            for(j = 1;j <= i;j++)
                if(a[max_index]< a[j])
                    max_index = j;
            //如果最大值下标不是有序区的前一个下标的话,a[i]与 a[max_index]的值交换
            if(max_index!= i)
                t = a[max_index],a[max_index] = a[i],a[i] = t;
            }
    }
    int search(int x)                        //顺序查找法
    { //查找 x,若查找成功,则返回该元素在数组中的下标,
      //若查找失败,则返回 - 1
        for(int i = 0;i < length;i++)
            if(a[i] == x)
                    return i;
        return - 1;
    }
    int binsearch(int x)                     //折半查找法
    {  //查找 x,若查找成功,则返回该元素在数组中的下标,
        //若查找失败,则返回 - 1
        int low,mid,high;
        low = 0,high = length - 1;
        while(low <= high)
         {
            mid = (low + high)/2;        //取区间中点
            if(a[mid] == x)
                    return mid;          //查找成功
          else   if(a[mid]> x)
                    high = mid - 1;      //在前半区间查找
                else
                    low = mid + 1;       //在后半区间查找
         }
         return - 1;                     //查找失败
    }
    void show()                          //依次输出数组元素
    {
        for(int i = 0;i < length - 1;i++)
        cout << a[i]<<' ';
        cout << a[length - 1]<< endl;
    }
};
int main()
{
    int a[5] = {1,31,9,5,12},a2[] = {89,92,211,90},key;
    Uarray ua(a,sizeof(a)/sizeof(int));
    cout <<"该数组的长度为:"<< ua.len()<<"元素为";
    ua.show();
    if(!ua.isfull())
        ua.extend(a2,sizeof(a2)/sizeof(int));
    cout <<"该数组的长度为:"<< ua.len()<<"元素为";
    ua.show();
    cout <<"总和为"<< ua.sum()<< endl;
    cout <<"排序前该数组的长度为:"<< ua.len()<<"元素为";
```

```
    ua.show();
    ua.sort();
    cout <<"排序后该数组的长度为:"<< ua.len()<<"元素为";
    ua.show();
    cout <<"请输入要查找的整数:";cin >> key;
    cout <<"通过顺序查找该元素的位置为"<< ua.search(key)<< endl;
    cout <<"通过折半查找该元素的位置为"<< ua.binsearch(key)<< endl;
    return 0;
}
```

程序的运行情况及结果如下：

```
该数组的长度为:5 元素为 1 31 9 5 12
该数组的长度为:9 元素为 1 31 9 5 12 89 92 211 90
总和为 540
排序前该数组的长度为:9 元素为 1 31 9 5 12 89 92 211 90
排序后该数组的长度为:9 元素为 1 5 9 12 31 89 90 92 211
请输入要查找的整数:90↙
通过顺序查找该元素的位置为 6
通过折半查找该元素的位置为 6
```

【例 6-19】 矩阵乘法。

分析：如果矩阵 A 乘以 B 得到 C，则必须满足以下 3 点规则：①矩阵 A 的列数与矩阵 B 的行数相等；②矩阵 A 的行数等于矩阵 C 的行数；③矩阵 B 的列数等于矩阵 C 的列数。矩阵相乘公式为 $A_{mn} \times B_{nl} = C_{ml}$，则

$$C_{ij} = \sum_{k=1}^{n} a_{ik} \times b_{kj}$$

其中，A_{mn} 表示 $m \times n$ 矩阵，C_{ij} 是矩阵 C 的第 i 行 i 列元素。

```
#include < iostream >
#include < iomanip >
#define M 3
#define N 4
#define L 5
using namespace std;
 //函数定义,形参为二维数组
void matrix_multiplication(int a[M][N], int b[N][L],int c[M][L])
{
    int i,j,k;
    for(i = 0;i < M;i++)                //设置数组 c 的所有元素为 0,为后面累加值设置初值
        for(j = 0;j < L;j++)
            c[i][j] = 0;

    for(i = 0;i < M;i++)                //行
        for(j = 0;j < L;j++)            //列
            for(k = 0;k < N;k++)        //求一个元素
                c[i][j] += a[i][k] * b[k][j];
}
int main()
```

```
{
    int a[3][4] = {{5,7,8,2},{ - 2,4,1,1},{1,2,3,4}},
        b[4][5] = {{4, - 2,3,3,9},{4,3,8, - 1,2},{2,3,5,2,7},{1,0,6,3,4}},
        c[3][5];
    matrix_multiplication(a,b,c);
    int i,j;
    cout <<"C:"<< endl;
    for(i = 0;i < 3;i++)        //用双重循环输出结果
    {
        for(j = 0;j < 5;j++)
            cout << setw(4)<< c[i][j];
        cout << endl;
    }
    return 0;
}
```

程序的运行情况及结果如下：

```
C:
  66  35 123  30 123
  11  19  37  -5   1
  22  13  58  19  50
```

【例 6-20】 设计一个简单的学生成绩管理系统。

根据需求分析，该系统具有以下功能。

(1) 成绩录入功能：提供成绩录入界面。

(2) 成绩排名功能：按总分由大到小排出名次。

(3) 成绩统计功能：统计出每门课的平均成绩。

(4) 成绩查询功能：任意输入一个学号，能够查找出该学生在班级中的排名及考试成绩。

简单起见，学生只有学号、姓名，以及语文、数学和英语三门成绩。一名学生所有信息由类 Student 来组织存储。成绩录入负责对 Student 对象中的 5 个成员（学号，姓名，语文、数学和英语三门成绩）进行赋值，并通过构造函数求出该学生对象的平均成绩和总分。

```
#include < iostream >
#include < cmath >
#include < iomanip >
#include < string >
using namespace std;
class Student                                    //学生类
{
    private:
        string number,name;                      //number 为学号,name 为姓名
        int chinese,math,english,total,rank;     //total 为总分,rank 为名次
        double average;                          //average 为平均分
    public:
        Student(){}                              //默认构造函数
        Student(Student& s)
        { //复制构造函数
```

```
            number = s.number, name = s.name;
            chinese = s.chinese, math = s.math, english = s.english;
            total = chinese + math + english;      //计算总分
            average = total/3.0;                   //计算平均分
            rank = 0;                              //名次设置为0
        }
        Student(string number1, string name1, int c1, int m1, int e1)
:number(number1), name(name1)                      //构造函数
        {
            chinese = c1, math = m1, english = e1;
            total = chinese + math + english;
            average = total/3.0;
            rank = 0;
        }
        string getnumber()                         //获得学号
        {
            return number;
        }
        string getname()                           //获得姓名
        {
            return name;
        }
        int getchinese()                           //获得语文成绩
        {
            return chinese;
        }
        int getmath()                              //获得数学成绩
        {
            return math;
        }
        int getenglish()                           //获得英语成绩
        {
            return english;
        }
        void setrank(int n)                        //设置名次
        {
            rank = n;
        }
        int getrank()                              //获得名次
        {
            return rank;
        }
        int gettotal()                             //返回总分
        {
            return total;
        }
        void show(ostream& outf)                   //显示实例信息
        {
            outf << number <<',' << name <<',' << chinese <<',' << math <<','
                << english <<',' << total <<',' << average <<',' << rank << endl;
        }
};
void setData(istream& inf, Student& s)             //录入学生数据
```

```
{
        string number,name;
         int chinese,math,english;
        inf >> number >> name >> chinese >> math >> english;
        s = Student(number,name,chinese,math,english);
}
void sorted_student(Student s[],int len)     //给学生对象数组排序,并且进行排名
{
        int i,j,min_index,rank,total;
        Student t;
        //用选择排序给数组排序
        for(i = len - 1;i > 0;i -- )              //控制趟数
        {
            //求最大值的下标
            min_index = 0;
            for(j = 1;j <= i;j++)
                if(s[min_index].gettotal()> s[j].gettotal())
                    min_index = j;
            //如果最大值下标跟最后一个不同
            if(min_index!= i)
                t = s[min_index],s[min_index] = s[i],s[i] = t;
        }
        //setrank 实现设置名次
        s[0].setrank(1);                          //设置第一名
        rank = 1;
        total = s[0].gettotal();
        for(i = 1;i < len;i++)
        {
            if(total > s[i].gettotal())
            {
                rank = i + 1;                     //如果跟上一学生总分不一样,那就排名为下标 + 1
                s[i].setrank(rank);
                total = s[i].gettotal();          //总分重新设置
            }
            else
            {
                s[i].setrank(rank);               //如果跟上一学生总分一样,那就排名并列
            }
        }
}
void getAvg(Student s[],double avg[3],int n) //求课程平均分保存到一维数组 avg
{
    int i;
    for(i = 0;i < 3;i++)                          //平均分先设置为 0
        avg[i] = 0;
    for(i = 0;i < n;i++)                          //累加得到每门课程的总分
    {
        avg[0] += s[i].getchinese();
        avg[1] += s[i].getmath();
        avg[2] += s[i].getenglish();
    }
    for(i = 0;i < 3;i++)                          //求平均分
        avg[i]/ = n;
```

```
}
int searchData(Student s[],int n,string key)        //根据学号查询,得对象数组下标
{
    int i;
    for(i=0;i<n;i++)
        if(key==s[i].getnumber())
            return i;
    return -1;                                       //没查到则返回-1
}
int main()
{
    Student s[5];
    int i,num;
    double a[3];                                 //用于存储语文、数学、英语三门课程成绩的平均分
    string number;
    for(i=0;i<5;i++)
    {
        cout<<i+1<<"学生信息输入:";
        setData(cin,s[i]);
    }
    sorted_student(s,5);                             //调用函数来根据学生总分排序
    cout<<setiosflags(ios::fixed)<<setprecision(2)              //设置输出小数后2位
        <<"学生信息:"<<endl;
    for(i=0;i<5;i++)
        s[i].show(cout);
    cout<<"每门课成绩:"<<endl;
    getAvg(s,a,3);                                   //调用函数求三门课程成绩平均分
    for(i=0;i<3;i++)
        cout<<setw(8)<<a[i];
    cout<<endl;
    while(true)                                      //循环根据学号查找学生信息
    {
        cout<<"输入学生的学号(exit表示结束):";
        cin>>number;
        if(number=="exit")
            break;
        else
        {
            num=searchData(s,5,number);
            if(num<0)
                cout<<"查无此人!"<<endl;
            else
                s[num].show(cout);
        }
    }
    return 0;
}
```

程序的运行情况及结果如下：

```
1学生信息输入:001 张三 90 89 100↙
2学生信息输入:002 李四 100 90 89↙
3学生信息输入:003 赵晓明 99 100 90↙
4学生信息输入:004 向前 100 90 100↙
5学生信息输入:005 明天 89 97 78↙
学生信息:
004,向前,100,90,100,290,96.67,1
003,赵晓明,99,100,90,289,96.33,2
002,李四,100,90,89,279,93.00,3
001,张三,90,89,100,279,93.00,3
005,明天,89,97,78,264,88.00,5
每门课成绩:
   99.67   93.33   93.00
输入学生的学号(exit表示结束):001↙
001,张三,90,89,100,279,93.00,3
输入学生的学号(exit表示结束):004↙
004,向前,100,90,100,290,96.67,1
输入学生的学号(exit表示结束):006↙
查无此人!
输入学生的学号(exit表示结束):exit↙
```

练习题

一、选择题

1. 若有定义“int a[10];”,则对数组元素的正确引用是________。

A. a[10]　　B. a(8)　　C. a[10−10]　　D. a[8.0]

2. 下列一维数组的声明中正确的是 ________。

A. int a[ ];　　B. int n=10,a[n];

C. int a[10+5]={0};　　D. int a[3]={0,1,2,3};

3. 若有定义“int a[2][3];”,则对数组元素的正确引用是________。

A. a[0][0]　　B. a(0)(0)　　C. a[2][3]　　D. a[1.0][1.0]

4. 以下能对二维数组a进行正确初始化的语句是________。

A. int a[2][ ]={{1,0,1},{5,2,3}};

B. int a[ ][3]={{1,2,3},{8,7}};

C. int a[2][3]={{1,2},{3,4},{5,6}};

D. int a[ ][3]={{1,1,1,1},{3,3}}

5. 若有定义“int s[ ][3]={1,2,3,4,5,6,7};”, 则数组s第一维的大小是________。

A. 2　　B. 3　　C. 4　　D. 不确定

6. 若有声明语句“int a[10],b[3][3];”,则以下对数组元素的赋值操作中,不会出现越界访问的是________。

A. a[−1]=0　　B. a[10]=0　　C. b[3][0]=0　　D. b[0][2]

7. 以下选项中,不能正确赋值的语句是________。

A. char s1[10]; s1="China";　　B. char s2[ ]={"C", "h", "i", "n", "a"};

C. char s3[10]="China"；　　　　D. char s4[10]，　strcpy(s4,"China")；

8. 有语句序列“char str[10]；cin>>str;”，当从键盘输入"I love this game"时，str 中的字符串长度是________。

A. 1　　　B. 6　　　C. 2　　　D. 10

9. 有以下程序段：

```
Char s[ ] = "abcde" ;   s += 2;   cout << s[0];
```

运行后的输出结果是________。

A. 输出字符 c 的 ASCII 码　　　B. 输出字符 c

C. 输出字符 a　　　D. 程序出错

10. 以下选项中，能正确比较两个字符串相等的语句是________。

```
char  s1[] = "China" , s2[] = "China" ;
```

A. if(s1==s2){…}　　　B. if(strcmp(s1,s2)==0){…}

C. if(strcmp(s1,s2)=0){…}　　　D. if(strncmp(s1,s2,0)==0){…}

11. 若用数组名作为函数调用时的实参，则传递给形参的是________。

A. 数组的第一个元素的值　　　B. 数组全部元素的值

C. 数组元素的个数　　　D. 数组首地址

12. 在 C++语言中，二维数组中元素排列的顺序是________。

A. 按列存放　　　B. 按行存放　　　C. 按对角线存放　　　D. 都不是

二、填空题

1. 以下程序的运行结果是________。

```
#include<iostream>
using namespace std;
void  fun(int a[], int n)
{
int  i, t;
for(i=0;i<n/2; i++)
{
    t=a[i];
    a[i] = a[n-1-i];
    a[n-1-i] = t;
 }
}
int main()
{
int  k[10] = {1, 2, 3, 4, 5, 6, 7, 8, 9, 10},i;
fun(k, 5);
for(i=2; i<8; i++)
cout << k[i] <<' ';
return  0;
}
```

2. 以下程序的运行结果是________。

```
# include < iostream >
using namespace std;
const int N = 3;
void fun(int a[][N], int b[])
{
int  i,j;
for(i = 0; i < N; i++)
{
    b[i] = a[i][0];
          for(j = 1; j > N; j++)
    if(b[i]< a[i][j])
    b[i] = a[i][j];
 }
}
int main()
{
int x[N][N] = {1, 2, 3, 4, 5, 6, 7, 8, 9},y[N], i;
fun(x, y);
for(i = 0; i < N;i++)
cout << y[i] <<",";
cout << endl;
return 0;
```

3. 以下程序的运行结果是________。

```
# include < iostream >
using  namespace  std;
int main()
{
char  ch[] = "652ab31";
int  i, s = 0;
for(i = 0; ch[i] >= '0' && ch[i] <=  '9' ; i += 2)
s = s * 10 + ch[i] - '0';
cout << s << endl;
return  0;
}
```

4. 以下程序的运行结果是________。

```
# include < iostream >
using namespace std;
class Box
{
private:
 double length, width, height;
public:
        Box(double l, double w, double h):length(l), width(w), height(h){ }
        double volumn(){return length * width * height;}
        double s(){return 2 * (width * height + length * height + length * width);}
};
int main()
```

```
{
        Box b[3] = {Box(1,1,1),Box(1,2,3),Box(10,12,2)};
        for(int i = 0;i < 3;i++)
            cout << b[i].volumn()<<' ';
        return 0;
}
```

三、编程题

1. 从键盘输入一个字符串，测试这个字符串是否为回文。“回文”是指正读反读都一样的句子，如“12CAC21”。

(1) 用字符数组方法；

(2) 用 string 方法。

2. 找出二维数组中的鞍点，即该位置上的元素在该行最大、在该列最小。数组也有可能没有鞍点。

3. 求下面两个矩阵之和。

$$A1=\begin{bmatrix}3 & 5 & -9 & 7\\ 27 & 0 & 1 & 11\\ 6 & -3 & 8 & 2\\ 32 & 19 & -7 & 64\end{bmatrix} \qquad A2=\begin{bmatrix}-9 & -4 & 3 & 9\\ 31 & 1 & 51 & -19\\ 6 & 29 & 0 & -2\\ 15 & 7 & -39 & 53\end{bmatrix}$$

4. 输出杨辉三角(要求输出 5 行)(建议用数组来存储杨辉三角前 5 行数据再输出)。

1

1 1

1 2 1

1 3 3 1

1 4 6 4 1

1 5 10 10 5 1

. . . .

5. 定义类 Student，该类包含三个私有属性：学号 number(int)、年级 state(int)、总成绩 score(int)及公有函数 setnumber(int)、getnumber( )、setstate(int)、getstate( )、setscore(int)、getscore( )、find(int)、show(ostream &out)等，并实现以下功能：

(1) 打印所有的学生信息。

(2) 按学生成绩逆序打印某个年级的所有学生信息。

(3) 查找并打印指定学号的学生信息。

指针与引用

指针是 C++从 C 中继承过来的重要数据类型，通过指针，C++语言拥有在运行时获得变量地址和操纵地址的能力，这一点对有关计算机底层的程序设计是非常重要的。在 C++中，可以定义指针变量，指针变量中存储的是整型数据，代表了内存的编号，通过这个编号访问到对应的内存。指针有很强的灵活性，可以根据地址进行访问，从而达到对内存的精准控制。引用是用一个新标识符与另一个标识符的内存建立绑定关系，从而使一块内存对应多个标识符。引用在定义的时候必须进行赋值，并且此后再也无法更改。合理地选择及使用指针能够使程序简洁、高效，提升程序的运行效率，但指针又最危险，使用不当会带来严重的后果。

7.1 地址与指针

计算机的内存以字节为单位被划分为一个一个的单元空间，每一个空间都被编上了编号，这种编号被称为地址。在日常生活中经常说，这台计算机是 32 位或 64 位的。这里的 32 位和 64 位分别指的是，有 32 根地址线和 64 根地址线。地址线就像电线，一旦通电里面的电流就有正负电之分。用 1 代表正电，0 代表负电。以 32 位为例，会产生如下可能：

```
00000000000000000000000000000000
00000000000000000000000000000001
00000000000000000000000000000010
......
01111111111111111111111111111111
10000000000000000000000000000000
......
11111111111111111111111111111111
```

总计产生 2^{32} 个二进制序列，也就是 2^{32} 个编号，这些编号就是内存单元的地址。C++使用一种变量来存放这些地址，即指针变量，指针变量中存储的是整型数据，代表了内存的编号，计算机就是通过这种地址编号的方式来管理内存数据读写的精准定位的。

在程序中通过定义变量或数组来申请存放数据的空间，定义好之后再通过变量名或数组名来引用数据。而程序经编译系统处理后，每个变量在程序的执行前都被分配在内存指定的位置上，即占据一定的内存单元。而内存所有的单元都有固定的地址，因此这些变量一旦被分配存储单元，其所占据的内存地址也是固定的。计算机在运行程序时，实际上是通过这些变量所对应的内存地址来存取数据的。例如，在程序中有这样的变量定义：

```
int i, j;
```

编译系统对每个整型变量分配 4 字节的内存单元，变量被分配了内存单元后，其所在单元的地址就是已知的。为了方便起见，实际应用中常用十六进制表示地址。假定变量 i 占据地址是 0x2000～0x2003 的四字节的存储单元，变量 j 占据地址是 0x2004～0x2007 的四字节的存储单元，变量与地址的关系如图 7-1 所示。

因为每种数据类型所占据的字节数是固定的，如字符型占 1 字节、整型占 4 字节等，只要知道变量所在的首地址，就知道了变量在内存单元中的存储位置，即可以通过 0x2000 来找到变量 i。实际上程序被编译后将变量名转换成了变量的首地址，程序运行时实际上是通过这个首地址来引用变量的值的。

例如，对于语句“i=66;”，计算机首先会找到地址 0x2000，然后将 66 保存到 0x2000～0x2003 的内存单元中。这种按变量的地址直接存储变量的方法称为“直接访问”方式，存储变量的内存空间的首地址称为变量的地址。

另外，还可以通过“间接访问”的方式引用变量 i。如图 7-2 所示，将变量 i 的地址 0x2000 存放到另一个变量 p 中，通过对变量 p 的访问来间接找到变量 i。这种专门存储地址的变量，就称为指针变量。

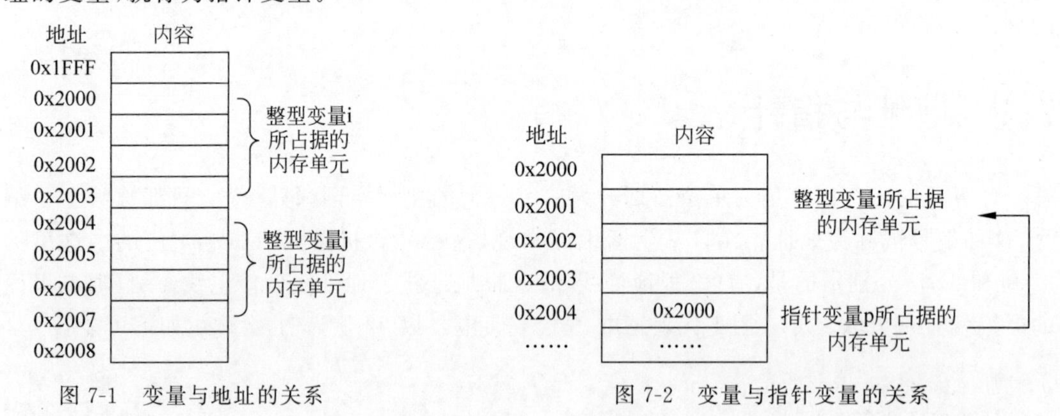

图 7-1　变量与地址的关系　　　　图 7-2　变量与指针变量的关系

如果知道了指针变量 p，那么就可以通过引用指针变量 p 的内容（如 0x2000）找到变量 i 的地址，从而通过这个地址完成对变量 i 的操作。这种关系称为指针变量 p 指向变量 i，变量 p 中的值也简称为指针，所以指针就是地址，指针变量就是存放地址的变量。

7.2　指针变量

7.2.1　指针变量的定义与使用

在 C++中，指针也是一种数据类型，指针类型的变量称为指针变量。C++语言规定所有变量在使用前必须先定义，指定其类型，并按此分配内存单元。指针变量不同于整型变量和其他类型的变量，它是专门用来存放地址的，指针变量占据 4 字节的内存空间。

指针变量定义的格式如下：

类型 * 指针变量名;

例如：

```
int   * p1;
double   * p2;
```

在这里的“ * ”没有任何计算意义，仅是一个类型说明符，表示该变量的类型为指针类型。指针变量取名为 p1 和 p2，而不是 * p1 和 * p2。

定义指针变量时还须指定其类型。指针变量的类型用来指定该指针变量可以指向的变量的类型。例如，“int * p1;”表示 p1 只能指向 int 型变量；又如，“double * p2;”表示 p2 只能指向 double 型变量。以此类推，就是整型指针变量必须放整型数据的地址，字符型指针变量必须存放字符型数据的地址等。

C++语言提供了两个专门与指针有关的运算符。

(1) &：取地址运算符，用于取得一个可寻址数据在内存的存储地址。

(2) * ：间接引用运算符，用于访问该指针所指向的内存数据。

【例 7-1】 有关指针的运算。

```
#include < iostream >
using namespace std;
int main()
{    int a = 6, b = 9;
     int   * p1, * p2;                                          //定义两个整型指针变量
     p1 = &a;                                                   //把变量 a 的地址赋给 p1
     p2 = &b;                                                   //把变量 b 的地址赋给 p2
    cout <<"a = "<< a <<'\t'<<"b = "<< b << endl;               //直接访问变量 a,b 的值
     cout <<" * p1 = "<< * p1 <<'\t'<<" * p2 = "<< * p2 << endl;  //间接访问变量 a,b 的值
     return 0;
}
```

程序的运行情况及结果如下：

```
a = 6      b = 9
 * p1 = 6       * p2 = 9
```

例 7-1 中有关指针变量及其指向关系的说明如图 7-3 所示。

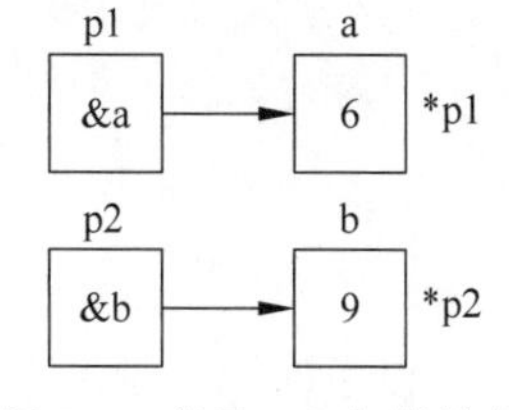

图 7-3　变量 a、b 与指针变量 p1、p2 的关系

关于指针变量定义和使用的说明如下。

(1) 定义指针变量时，如“int * p1;”，此时 * 只表示类型说明符，说明变量 p1 是一个存放地址的指针变量，而不是运算符，没有计算意义。而非定义语句中的 * 具有“指向”的运算含义，如“cout<< * p1;”，表明输出 p1 所指向的内存中的数据。

(2) 变量的指针是变量的地址，如 &a，表示变量 a 在存储空间的首地址，是一个常量。指向变量的指针变量，如“p1=&a;”，其中 p1 是一个变量，可以存放任意一个同类型变量的地址，如“p1=&b;”。

(3) 指针变量如果没有赋值，其值是不确定的，即指向一个未知的存储空间。此时，不能用它的指向操作，否则，后果难以预计。例如：

```
int   * p;                          //定义一个指针变量,其内容为随机的不确定的值
cout << * p << endl;                //输出其值所表示的内存地址中的数据
```

(4) 可以给指针变量赋空值 0(或 NULL),使指针不指向任何变量,如“int * p=NULL;”,但不能给指针变量直接赋值整数,如“int * p=0x2000;”。

(5) 指针变量只能接收相同类型的变量的地址,即一个指针变量只能指向同一个类型的变量。例如,整型指针变量只能存放整型变量的地址,字符型指针变量只能存放字符型变量的地址。

7.2.2 指针变量作为函数的参数

有了指针类型,函数的参数不仅可以是整型、实型、字符型、数组等数据类型,还可以是指针。指针变量作为函数参数,可以实现将一个变量的地址传递到另一个函数。此时,变量的地址在调用函数时作为实参,被调用函数使用指针变量作为形参接收实参传递的地址,并要求实参和形参的指针数据类型一致。下面用一个例子说明指针变量作为函数参数的作用。

【例 7-2】 指针变量作为函数参数实现两个数的交换。

```
#include < iostream >
using namespace std;
void change(int * p1, int * p2)              //交换 * p1 和 * p2 的值
{
      int t;
      t = * p1;
      * p1 = * p2;
      * p2 = t;
}
int main()
{
      int a, b;
      cout <<"请输入两个数: ";
      cin >> a >> b;
      if(a < b)
        change(&a, &b);                      //调用函数交换数据
      cout <<"按降序顺序输出: ";
      cout <<"a = "<< a <<'\t'<<"b = "<< b << endl;
      return 0;
}
```

程序的运行情况及结果如下:

```
请输入两个数:10   100↙
按降序输出:a = 100   b = 10
```

程序分析:

程序运行时,main()函数中输入 a 和 b 的值,见图 7-4(a)。由于 a<b,调用 change()函数,将变量 a 的地址作为实参传递给指针变量 p1,变量 b 的地址作为实参传递给指针变量 p2,见图 7-4(b)。执行 change()函数,交换 * p1 和 * p2 的值,见图 7-4(c)。调用结束,main()

函数中的 a 和 b 的值实现交换，见图 7-4(d)。

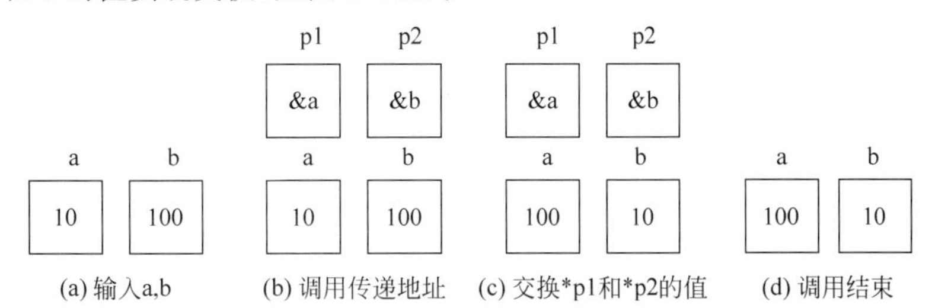

图 7-4　利用指针变量作为函数参数交换数据

例 7-2 说明指针变量作为函数形参，实现了实参和形参之间的"传址"调用效果，从而实现了交换数据的功能。在前面第 4 章的例 4-4，我们知道普通变量作为形参，只能实现单向"传值"调用，所以当时没法实现交换数据的功能。当调用函数和被调用函数需要实现更多的关联的时候，指针类型作为函数形参变得不可缺少。这一点读者在后面的指针与数组、指针与函数、指针与对象的学习当中，将有更多的理解和体会。

7.3　指针与数组

7.3.1　指针与一维数组

数组表示在内存中顺序存放的相同类型的若干数据，数组名就代表该数组在内存中存储的起始地址，与变量的地址一样，是一个常数。前面讨论数组时，采用下标法对数组的元素进行访问，即是以数组的下标确定数组的元素。经过前面对指针的学习，我们也可以利用一个指向数组的指针来完成对数组元素的存取操作及其他运算。即定义一个指针变量，存放数组的起始地址，进而通过这个指针变量来引用数组元素。例如：

```
int a[5];                  //定义一个具有 5 个元素的整型数组 a
int p;                     //定义存放整型数据地址的指针变量 p
p = &a[0];                 //将数组首个元素的地址赋值给指针变量
```

如图 7-5 所示，编译系统为数组 a 分配了 5 个整型数据所需要的连续的存储空间，可以存放 5 个数组元素 a[0]～a[4]，数组名 a 代表连续存储空间的首地址，即 &a[0]。由于在程序运行过程中，给数组 a 分配的存储空间不会改变，因此 a 即为存放数组起始地址的指针常量，所以 a 与 &a[0]等效，a+i 与 &a[i]等效，前面的 p=&a[0]也等效于 p=a，此时指针 p 指向数组 a。

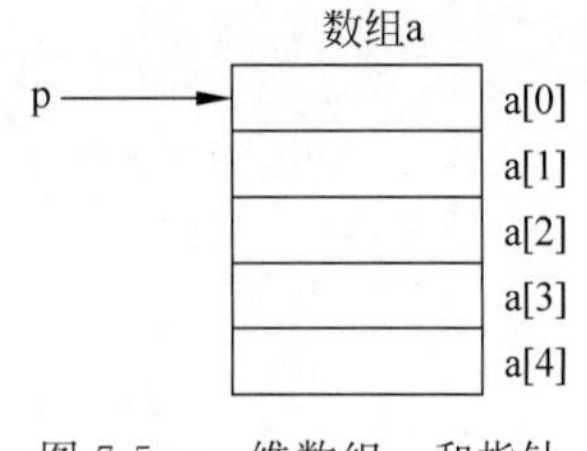

图 7-5　一维数组 a 和指针变量 p 的关系

关于一维数组和指针的关系说明如下。

(1) 在上述程序段中，指针 p 和数组 a 都表示数组的首地址，但是指针 p 和数组 a 又有本质的不同。其中，a 是数组在内存中存储的首地址，而 p 是指针变量，它使用数组 a 的首地址进行赋值。a 是常量，而 p 还可以进行另外的赋值，即指向别的存储空间。

(2) 指针可以与正整数进行加减运算来实现指针的移动。若 p 初始化为数组 a 的首地址，即“p=&a[0];”，则 p+1 表示的是元素 a[1]的地址 & a[1]，p+2 表示的是元素 a[2]的地址 &a[2]。同样，数组名 a 表示数组 a 的首地址，那么 a+1 表示元素 a[1]的地址 &a[1]，a+2 表示元素 a[2]的地址 &a[2]。

(3) 数组的某个元素可以有多种表达方式。如例 7-3 所示，a[i]可以有多种表示形式，如 a[i]、*(a+i)、p[i]和 *(p+i)，这样 *(p+1)和 *(a+1)指向的数据内容都是 a[1]。

(4) 对于指向同一数组的两个指针变量，可以比较它们的大小，且实际比较的是它们指向的数据地址的大小，具体要根据实际情况决定，例如：

```
int a[10], *p, *q;
p = a;
q = a + 9;
```

根据上述程序段，有 q>p，且 q-p 等于 9，表示指针 q 和 p 间隔的元素个数。指针变量只能相减，不能相加。

(5) 指针运算符 * 与 ++，-- 属于同一优先级，且结合方向也为从右至左。

【例 7-3】 访问数组元素的不同形式。

```
#include <iostream>
using namespace std;
int main()
{
    int a[10] = {1,2,3,4,5,6,7,8,9,10}, *p,i;
    for(i = 0;i < 10;i++)              //第 1 种形式
        cout << a[i]<<'\t';
    cout << endl;
    p = a;
    for(i = 0;i < 10;i++)              //第 2 种形式
        cout << p[i]<<'\t';
    cout << endl;
    for(i = 0;i < 10;i++)              //第 3 种形式
        cout << *(a + i)<<'\t';
    cout << endl;
    for(i = 0;i < 10;i++)              //第 4 种形式
        cout << *(p + i)<<'\t';
    cout << endl;
    for(i = 0;i < 10;p++,i++)          //第 5 种形式
        cout << *p <<'\t';
    cout << endl;
    return 0;
}
```

程序的运行情况及结果如下：

```
1 2 3 4 5 6 7 8 9 10
1 2 3 4 5 6 7 8 9 10
1 2 3 4 5 6 7 8 9 10
1 2 3 4 5 6 7 8 9 10
1 2 3 4 5 6 7 8 9 10
```

程序分析：

对数组元素的访问可用下标表述形式，也可以用指针表述形式。第 1 种形式是前面习惯的数组名[下标]访问数组元素，第 2 种形式是通过指针[下标]访问数组元素，通常下标方式适于随机访问数组。第 3 种、第 4 种和第 5 种形式都使用了指针表述方式访问数组元素，第 3 种和第 4 种通过地址相对偏移来定位数组元素。在 C++语言中，用指针自增、自减的操作可实现对数组的快速顺序访问，提高程序的运行效率，第 5 种形式由于 p 是指针变量，可以进行自增操作，如 p++，或者自减操作，如 p--。

有了指针，对数组的操作表达方式虽然多样灵活，但是在实际应用中，第 1 种和第 5 种是比较常见的使用方式。

数组名代表数组的首地址，如果用数组名作实参，调用函数时就是把数组的首地址传递给形参，而不是把数组的值传递给形参，对形参而言，能接收并存放数组地址值的只能是指针变量。对第 6 章数组中所有将数组名作为形参的函数来说，实际上 C++编译系统都是把形参数组名作为指针变量来处理的。下面我们用例子说明如何直接通过指针在函数间实现对数组的操作。

【例 7-4】 通过指针将数组中的数据反向排列。

算法分析：将数组中的数据反向排列，实际上是将数组的第一个数据和最后一个数据互换，第二个数据和倒数第二个数据互换，以此类推，直到所有数据都交换一遍为止。本程序中，main()函数完成数据的输入、算法调用和输出，而在被调函数中实现数组数据的反向排列。

```
#include <iostream>
using namespace std;
void inverse(int *p, int n)                  //A
{   int *q = p + n - 1;                       //指针变量 q 指向数组最后一个元素
    int t;
    while(p < q)
    {  t = *p; *p = *q; *q = var_t;          //交换 *p 和 *q
       p++; q--;                              //移动指针变量
    }
}
int main()
{   int a[10] = {1,2,3,4,5,6,7,8,9,10};
    inverse(a,10);                            //B
    for(int i = 0;i < 10;i++)
        cout << a[i]<<'\t';
    cout << endl;
    return 0;
}
```

程序的运行情况及结果如下：

```
10  9  8  7  6  5  4  3  2  1
```

程序分析：

(1) 在 A 行中，inverse()函数的形参为指针类型，用指针变量 p 接收数组首地址。在 B

行中，调用 inverse()函数时，用一维数组名 a 作实参，传递的是数组的首地址，p 指向数组 a 的首地址。另外，在 inverse()函数中又定义了另一个指针变量 q，初始化为指向数组的最后一个元素，各指针变量指向如图 7-6 所示。

(2) while 循环中需要完成 * p 和 * q 的交换及指针 p 和 q 的移动。首先借助变量 t 完成 * p 和 * q 的交换，然后让 p 指针向后移动一个位置(p++)，同时让 q 指针向前移动一个位置(q--)，重复上述过程直到 p≥q 为止。通过一系列指针操作完成数组的反序排列，如图 7-7 所示。

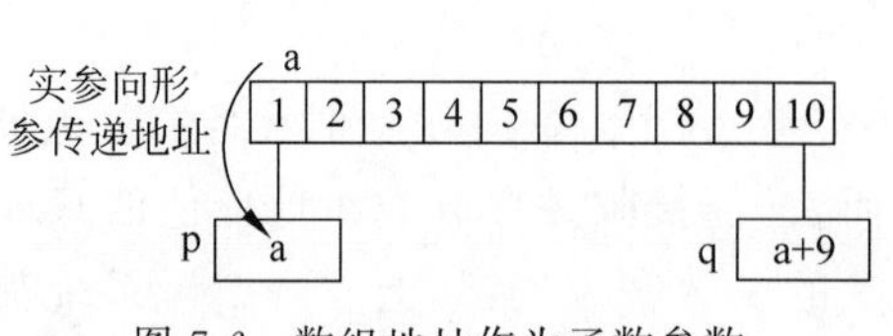

图 7-6　数组地址作为函数参数

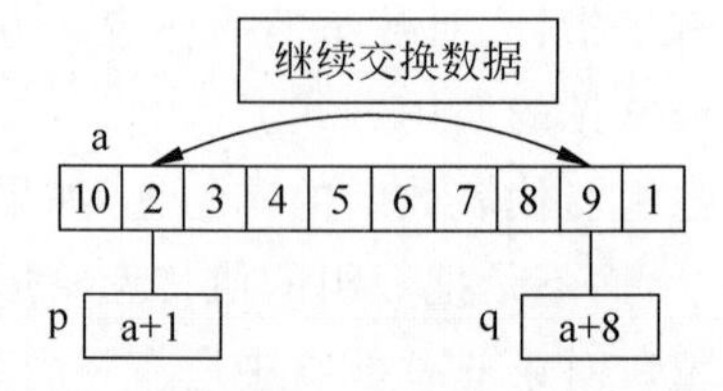

图 7-7　利用指针交换数组中的数据

(3) 可以将 A 行改写如下：

```
void inverse(int p[10], int n)
```

此时，实参数组 a[10]和形参数组 int p[10]共用一段内存单元，虽然这里 int p[10]是数组的书写形式，但是 C++编译系统实际上还是为 p 分配了一个指针单元用于接收实参数组的首地址。所以，在函数 inverse()中，对形参数组的处理实际就是对调用函数的实参数组的处理。另外，从程序运行的角度考虑，因为 C++只传递数组的首地址，而对数组边界不加检查，所以形参数组的元素个数在定义时可以不指定或任意指定，因此，也可以将 A 行改写如下：

```
void inverse(int p[ ], int n)
```

7.3.2　字符指针与字符串

C++语言把字符串存放在字符数组中，通过数组名可以访问字符串或字符串中的某个字符。存放字符串的字符数组是一种特殊的数组，以'\0'作为结束标识。在 C++中，有两类字符串，一类是字符数组，另一类是字符串常量。

```
char s[ ] = "study";                    //A
cout <<"hard"<< endl;                   //B
```

A 行语句定义了一个字符数组并赋初值为"study"，该数组占用 6 字节的存储单元，首地址为 s，且数组元素均为字符变量，可以被重新赋值，如“s[2]='a';”。

B 行语句中的"hard"是一个字符串常量，占用 5 字节的存储单元，首地址在程序中用"hard"表示，且这 5 个存储单元的内容均为常量，不可被重新赋值。

实际上，使用字符型指针(简称字符指针)可以更加灵活和方便地使用字符串。字符指针变量存放字符型数据的地址，可以用字符数组或字符串常量为字符指针变量赋值。

```
char *p, *q;
char s[ ] = "hello";
p = s;                          //p 指向字符数组首地址
q = "work";                     //q 指向字符串常量首地址,用"work"表示
```

上述语句赋值情况如图 7-8 所示。

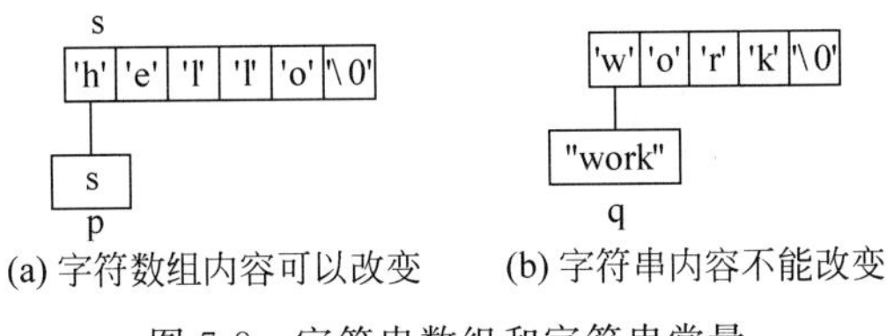

(a) 字符数组内容可以改变　(b) 字符串内容不能改变

图 7-8　字符串数组和字符串常量

也可以用字符指针变量直接引用字符串常量：

```
char *q = "work";
```

有关字符指针的使用说明如下。

（1）输出字符指针就是输出字符串，即输出从字符指针指向的字符开始，直至'\0'结束。例如在上述程序段有效的情况下，执行“cout<<p<<endl;”，输出“hello”，执行“cout<<p+2<<endl;”，输出“llo”。

（2）输出字符指针的间接引用就是输出单个字符。例如，执行“cout<<*p<<endl;”，输出“h”，执行“cout<<*(p+2)<<endl;”，输出“l”。

（3）字符指针变量是变量，字符数组名是常量。

（4）字符指针如果指向的是字符串常量，则只能引用字符串，而不能对字符串进行修改。如果要在程序中修改字符串内容，需要把字符串存放到字符数组中。例如：

```
char str1[20], *p;
str1 = "hello";                 //错误,不能为地址常量赋值
p = "hello";                    //正确,为指针变量赋字符串地址
cin.getline(str1, 20);          //正确,向已定义的存储空间输入字符
cin.getline(p,6);               //错误,字符串常量"hello"的空间不能被重新赋值
```

【例 7-5】 用指针完成将字符数组 a 中的字符串复制到字符数组 b 中。

```
#include <iostream>
using namespace std;
int main()
{
    char str1[100] = "Hello,world!", str2[100];
    char *p = str1, *q = str2;
    while( *p!= '\0')
        *q++ = *p++;                    //A
    *q = '\0';                          //B
    cout << str2 << endl;
    return 0;
}
```

程序的运行情况及结果如下：

```
Hello, world!
```

程序分析：

(1) A 行语句执行过程如图 7-9 所示。若 * p! = '\0'时，先执行 * q = * p，然后再执行 p++、q++。

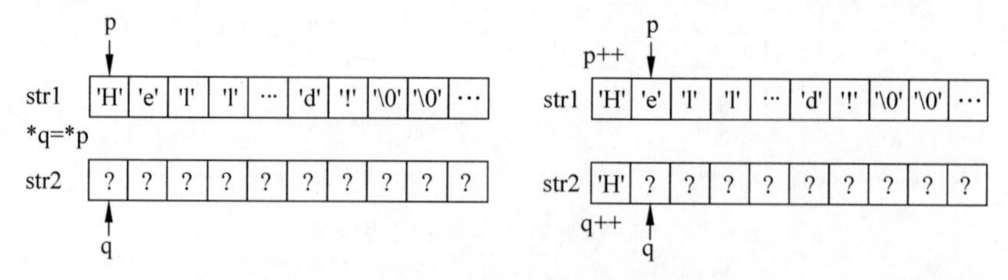

图 7-9　A 行语句执行过程

(2) 当 p 指向数组 str1 的最后一个字符'!'时，同样进行赋值，之后 p 指向'\0'，不满足循环条件，退出循环，然后执行 B 行语句，在数组 str2 中放置字符串结束标识，使得最后 str2 数组中对字符串的输出可以正确结束。B 行语句结束后数组的情况如图 7-10 所示。

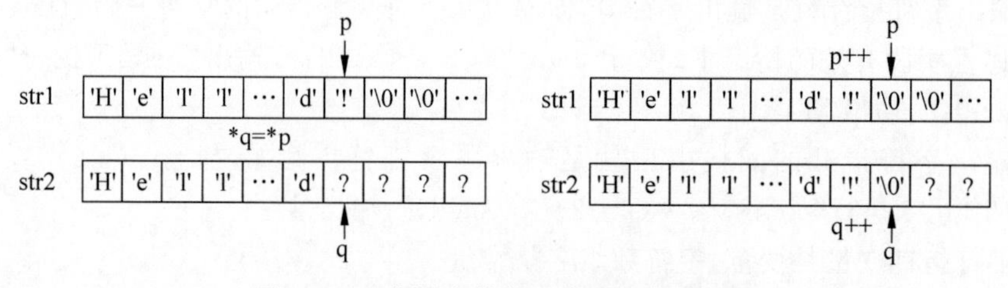

图 7-10　B 行语句执行后数组的存储情况

【例 7-6】　编写函数，用指针实现删除字符串中指定的字符。

```
#include <iostream>
#include <string>
using namespace std;
void delete(char * p, char c)                  //B
{
   while( * p)
    {  if( * p == c)
        {
          strcpy(p, p + 1);                    //A
         continue;
        }
        p++;
    }
}
int main()
{
    char str1[100] = "student", c = 't';
    delete(str1,c);                            //删除字符串"student"中的字符't'
    cout << str1 << endl;
    return 0;
}
```

程序的运行情况及结果如下：

```
suden
```

程序分析：

（1）在A行中，若当前字符 * p 与被删除字符't'一致，调用 strcpy()函数将 p+1 位置开始的字符串复制到当前 p 位置，完成字符't'的删除，如图 7-11 所示。

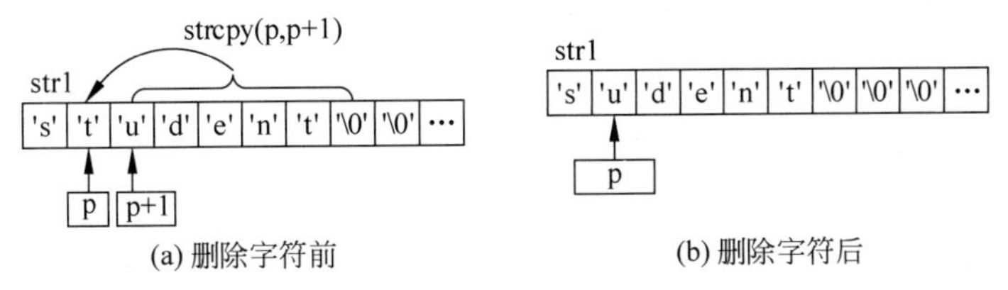

图 7-11　利用字符串处理函数删除指定字符

（2）可以将B行改写如下：

```
void delete(char str[], char c)
```

虽然此时形参 char str [ ]是数组的书写形式，但是函数调用时，C++编译系统实际上还是把 str 当作一个指针变量，用于接收实参数组的首地址。处理数组的函数，形参定义无论是指针形式还是数组形式，最后实参和形参都指向同一段内存单元。所以，在 delete()函数中，对形参数组的操作实际就是对实参数组的操作。

7.4　指针与函数

7.4.1　指向函数的指针

在 C++语言中，如果在程序中定义了一个函数，那么在编译时系统就会为这个函数代码分配一段存储空间，这段存储空间的首地址称为这个函数的地址，函数名就是该函数所占存储空间的首地址。因此，可以将这个函数的首地址使用一个指针变量来存放，通过这个指针变量间接引用该函数。把这种指向函数的指针变量称为“函数指针变量”。

函数指针变量定义的一般形式为：

类型说明符(* 函数指针名) (函数参数列表);

例如：

```
int ( * p)(int, int);
```

该语句定义了一个指向函数的指针变量 p。普通指针变量用 * p 定义，而函数指针变量用(* p)。前面的 int 和括号中的两个 int 表示这个指针变量指向两个形参都为 int 且函数类型为 int 的函数。

如果有以下函数定义：

```
int add(int a, int b)
{   return a + b;   }
```

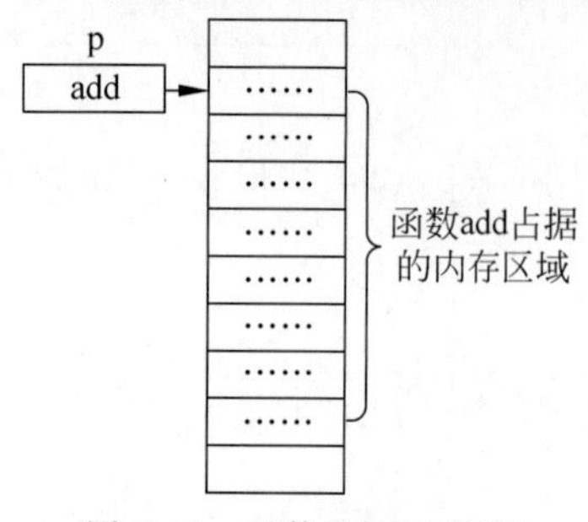

图 7-12　函数指针示意图

add()函数满足函数指针 p 的要求，因此可以用赋值语句“p=add;”将 add 函数的入口地址放入指针变量 p 中，使 p 指向该函数的首地址。其执行情况如图 7-12 所示。

定义了函数指针，除了可以通过熟悉的函数名（如 add）调用函数之外，还可以通过函数指针变量（如 p）调用函数。其中 p 为指针变量，可以指向别的满足条件的函数，而 add 是地址常量，一旦定义就有固定的内存地址。

【例 7-7】 通过函数指针调用函数。

```
#include <iostream>
using namespace std;
int add(int a, int b)
{    return a + b;   }
int main()
{
    int x = 2, y = 3, t;
    int (*p)(int, int);                    //定义函数指针
    p = add;                               //将 add 函数入口地址赋给函数指针
    t = p(x, y);                           //A
    cout << t << endl;
    return 0;
}
```

程序的运行情况及结果如下：

```
5
```

关于函数指针的使用几点说明如下。

(1) A 行是函数指针调用函数的格式，等价于“t=add(x, y);”。

(2) 函数指针不能进行算术计算，如 p++ 或 p+n 等都是无意义的。

(3) 函数指针经常用作函数参数，通过函数地址的传递，来实现一些通用算法，如例 7-8 所示。

【例 7-8】 利用函数指针定义函数参数，用二分法求以下方程的根。

(1) $f_1(x)=x^3+x^2-3x+1$，初值为 $x_1=-2, x_2=2$。

(2) $f_2(x)=x^2-2x-8$，初值为 $x_1=-3, x_2=3$。

(3) $f_3(x)=x^3+2x^2+2x+1$，初值为 $x_1=-2, x_2=3$。

算法分析：

二分法是求解方程的常用算法，具体算法步骤如下。

(1) 在 x 轴上取两点 x_1 和 x_2，要确保 x_1 与 x_2 之间有且只有方程唯一的解。判别方法是满足条件 $f(x_1)\times f(x_2)<0$。

(2) 求出 x_1 至 x_2 的中心点 x_0。

(3) 若$|f(x_0)|$满足给定的精度，则 x_0 即是方程的解，否则，若 $f(x_0)\times f(x_1)<0$，则方程的解应在 x_1 与 x_0 之间，此时，令 $x_2=x_0$，继续步骤(2)。同理，若 $f(x_0)\times f(x_1)>0$，则方程的解应在 x_2 与 x_0 之间，此时，令 $x_1=x_0$，继续步骤(2)，直至满足精度为止。

```
#include<iostream>
#include<cmath>
using namespace std;
float f1(float x)                                          //f1(x)
{   return x*x*x+x*x-3*x+1;}
float f2(float x)                                          //f2(x)
{   return x*x-2*x-8;}
float f3(float x)                                          //f3(x)
{   return x*x*x+2*x*x+2*x+1;}
float divide(float (*p)(float), float x1, float x2)  //二分法计算方程的解
{   float x0;
    do
    {   x0=(x1+x2)/2;
        if(p(x1)*p(x0)>0)
            x1=x0;
        else
            x2=x0;
    }while(fabs(p(x0))>1e-6);
    return x0;
}
int main()
{
    cout<<"f1 方程的解为: "<<divide(f1, -2, 2)<<endl;
    cout<<"f2 方程的解为: "<<divide(f2, -3, 3)<<endl;
    cout<<"f3 方程的解为: "<<divide(f3, -2, 3)<<endl;
    return 0;
}
```

程序的运行情况及结果如下：

```
f1 方程的解为:1
f2 方程的解为:-2
f3 方程的解为:-1
```

7.4.2 指针型函数

函数的类型是指函数返回值的类型。函数的返回值可以是整型值、字符值、实型值等，C++语言也允许函数的返回值是一个指针(地址)，这种返回指针值的函数称为指针型函数。指针型函数的本质是函数，但是这种函数的返回值必须为指针类型的数据，即内存中的一个地址，简单来说就是需要在函数体中返回一个指针变量。

指针型函数定义的语句格式如下：

```
类型说明符 * 函数名(参数表)
{
  函数体
}
```

其中，函数名前加了 * 表明这是一个指针型函数，即返回值是一个指针。类型说明符表示了返回的指针值所指向数据的类型。

在函数体内返回指针变量时，该指针变量不能够指向函数体内部的局部变量，因为函数体内的局部变量是存放在栈(Stack)当中的，函数在执行结束后，其内存会被编译器自动释放，该指针变量指向的内容将会变得不确定。

【例 7-9】 利用指针型函数求两个变量的较大值。

```
#include <iostream>
using namespace std;
int *max(int *p, int *q)
{
     if(*p>*q)  return  p;
    else  return  q;
}
int main()
{
   int a, b, *r;
    cout <<"请输入两个数: ";
    cin >> a >> b;
    r = max(&a,&b);
    cout << a <<"和"<< b <<"中较大的数为: "<< *r << endl;
    return 0;
}
```

程序的运行情况及结果如下：

```
请输入两个数:4  8↙
4 和 8 中较大的数为:8
```

程序的执行情况如图 7-13 所示。

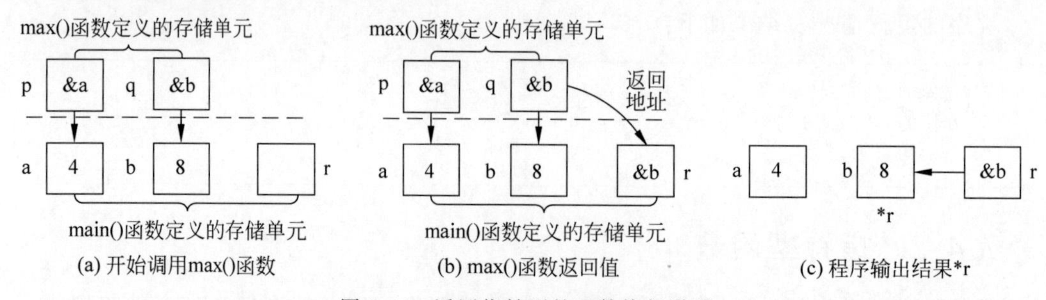

图 7-13　返回指针型的函数执行说明

注意： 指针型函数与一般函数类似，只是返回的函数值不是数值数据，而是一个存储单元的地址。指针型函数可以返回存储在静态存储区的变量地址，如全局变量或静态局部变量的地址，也可以返回在主调函数中定义的变量的地址。

指针型函数和函数指针的区别。

(1) 定义不同。指针型函数的本质是一个函数，其返回值为指针。而函数指针本质是一个指针，其指向一个函数。

（2）写法不同。

```
int * fun(int x, int y);                    //指针型函数
int ( * fun)(int x, int y);                 //函数指针
```

由于 * 的优先级小于()，因此可以这样理解，指针型函数的 * 是属于数据类型的，函数指针变量的 * 是属于函数名的。一般来说，函数名带括号的就是函数指针，否则就是指针型函数。

7.5　指针与结构体

结构体变量的指针就是结构体变量的地址，也就是该结构体变量所占用内存单元的首地址。结构体指针的定义形式：

结构体类型名 * 结构体指针名；

例如：

```
struct student                             //结构体类型定义
{ int id;
  char name[20];
  char sex;
};
student stu1 = {1011,"Lihong",'F'};        //结构体变量的定义
student * p = &stu1;                       //结构体指针的定义及初始化
```

结构体变量 stu1 一共占据 25 字节连续空间，指针 p 指向 stu1 的首地址，如图 7-14 所示。用结构体指针引用结构体变量的成员有两种形式。

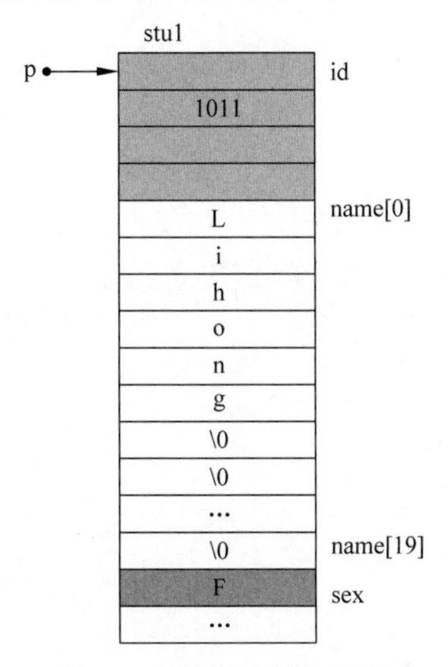

图 7-14　指向结构体的指针

（1）（ * 指针名）. 成员名。

例如（ * p）. id 引用结构体变量 stu1 的成员 id，结果是 1011。

(2) 指针名->成员名。

例如 p-> sex 引用变量 stu1 的成员 sex,结果是'F'。

以上两种方式是完全等价的,而第(2)种相比第(1)种比较常见,符合指针使用常见方式。

7.6 指针与对象

7.6.1 对象指针的定义

和基本类型的变量一样,每个对象在初始化之后都会在内存中占用一定的空间。因此,既可以通过对象名,也可以通过对象指针来访问对象的成员。虽然对象同时包含了数据和函数成员,但是对象所占据的内存空间只是用于存放数据成员,函数成员不在每个对象中存储副本。如果对同一个类定义了 n 个对象,则有 n 个同样大小的空间用来存放 n 个对象各自的数据成员。

在建立对象的时候,编译系统会给每一个对象分配一定的存储空间,以存放其数据成员。对象分配空间的起始地址就是对象的指针。也可以定义一个指针变量,用来存放对象的指针。对象指针定义的语法格式:

类名 * 对象指针名;

例如:

```
Point pt1;                    //声明 Point 类的对象 pt1
Point *p;                     //声明 Point 类的对象指针变量 p
p = &pt1;                     //将对象 pt 的地址赋给 p,使得 p 指向 pt1
```

跟结构体指针一样,使用对象指针访问对象的成员也有两种形式。

(1) (*对象指针名).成员。

(2) 对象指针名->成员。

【例 7-10】 对象指针的定义及使用。

```
#include <iostream>
using namespace std;
class Student
{
public:
    int num;                                    //学号
    int score;                                  //成绩
    Student(int,int);                           //声明构造函数
    void Print();                               //声明输出信息函数
};
Student::Student(int n,int s)
{
    num = n;
    score = s;
}
```

```
void Student::Print()
{
    cout << num <<"\t"<< score << endl;
}
int main()
{
    Student stu1(1001,90);                      //实例化一个对象
    Student * p = &stu1;                        //定义一个对象指针并初始化
    cout <<" * p.num:"<<( * p).num << endl;     //第(1)种形式对象指针访问数据成员
    cout <<"p -> score:"<< p -> score << endl;  //第(2)种形式对象指针访问数据成员
    ( * p).Print();                             //第(1)种形式对象指针调用成员函数
    p -> Print();                               //第(2)种形式对象指针调用成员函数
    return 0;
}
```

程序的运行情况及结果如下：

```
 * p.num: 1001
p -> score: 90
1001  90
1001  90
```

虽然两种形式效果是等价的，实际使用中第(2)种形式比较常见。

7.6.2 this 指针

每个对象中的数据成员分别占用存储空间，而所有对象的成员函数共用一段内存空间。那么，当不同对象的成员函数引用数据成员时，怎么保证引用的是对应对象的数据成员呢？实际上，在每一个成员函数中，都包含一个特殊的指针，这个指针的名字是固定的，称为 this 指针。它是指向本对象的指针，它的值是当前被调用的成员函数所在的对象的起始地址。

例如，例 7-12 的 Student 成员函数 Print 有这样的代码：

```
cout << num <<"\t"<< score << endl;
```

系统实际上执行的是：

```
cout << this -> num <<"\t"<< this -> score << endl;
```

this 指针是隐式使用的，它是作为参数被传递给成员函数。当程序中的 Print 函数如下：

```
void Student::Print()
{
cout << num <<"\t"<< score << endl;
}
```

C++编译系统会自动处理成：

```
void Student::Print(Student  * this)
{
cout << this -> num <<"\t"<< this -> score << endl;
}
```

即在成员函数的形参表列中增加一个 this 指针。在调用成员函数 stu1.Print()时，系统实际上是用以下方式调用的：

```
stu1.Print(&stu1);
```

this 指针隐含在类定义中的所有成员前，由系统自动维护，程序设计者一般不必考虑人为添加，即不需要在代码中显式调用 this 指针。

7.7 动态存储分配

存储分配就是为程序中用到的数据分配内存空间，比如说定义变量和数组，都是先定义后使用。由于在定义变量时，事先已经指定了变量的类型，因此编译器可以根据变量的类型来确定其所占存储空间的大小，这种定义方式称为静态分配内存。

静态分配存储空间的特点是用户在编程时只需定义变量或数组即可，等到变量或数组的生存期结束，编译器自动释放其分配的空间，不需要用户自己释放存储空间；其缺点是静态分配的存储空间的大小必须是常量，即定义后不能在程序执行时进行更改分配存储空间的大小。

例如，定义一个数组，要求数组的元素个数必须是常数，这就带来了一些问题。假如编程计算公司每个部门员工的平均工资，需要把每个人的工资放在数组里。由于每个部门的员工数量不同，所以一般就要根据人数最多的部门来定义数组的长度，这样，就造成了内存的浪费。

针对上述情况，由于数组元素的个数只有在程序运行时才能确定，因此在编译时编译器无法为它们预分配存储空间。只能在程序运行过程中根据运行时的要求分配内存空间，这种方法称为动态存储分配。C++语言将运算符 new 和 delete 结合在一起实现动态存储分配。

在 C++中，用 new 运算符来动态分配存储空间，其使用的语句格式如下：

指针变量名 = new 类型名(初始化值);

系统分配与类型名一致的一个变量空间，并用初值为这个空间赋值，同时将该空间的首地址返回。例如：

```
int *p;
p = new int(8);
```

系统在内存中分配了一个整型变量的空间，同时初始化为 8，并将其首地址赋给指针变量 p。

关于动态存储分配使用说明如下。

(1) new 运算符分配完空间之后，返回这个空间的首地址。这个地址必须用一个指针保存下来才不会丢失，且只能用该指针引用这个空间的值，如“*p = 6;”表示重新为此空间赋值。

(2) 可以使用语句“p=new int;”分配一个整型变量空间，此时该空间未被初始化。

(3) 如果要分配连续的空间(数组)，使用的格式如下：

```
指针变量名 = new 类型名[元素个数];
```

例如：

```
int * p;
p = new int[n];
```

其中 n 是想要分配的变量空间的个数，p 是 n 个变量空间的首地址。注意分配连续空间的时候不能初始化。

(4) 因为内存的资源是有限的，所以动态分配存储空间，尤其是较大的数组空间时有可能失败，这时 new 返回一个空指针(NULL)，表示发生了异常，资源不足，分配失败。因此，在程序中，常常在分配空间之后判断这个返回值，来防止程序出现异常。

(5) 用 new 运算符分配的存储空间，系统不能自动释放。如果不再使用该空间，要显式释放它所占用的存储空间，否则，该空间会一直保留。释放存储空间的运算符是 delete，其使用的语句格式为：

```
delete 指针名;
delete  []指针名;
```

根据指针变量定义所指向的不同，前者释放的是单个空间，后者释放的是连续的空间。

【例 7-11】 根据员工人数动态分配连续的存储空间用于存放工资，在此基础上计算员工的平均薪资。

```
#include <iostream>
using namespace std;
int main()
 {
    int * p, num;
    double salary = 0;
    cout <<"请输入员工的人数: ";
    cin >> num;
    p = new int[num];           //根据 num 的数目动态分配连续存储空间,空间的首地址为 p
    if(p == NULL)               //判断分配是否成功
    {
        cout <<"动态存储分配失败,程序终止运行";
        exit(1);                //程序中止运行,返回操作系统
    }
    for(int i = 0;i < num;i++)
    {
        cout <<"请输入第"<< i + 1 <<"个员工的薪资: ";
        cin >> p[i];            //向已分配的空间输入数据
        salary = salary + p[i];
    }
    cout <<"员工的平均薪资是:  "<< salary/num << endl;
    delete []p;                 //释放动态分配的连续存储空间
    return 0;
}
```

程序的运行情况及结果如下：

```
请输入员工的人数: 3↙
请输入第 1 个员工的薪资:1200↙
请输入第 2 个员工的薪资:1500↙
请输入第 3 个员工的薪资:3000↙
员工的平均薪资是:1900
```

7.8 引用

7.8.1 变量的引用

可以对一个数据建立一个引用，这是 C++对 C 的一个重要补充。引用是 C++中的一个专门名词，对应英文单词 reference，具有特定的含义。为了表现它的特殊性，跟前面用到所有的标识符命名方法不同，本书在声明一个引用时都用前缀 ref_。

变量的引用就是一个变量的别名，它和所引用的变量代表的是同一个变量，编译器不会为引用变量开辟内存空间。假设有一个变量 a，想给它起一个别名 ref_a，可以这样写：

```
int a = 10;                                //定义 a 是整型变量
int &ref_a = a;                            //声明 ref_a 是变量 a 的引用
```

以上声明了 ref_a 是 a 的引用，即 ref_a 是 a 的别名。经过这样的声明后，使用 a 或 ref_a 的作用相同，都代表同一个变量。声明变量 ref_a 为引用，并不需要另外开辟内存单元来存放 ref_a 的值，ref_a 和 a 在内存中占据同一个存储单元，它们具有同一地址。我们可以理解为：通过 ref_a 可以引用 a，变量 ref_a 具有变量 a 的地址。

在上述声明中，& 是引用声明符，并不代表地址。不要理解为“把 a 的值赋给 ref_a 的地址”。在数据类型名后面出现的 & 是引用声明符，在其他场合出现的都是取地址符，如：

```
int &ref_a = a;                            //此处的 & 是引用声明符
int * p = &a;                              //此处的 & 是取地址符
```

引用使用的一些说明如下。

(1) 引用不是一种独立的数据类型。必须先定义一个变量，然后对该变量建立一个引用(别名)。这跟指针类似，但指针跟引用的不同之处就是，指针会分配内存空间用于存储变量的地址。

(2) 声明一个引用时，必须同时使之初始化，即声明它代表哪一个变量。当引用作为函数形参时不必在声明中初始化，它的初始化是在函数调用时的虚实结合中实现的，即作为形参的引用是实参的别名。

(3) 在声明一个引用之后，不能再使之作为另一变量的引用。比如声明了 ref_a 是变量 a 的引用后，在其有效作用范围内，ref_a 始终与其代表的变量 a 相联系，不能再作为其他变量的引用(别名)。下面的用法不对：

```
int a, b;
int &ref_a = a;                            //声明 ref_a 是 a 的引用(别名)
int &ref_a = b;                            //试图使 ref_a 又变成 b 的引用(别名)，不合法
```

(4) 不能建立引用数组。如：

```
int a[5];
int &ref_b[5] = a;                    //错误,不能建立引用数组
int &ref_b = a[0];                    //错误,不能作为数组元素的别名
```

(5) 不能建立引用的引用。如：

```
int a = 3;
int &ref_b = a;                       //声明 ref_b 是 a 的别名,正确
int &ref_c = ref_b;                   //试图建立引用的引用,错误
```

(6) 可以取引用的地址。

```
int *p;
p = &var_a;                           //把引用变量 var_a 的地址赋给指针变量 p
```

(7) 区分引用声明符 & 和取地址运算符 &。出现在声明中的 & 是引用声明符，其他情况下的 & 是取地址运算符。

```
int &ref_a= a;                        //声明 ref_a 是 a 的引用
int *p=&a;                            //此处 & 是取地址运算符,不是引用
cout << &ref_a << endl;               //输出 ref_a 的地址,此处 &ref_a 不是引用
```

7.8.2 对象的引用

在程序中经常需要访问对象中的成员，其中一类方法就是通过对对象的引用来访问对象中的成员。如果为一个对象定义一个引用，实际上它们是同一个对象，只是用不同的名字表示而已。因此，完全可以通过引用来访问对象中的成员，其概念和方法与通过对象名来引用对象中的成员是相同的。

如果已经声明了 Time 类，并有以下定义语句：

```
Time t1;                              //定义 Time 类对象 t1
Time &ref_t1= t1;                     //定义 Time 类引用 ref_t1,并使之初始化为 t1
cout << ref_t1.hour;                  //输出 ref_t1 的成员 hour
```

则由于 ref_t1 与 t1 共占一段存储单元(即 ref_t1 是 t1 的别名)，因此，ref_t1. hour 就是 t1. hour。

【例 7-12】 通过对象的引用来访问对象中的成员。

```
#include <iostream>
using namespace std;
class Time
{
public:
    int hour;
    int minute;
    int sec;
};
int main()
```

```
{
    Time  t1;
    cin >> t1.hour;
    cin >> t1.minute;
    cin >> t1.sec;
    Time &ref_t1 = t1;
    cout << ref_t1.hour << endl;
}
```

程序的运行情况及结果如下：

```
12  32  43↙
12
```

这是一个很简单的例子。Time 类中只有数据成员，而且它们被定义为公用的，因此，可以在类的外面对这些成员进行操作，t1 被定义为 Time 类的对象。在 main()函数中向 t1 对象的数据成员输入用户指定的时、分、秒的值，由于 ref_t1 与 t1 共占一段存储单元(即 ref_t1 是 t1 的别名)，因此，ref_t1.hour 就是 t1.hour，最后输出 12。

7.8.3 引用作为函数的参数

有了变量，为什么还需要一个别名呢？C++之所以增加引用机制，主要是把它作为函数参数，以扩充函数传递数据的功能。下面将通过一个完成两个数据交换的函数举例，用三种不同类型的函数参数进行定义，观察其达到的效果，然后对引用的作用进行解释说明。

(1) 将变量名作为实参和形参。这时传给形参的是变量的值，传递是单向的。如果在执行函数期间形参的值发生变化，并不传回实参。因为在调用函数时，形参和实参不是同一个存储单元。

【例 7-13】 将变量 i 和 j 的值互换。该程序无法实现互换。

```
#include < iostream >
using namespace std;
int main()
{
    void swap(int, int);                        //函数声明
    int i = 3, j = 5;
    swap(i,j);                                  //调用函数 swap(),实参是变量 i 和 j 的值
    cout <<"i = " << i <<" j = " << j << endl;  //输出 i 和 j,i 和 j 未换
    return 0;
}
void swap(int a, int b)
{
    int temp;
    temp = a;
    a = b;
    b = temp;
}
```

程序的运行情况及结果如下：

```
i = 3   j = 5
```

在执行完 swap()函数之后，函数体内 a 和 b 值的改变不会改变 i 和 j 的值，i 和 j 并未互换。为了解决这个问题，引入指针，采用传递变量地址的方法。

(2) 传递变量的地址。形参是指针变量，实参是一个变量的地址，调用函数时，形参得到实参变量的地址，因此指向实参变量单元。

【例 7-14】 实现两个变量的值互换，使用指针变量作为形参。

```
#include <iostream>
using namespace std;
int main()
{
    void swap(int *, int *);                    //函数声明
    int i = 3, j = 5;
    swap(&i,&j);                                //调用函数 swap(),实参是变量 i 和 j 的地址
    cout << "i =" i << " j =" << j << endl;  //输出 i 和 j,i 和 j 的值已互换
    return 0;
}
void swap(int * p1, int * p2)                   //形参是指针变量
{
    int temp;
    temp = *p1;
    *p1 = *p2;
    *p2 = temp;
}
```

程序的运行情况及结果如下：

```
i = 5   j = 3
```

调用函数时把变量 i 和 j 的地址传送给形参 p1 和 p2，因此 * p1 和 i 为同一内存单元，* p2 与 j 为同一内存单元。所以在调用 swap()函数后，i 和 j 的值改变了。

(3) 以引用作为形参，在虚实结合时建立变量的引用，使形参名作为实参的“引用”，即形参称为实参的引用。

【例 7-15】 实现两个变量的值互换，用引用作形参。

```
#include <iostream>
using namespace std;
int main()
{
    void swap(int&, int&);
    int i = 3, j = 5;
    swap(i,j);                                  //实参为整型变量
    cout << "i = " << i << " j = " << j << endl;
    return 0;
}

void swap(int &ref_a, int &ref_b)              //形参是引用
```

```
{
    int temp;
    temp = ref_a;
    ref_a = ref_b;
    ref_b = temp;
}
```

程序的运行情况及结果如下：

```
i = 5   j = 3
```

在定义 swap()函数的形参时，指定 ref_a 和 ref_b 是整型变量的引用。当 main()函数调用 swap()函数时，进行虚实结合，把实参变量 i 和 j 的地址传给形参 ref_a 和 ref_b。这样 i 和 ref_a 的地址相同，二者是同一变量，即 ref_a 成为 i 的别名，ref_b 成为 j 的别名。在 swap()函数中使 ref_a 和 ref_b 的值对换，等价于将 i 和 j 的值互换。

将引用作为参数就是函数调用过程中的地址传递方式，这种传递方式和前面的两种方法有何区别?

分析上述三个例子，可以发现：

(1) 前两种方式传递的是实参的值。在例 7-13 的程序中，在调用 swap()函数时，把实参 i 和 j 的值传递给形参 a 和 b。在例 7-14 中，把实参 &i 和 &j 的值传递给指针型形参 p1 和 p2，从而使 p1 指向 i，p2 指向 j。而在例 7-15 中，是把实参 i 和 j 的地址(而不是它们的值)传递给引用类型的形参 ref_a 和 ref_b，从而使 ref_a 和 ref_b 成为实参 i 和 j 的别名。

(2) 前两种方式在调用 swap()函数时，对形参要分配存储单元。例 7-13 建立临时的整型变量 a 和 b(各分配 4 字节)，它们用来存放从实参传递来的整型值。例 7-14 则是建立临时的整型指针变量 p1 和 p2(各分配 4 字节)，它们用来存放从实参传递来的值(&i 和 &j)。而例 7-15 对引用形参 ref_a 和 ref_b 不分配存储单元，它们分别与实参 i 和 j 共享同一存储单元。

(3) 在例 7-14 中，swap()函数的实参是 i 和 j 的地址(&i 和 &j)，把它们传递给形参 p1 和 p2。而在例 7-15 中，实参虽然不是地址而是整型变量名，由于形参是引用，系统会自动将实参的地址传递给形参。注意，此时传送的是实参变量的地址而不是实参变量的值。

综上可知，C++在调用函数时有两种方式：传值调用和传址调用。注意：在例 7-14 中实参是地址(如 &i)，传递的是地址，所以仍然是传值，不要把它误认为是传址。在例 7-15 中，实参是变量名，而传递的是变量的地址，这才是真正的传址。例 7-14 通过指针类型参数，例 7-15 通过引用类型的参数，二者都实现了值的交换。但从代码的形式上看，引用类型参数的表述方式更加简洁。

所以在某些情况下，用引用型形参的方法比使用指针型形参的方法简单、直观、方便，可以部分代替指针的操作。有些过去只能用指针来处理的问题，现在可以用引用来代替，从而减小了程序设计的难度。

7.9 综合举例

【例 7-16】 设计一个整型数组类 Array，并对数组元素进行添加、排序和输出显示。

算法分析：数组类 Array 对一维数组的元素个数没有规定，因此将数组指针和元素个数定义为类中的数据成员，在对象的创建中根据用户需要动态分配数组元素的存储空间，并在析构函数中释放掉。

```
#include <iostream>
using namespace std;
class Array                                   //整型数组类
{
    int *p;                                   //数组指针
    int n;                                    //数组元素个数
      const int  len;                         //数组长度
public:
    Array(int m);                             //构造函数
    void Add(int x);                          //添加数组元素
    void Sort();                              //数组元素排序
    void Show();                              //显示数组内容
    ~Array();                                 //析构函数
};
Array::Array(int m):len(m)                    //构造函数
{
   n=0;
   p=new int[m];                              //动态开辟存储空间
}
void  Array::Add (int x)
{
   if(n<len)
     {
           p[n]=x;
           n++;
     }
}
void Array::Sort()                            //选择法排序
{
   int i, j, k, t;
    for(i=0; i<n-1; i++)
    {
        k=i;
        for(j=i+1; j<n; j++)
            if(p[k]> p[j])  k=j;
            t=p[k];
            p[k]=p [i];
            p[i]=t;
    }
}
void Array::Show()                            //输出数组元素
{
for(int i=0; i<n; i++)
cout << p[i]<<'\t';
 cout << endl;
}
Array::~ Array()                              //析构函数,释放 new 开辟的存储空间
{   if(p)  delete []p;  }

int main()
```

```
{
    int n,x,i = 0;
     cout <<"请输入数组的长度:";
     cin >> n;
     Array a(n);                                    //创建数组类对象 a
     cout <<"请输入"<< n <<"个整型数组元素:";
     while(i < n)
     {
       cin >> x;
       a.Add(x);
       i++;
     }
     cout <<"原数组: \n";
     a.Show ();                                     //对象调用输出函数输出数组内容
     a.Sort();                                      //对象调用排序函数对数组排序
     cout <<"排序后的数组: \n";
     a.Show ();
     return 0;
}
```

程序的运行情况及结果如下：

```
请输入数组的长度:6↙
请输入 6 个整型数组元素:4 6 2 7 1 8↙
原数组:
4  6  2  7  1  8
排序后的数组:
1  2  4  6  7  8
```

【例 7-17】 单向链表的综合操作。

链表是一种最常用、最典型的动态数据结构，如图 7-15 所示。组成链表的每个元素称为节点，每个节点由两部分组成：数据部分和指向下一个节点的指针。其中 head 是节点类型的指针，称为“头指针”，存放链表第一个节点的地址，第一个节点的第二部分存放第二个节点的地址，第二个节点的第二部分存放第三个节点的地址。以此类推，最后一个节点的第二部分地址为 NULL，不指向任何节点，程序以此判断链表是否结束。链表的所有节点都用 new 动态生成，节点的地址不一定连续。链表生成后，只要知道链表的头指针 head，就可以遍历链表的所有节点，对数据进行操作。

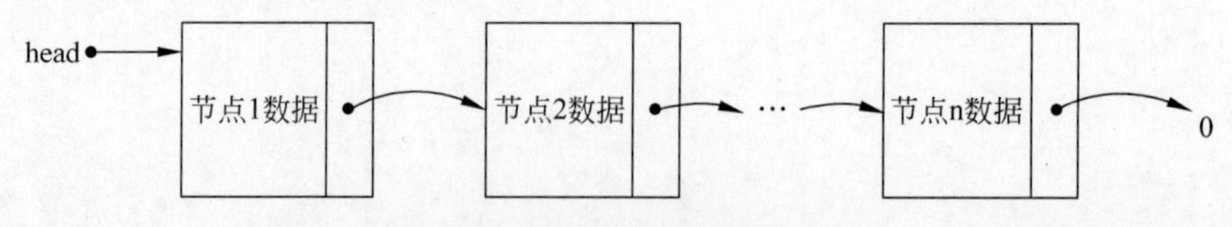

图 7-15　单向链表结构示意图

算法分析：对链表的综合操作包括了链表的建立、输出、插入节点、删除节点的操作。输出节点从头节点开始，依次遍历所有节点并输出。插入节点，指有序链表的插入，从头节点开始，往后寻找待插入节点在链表中已有节点的位置，然后将此节点前面节点的指针指向待插入节点，待插入节点的指针指向此节点。删除节点，从头节点开始，往后寻找待删除节点，然后将待删除节点前面一个节点的指针指向待删除节点的后一个节点。

```
#include<iostream>
using namespace std;
struct student
{
  int id;                        //学号
 int score;                      //成绩
 student * next;                 //下一个节点指针
};
student * create()               //按学号从小到大的顺序建立学生链表,返回链表头指针
{
student * head = NULL, * p1, * p2; //head 头指针,p1 为当前新节点指针,p2 为链表最后节点指针
p1 = new student;
cout <<"请输入学生的学号和成绩(输入 0 结束):  ";
cin >> p1 -> id >> p1 -> score;
while(p1 -> id!= 0)              //反复添加链表中的新节点
{
   if(head == NULL)              //链表的第一个节点
       head = p1;
    else
        p2 -> next = p1;         //链表的其他节点
    p2 = p1;
    p1 = new student;
    cout <<"请输入学生的学号和成绩(输入 0 结束):  ";
    cin >> p1 -> id >> p1 -> score;
}
p2 -> next = NULL;               //链表的最后节点指向 NULL
return head;                     //返回新建链表的头指针
}
void print(student * head)       //输出链表的全部节点内容
{
 student * p = head;
while(p!= NULL)
    {
    cout << p -> id <<'\t'<< p -> score << endl;
    p = p -> next;
    }
}
student * del(student * head, int id)      //删除链表中指定的节点
{
student * p1, * p2;              //p1 为要删除的节点指针,p2 为要删除节点的前一个节点指针
p1 = head;
if(head == NULL)                 //空链表
{
    cout <<"NULL List\n";
    return head;
}
while(p1 -> id!= id&&p1 -> next!= NULL)
{
    p2 = p1;
   p1 = p1 -> next;
}
```

```
    if(p1 -> id == id)
    {
        if(p1 == head)
            head = head -> next;                    //删除头节点
        else
            p2 -> next = p1 -> next;                //删除其他节点
        delete p1;
    }
    else
        cout <<"Not Found node number: "<< id << endl;
    return head;
    }
    student * insert(student * head, student stu)  //在有序链表中插入一个节点
    {
        student * p0, * p1, * p2;                   //p0 为新节点指针,p1 为新节点的后节点指针,
                                                    //p2 为新节点的前节点指针
        p0 = new student;
        p0 -> id = stu.id;
        p0 -> score = stu.score;
        p0 -> next = NULL;
    if(head == NULL)                                //在空链表中插入新节点
    {   head = p0;head -> next = 0; return head;   }
    p1 = head;
    while(p1 -> id < p0 -> id&&p1 -> next!= NULL)
    {    p2 = p1;p1 = p1 -> next;   }
    if(p1 -> id > p0 -> id)
    {
       if(p1 == head)                               //插入节点成为有序链表的头节点
        {
            p0 -> next = head;
            head = p0;
        }
        else                                        //插入节点成为链表的中间节点
        {   p2 -> next = p0;
          p0 -> next = p1;
        }
    }
    else                                            //插入节点成为链表的尾节点
    {
        p1 -> next = p0;
      p0 -> next = NULL;
    }
    return head;
    }
    int main()
    {
    student * head, stu;
    int id;
    head = create();                                //建立链表
    print(head);                                    //输出链表
    cout <<"请输入欲删除的节点的 id(输入 0 结束): ";
    cin >> id;
    while(id!= 0)                                   //可以删除多个节点
```

```
{
    head = del(head, id);
    print(head);
    cout <<"请输入欲删除的节点的 id(输入 0 结束): ";
    cin >> id;
}
cout <<"请输入欲插入的节点的 id 和 score(输入 0 结束) : ";
cin >> stu.id >> stu.score;
while(stu.id!= 0)                    //反复插入节点
{
    head = insert(head,stu);
    print(head);
    cout <<"请输入欲插入的节点的 id 和 score(输入 0 结束) : ";
    cin >> stu.id >> stu.score;
}
print(head);
return 0;
}
```

程序的运行情况及结果如下：

```
请输入学生的学号和成绩(输入 0 结束): 2  89↙
请输入学生的学号和成绩(输入 0 结束): 5  97↙
请输入学生的学号和成绩(输入 0 结束): 7  88↙
请输入学生的学号和成绩(输入 0 结束): 0  0↙
2  89
5  97
7  88
请输入要删除的节点的 id(输入 0 结束):5↙
2  89
7  88
请输入要删除的节点的 id(输入 0 结束):0↙
请输入要插入的节点的 id 和 score(输入 0 结束):4  95↙
2  89
4  95
7  88
请输入要插入的节点的 id 和 score(输入 0 结束):0  0↙
2  89
4  95
7  88
```

程序分析：

上述例子中针对单链表的操作定义了不同的函数，这是采用了面向过程的程序设计方法。如果改为面向对象的程序设计方法，下面提供了对应的参考代码，读者可以通过二者的对比，深刻体会两种程序设计方法的相同和不同之处。

```
#include <iostream>
using namespace std;
struct student                          //学生节点
{
    int id;                             //学号
```

```
    int score;                       //成绩
    student * next;                  //下一个节点指针
};
class StuChainList                   //单链表类
{
private:
    student * head;
public:
    StuChainList();                  //构造函数
    ~StuChainList();                 //析构函数
    void print();                    //输出链表的全部节点内容
   void del(int x);                  //删除链表中指定学号的节点
   void insert(student stu);         //在链表中插入一个节点
};
StuChainList::StuChainList()         //建立链表
{
    student * p1, * p2;              //p1 为当前新节点指针,p2 为链表最后节点指针
    p1 = new student;
    cout <<"请输入学生的学号和成绩(输入 0 结束): ";
    cin >> p1 -> id >> p1 -> score;
    p1 -> next = NULL;
    head = p1;
    p2 = p1;
    p1 = new student;
    cout <<"请输入学生的学号和成绩(输入 0 结束): ";
    cin >> p1 -> id >> p1 -> score;
    while(p1 -> id!= 0)
    {
       p2 -> next = p1;
       p2 = p1;
        p1 = new student;
        cout <<"请输入学生的学号和成绩(输入 0 结束): ";
        cin >> p1 -> id >> p1 -> score;
    }
    p2 -> next = NULL;
}
StuChainList::~StuChainList()        //删除链表
{
student * p1, * p2;                  //p1 为要删除的节点指针 ,p2 为要删除节点的下一个节点指针
p1 = head;
p2 = p1 -> next;
while(p1!= NULL)
{
    delete p1;
    p1 = p2;
    p2 = p2 -> next;
}
head = NULL;
}
void StuChainList::print()           //输出链表的全部节点内容
{
student * p = head;
 while(p!= NULL)
```

```
        {
            cout << p -> id <<'\t'<< p -> score << endl;
            p = p -> next;
        }
 }
void StuChainList::del(int id)                        //删除链表中学号为 id 的节点
{
    student  * p1,  * p2;
    p1 = head;
    if(head == NULL)
    {   cout <<"NULL List\n";
    }
    while(p1 -> id!= id&&p1 -> next!= NULL)           //从头节点开始查找学号为 x 的节点
    {
        p2 = p1;
        p1 = p1 -> next;
    }
    if(p1 -> id == id)                                //找到节点做删除操作
    {
      if(p1 == head)
          head = head -> next;
        else
            p2 -> next = p1 -> next;
        delete p1;
    }
    else
        cout <<"Not Found node number: "<< id << endl;
}
void StuChainList::insert(student stu)                //在链表中插入一个新节点
{
   student  * p1, * p2, * p0;
                        //p0 为新节点指针,p1 为新节点的后节点指针,p2 为新节点的前节点指针
   p0 = new student;
   p0 -> id = stu.id;
   p0 -> score = stu.score;
   p0 -> next = NULL;
    if(head == NULL)                                  //新节点成为空链表的头节点
    {head = p0;head -> next = 0;}
    p1 = head;
    while(p1 -> id < p0 -> id&&p1 -> next!= NULL)    //寻找新节点在有序链表中的插入位置
    {p2 = p1;p1 = p1 -> next;}
    if(p1 -> id > p0 -> id)
    {
      if(p1 == head)                                  //新节点成为非空链表的头节点
        {
            p0 -> next = head;
             head = p0;
        }
        else                                          //新节点成为非空链表的中间节点
        {
             p0 -> next = p1;
             p2 -> next = p0;
        }
```

```
    }
    else                                //新节点成为非空链表的头节点
    {
        p1 -> next = p0;
        p0 -> next = NULL;
    }
}
int main()
{
    StuChainList stuChainList1;     //StuChainList 类的对象定义
    int id;
    student stu;
    stuChainList1.print();          //输出链表
    cout <<"请输入欲删除的节点的 id(输入 0 结束): ";
    cin >> id;
    while(id!= 0)                   //反复删除节点
    {
        stuChainList1.del(id);
        stuChainList1.print();
        cout <<"请输入欲删除的节点的 id(输入 0 结束): ";
        cin >> id;
    }
    cout <<"请输入欲插入的节点的 id 和 score(输入 0 结束): ";
    cin >> stu.id >> stu.score;
    while(stu.id!= 0)               //反复插入节点
    {
        stuChainList1.insert(stu);
        stuChainList1.print();
        cout <<"请输入欲插入的节点的 id 和 score(输入 0 结束): ";
        cin >> stu.id >> stu.score;
    }
    stuChainList1.print();
    return 0;
}
```

练习题

一、选择题

1. 设有“int a[ ]={10,11,12}, *p=&a[0];”,则执行完“*p++; *p+=1;”后a[0], a[1], a[2]的值依次是________。

A. 10,12,12　　B. 10,12,12　　C. 10,11,12　　D. 11,11,12

2. 以下程序的运行结果是________。

```
#include <iostream>
using namespace std;
void fun(int *a,int *b)
{
int *k;
k = a;
```

```
a = b;
b = k;
}
int main()
{
int a = 3, b = 6, * x = &a, * y = &b;
fun(x, y);
cout << a <<" "<< b;
return 0;
}
```

A. 编译错误　　B. 3 6　　C. 6 3　　D. 0 0

3. 以下程序的运行结果是________。

```
# include < iostream >
using namespace std;
void f(int * p, int * q)
{
p = p + 1;
* q = * q + 1;
}
int main()
{
    int m = 1, n = 2, * p = &m;
    f(p, &n);
    cout << m <<','<< n << endl;
    return 0;
}
```

A. 2,3　　B. 1,3　　C. 1,4　　D. 1,2

4. 以下程序的运行结果是________。

```
# include < iostream >
using namespace std;
void f(int n, int * p)
{
    int b;
    if(n == 1) * p = n + 1;
    else
    {
        f(n - 1, &b);
        * p = n;
    }
}
int main()
{
    int x = 0;
    f(18, &x);
    cout << x << endl;
    return 0;
}
```

A. 15　　B. 17　　C. 18　　D. 16

5. 以下程序的运行结果是________。

```
#include < iostream >
using namespace std;
void point(char * p);
int main()
{
 char b[4] = {'m','n','o','p'}, * pt = b;
 point(pt);
 cout << * pt;
 return 0;
}
void point(char * p)
{p += 3;}
```

A. p　　B. m　　C. o　　D. n

6. 假定已有声明“char s[30], * p= a;”,则下列语句中能将字符串“This is a C++ program!”正确地保存到数组 a 中的语句是________。

A. s[30]=" This is a C++ program! ";

B. s=" This is a C++ program! ";

C. p=" This is a C++ program! ";

D. strcpy(p, " This is a C++ program! ");

7. 已知“char a[5], * p=a;”,则正确的赋值语句是________。

A. a="abcd";　　B. * a="abcd";　C. * p="abcd";　　D. p="abcd";

8. 有以下程序：

```
int add(int a, int b) {return a + b;}
int main()
{
    int k, ( * p)(int, int), a = 5, b = 10;
    p = add;
    …
}
```

则以下函数调用语句错误的是________。

A. k=add(a, b);　　B. k=(* p)(a, b);

C. k= * p(a, b);　　D. k=p(a, b);

9. 若有如下类声明：

```
class MyClass
{
public:
  MyClass(){cout << 1;}
};
```

执行语句“Myclass a,b[2], * p;”,程序的输出结果是________。

A. 1　　B. 11;　　C. 111　　D. 1111

10. 以下程序的运行结果是________。

```
#include <iostream>
using namespace std;
class MyClass
{
public:
  MyClass(){cout <<'A';}
  MyClass(char c){cout << c;}
  ~MyClass(){cout <<'B';}
};
int main()
{
   MyClass p1, *p2;
    p2 = new MyClass('X');
    delete p2;
    return 0;
}
```

A. ABX　　B. ABXB　　C. AXB　　D. AXBB

二、填空题

1. 以下程序的运行结果是________。

```
#include <iostream>
using namespace std;
void f1(int a, int *p)
{
    a++; p++; (*p)++;
}
int main()
{
    int a[2] = {6,6};
    f1(a[0],&a[0]);
    cout << a[0]<<'\t'<< a[1]<< endl;
    return 0;
}
```

2. 以下程序的运行结果是________。

```
#include <iostream>
using namespace std;
void f2(int *p, int *q)
{
    int t;
    if(p < q)
    {
        t = *p; *p = *q; *q = t;
        f2(p += 2, q -= 2);
    }
}
int main()
{
    int i, a[6] = {1,2,3,4,5,6};
```

```
    f2(a,a+5);
    for(i=0;i<=5;i++)
      cout<<a[i]<<'\t';
    return 0;
}
```

3. 以下程序的运行结果是________。

```
#include<iostream>
using namespace std;
int main()
{
    char *s1, *s2="Here";
    s1=s2;
    while(*s2) s2++;
    cout<<s2-s1<<endl;
    return 0;
}
```

4. 以下程序的运行结果是________。

```
#include<iostream>
using namespace std;
int f1(char s[])
{
    int n=0;
    while(*s)
    {
        if(*s>='0'&& *s<='9')
          n = n + *s - '0';
        s++;
    }
    return n;
}
int main()
{
    char s1[10]={'6', '1', '*', '4', '*', '9', '*', '0', '*'};
    cout<<f1(s1)<<endl;
    return 0;
}
```

5. 以下程序的运行结果是________。

```
#include<iostream>
using namespace std;
void f2(int *p, int *q, int *r)
{
    r = new int;
    *r = *p+ *(q++);
}
int main()
{
```

```
    int a[2] = {1,2}, b[2] = {10,20},  *p = a;
    f2(a,b,p);
    cout << *p << endl;
    return 0;
}
```

三、编程题

1. 将 n 个整数按输入顺序的逆序排列，要求用带指针参数的函数实现，并编写 main() 函数验证程序。

2. 编程输入一行文字，找出其中的大写字母、小写字母、空格、数字以及其他字符各有多少，要求用字符指针实现。

3. 写一个函数，求一个字符串的长度，要求用带指针参数的函数实现，并编写 main() 函数验证程序。

4. 编写一个函数 int strfind(char *s, char *s1)，从一个字符串 s 中寻找子字符串 s1 的起始位置作为函数返回值，如果没有找到，返回－1，并编写 main()函数验证程序。

5. 编写函数 void strinsert(char *s,char *s1,int loc)，将一个字符串 s1 插入另一个字符串 s 指定位置 loc，并编写 main()函数验证程序。

6. 编写程序，用单链表实现个人通讯录的管理，可以添加联系人、删除联系人、修改联系人、查找联系人的电话、输出所有联系人等功能。

第8章 继承与派生

8.1 类的继承概述

类是对一组具有共有属性的客观事物的抽象。其静态属性被抽象为成员数据,而其动态属性被抽象为成员函数。同时,不同类型的事物之间往往又存在一定关联。如果把树木抽象为一个类,那么它将包含所有树木所共有的一些静态属性和动态属性,比如所有植物都具有的光合作用的功能。而作为树木的两大分支,如果把阔叶树和针叶树也抽象为两个类,那么可以发现它们都具有树木类中的静态和动态属性,并且各自还新增了一些新特性,比如叶子的形状。因此在定义新的类时,如果可以借鉴已有类中的内容,那么就可以很好地实现代码的重用,降低重复工作量和项目的整体开发成本。C++语言中继承的作用正是如此。

继承是面向对象程序设计中的一个重要思想,其主要作用是体现客观事物之间的关联,并促进对于高质量代码的有效复用。其核心思想是在定义新的类时可以以已有类作为基础,将已有类中的静态属性和动态属性保留下来,在新类中继续使用。

通过继承的方式定义新类的意义,主要体现在以下 3 方面。

(1) 基于客观事物之间的关联性,在定义新类时可以借鉴和利用已有类中的各种成员,将其保留下来在新类中继续使用。

(2) 在继承已有类中各种成员的同时,在新类的定义中还可以增加新的成员,用于描述新类自身额外的各种静态和动态属性。

(3) 对于从已有类中继承来的成员,如果在新类中不再适用,可以进行覆盖操作,在新类中为其赋予新的意义。

由此可知,在基于继承方式定义新类时,在新类中将会保留或者覆盖已有类的部分属性特征,并且能够根据自身需要增加一些新的属性特征。这样的类定义方式包含了对于已有类中属性的延续和扩充,既体现了类之间的关联性,又能够展示新类所独有的特征。

C++语言中支持两种形式的类继承关系,即单继承和多继承。其中单继承指的是只基于一个已有类来定义新类,例如可以基于树木类来定义针叶树类。而多继承则指的是同时基于多个已有类来定义新类。这样的继承关系在客观世界中随处可见,例如蕨类植物中的树蕨,它同时具有树木和蕨类植物的属性特征,因此在对其进行定义时可以同时基于两个已有类,并将其各种成员都继承下来。

8.2 基类和派生类

继承和派生是两个相对的概念。基于一个或者多个已有类，通过继承关系而得到的新类即为派生类，而已有类则相对地被称为基类。派生类中的部分成员继承自基类，而从基类则衍生出派生类。对于处在同一个继承关系中的基类和派生类，前者也可能同时作为派生类继承自上层的基类，而后者也可以同时作为基类而被下层的派生类所继承，因此基类和派生类都是相对而言的。继承过程是对基类中共有成员的延续，同时能够根据需要在派生类中扩充新的成员。在经过多次继承和派生之后，将会构建出具有相同共有属性的一组类。它们之间互为基类和派生类，并且会形成树状的层次结构，从而使下层的派生类能够更加充分地展现自身特性。

8.2.1 派生类的定义

派生类的定义形式如下：

```
class  派生类的名称:[继承方式] 基类 1 的名称[,[继承方式] 基类 2 的名称,…]
{
派生类新增的成员数据和成员函数
};
```

单继承只需要有一个基类，而多继承则需要有多个基类。在以上定义中可见，继承关系的实现不仅需要指明每个基类的名称，而且还需要在每个基类名称之前分别指定对该基类的具体继承方式。在采用不同的继承方式时，派生类对于从基类中继承而来的各种成员的访问权限也将有所区别。

根据实际需要，派生类对每个基类继承方式的选择共有 3 种，分别是 public 公有继承、protected 保护继承和 private 私有继承。派生类在对每个基类进行继承时，需要从这 3 种继承方式中分别选择一种。默认方式为 private 私有继承。基类与派生类的关系如图 8-1 所示。

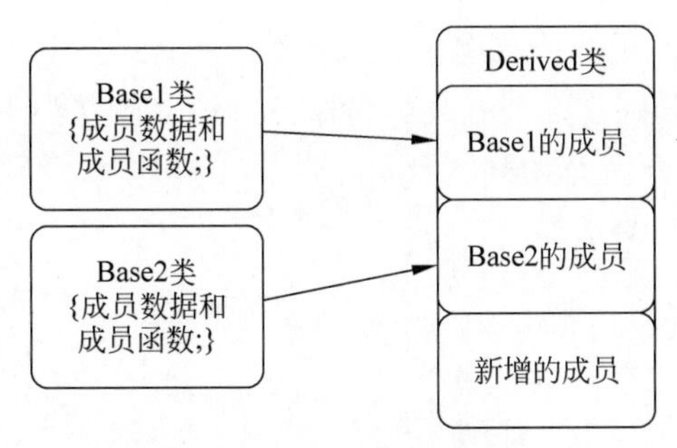

图 8-1 基类与派生类的关系

【例 8-1】 派生类的定义。

在以下程序代码中，派生类 Derived 是通过多继承的方式、基于两个已有类 Base1 和 Base2 定义而来的。同时，Derived 对于不同的基类也采用了不同的继承方式，并且还增加了新的成员数据。

```
class Base1                                     //基类 1
{
public:
        int a;
        int getA()
        {
            return a;
        }
protected:                                      //基类 2
        int b;
};

class Base2
{
public:
        double x;
};

class Derived:public Base1,private Base2        //对于不同的基类分别指定继承方式
{
public:
        float p;
};
```

参考图 8-1 可知，派生类将保留从不同基类中继承而来的各种成员，并且可以根据自身需要增加新的成员数据和成员函数，从而能够更加准确地描述和展现自身所特有的静态和动态属性。而对于这些新增成员的访问权限，则由派生类自己来定义和加以约束。

8.2.2 派生类的三种继承方式

基类中的各种成员由成员访问限定符约束其访问权限。在经过继承之后，这些基类中的成员在派生类中得以保留，而其在派生类中的访问权限也将随着继承方式的不同而发生改变。继承方式的选择共有以下 3 种情况。

(1) public 公有继承。选择公有继承方式时，基类中的公有成员和保护成员在派生类中的访问权限不变，依然分别作为公有成员和保护成员。而基类中的私有成员则无法在派生类中或者通过派生类对象进行访问。

【例 8-2】 派生类公有继承方式。

```
#include <iostream>
using namespace std;
class Base
{
public:
        int a;
protected:
        int b;
private:
        int c;
};
```

```
class Derived:public Base
{
public:
        void print()
        {
            cout << a << endl;
            cout << b << endl;
            cout << c << endl;          //错误,在派生类中无法访问基类的 private 成员
        }
};
int main()
{
        Derived de;
        de.a = 1;                       //正确
        de.b = 2;                       //错误,无法通过对象访问派生类中的 protected 成员
        de.c = 3;                       //错误,无法通过派生类对象访问
        de.print();                     //正确
}
```

在以上程序中,Derived 类继承自 Base 类,因此 Base 类的成员将在派生类中得以保留。由于是公有继承方式,因此 Base 类中的公有和保护成员 a 和 b 在 Derived 类中的访问权限不变,依然是公有和保护成员,在派生类中可以直接访问。保护成员 b 无法通过对象 de 在 main()函数中进行访问。私有成员 c 在 Derived 类中无法进行访问,在 main()函数中同样也无法通过对象 de 进行访问。

(2) protected 保护继承。选择保护继承方式时,基类中的公有成员和保护成员在派生类中都将成为保护成员,只能在派生类中进行访问,而无法通过派生类对象进行访问。基类中的私有成员则无法在派生类中或通过派生类对象进行访问。

【例 8-3】 派生类保护继承方式。

```
#include <iostream>
using namespace std;
class Base
{
public:
        int a;
protected:
        int b;
private:
        int c;
};
class Derived:protected Base
{
public:
        void print()
        {
            cout << a << endl;
            cout << b << endl;
            cout << c << endl;          //错误,在派生类中无法访问基类的 private 成员
        }
```

```
};
int main()
{
        Derived de;
        de.a = 10;              //错误,无法访问派生类的 protected 成员
        de.b = 20;              //错误,无法访问派生类的 protected 成员
        de.c = 30;              //错误,无法通过派生类对象访问
        de.print();
}
```

在以上程序代码中，Derived 类是以保护继承的方式继承自 Base 类，因此 Base 类中的公有成员 a 和保护成员 b 在 Derived 类中都将成为保护成员，在派生类中可以直接进行访问，但是却无法通过派生类对象 de 在 main()函数中进行访问。而 Base 类中的私有成员 c 在 Derived 类中依然无法访问，在 main()函数中同样也无法通过对象 de 进行访问。这一点和公有继承时的情况一致。

（3）private 私有继承。选择私有继承方式时，基类中的公有成员和保护成员在派生类中都将成为私有成员，在派生类中可以访问，但是无法通过派生类对象进行访问。而基类中的私有成员依然无法在派生类中或者通过派生类对象进行访问。

【例 8-4】 派生类私有继承方式。

```
#include <iostream>
using namespace std;
class Base
{
public:
        int a;
protected:
        int b;
private:
        int c;
};
class Derived:private Base
{
public:
        void print()
        {
            cout << a << endl;
            cout << b << endl;
            cout << c << endl;      //错误,在派生类中无法访问基类的 private 成员
        }
};
int main()
{
        Derived de;
        de.a = 10;                  //错误,无法访问派生类的 private 成员
        de.b = 20;                  //错误,无法访问派生类的 private 成员
        de.c = 30;                  //错误,无法通过派生类对象访问
        de.print();
}
```

在以上程序中，Derived 类以私有继承方式继承自 Base 类，因此 Base 类中的公有成员 a 和保护成员 b 在 Derived 类中都将成为私有成员，在派生类内部可以访问，但是无法通过派生类对象 de 在 main()函数中进行访问。Base 类的私有成员 c 在 Derived 类中依然无法访问，在 main()函数中也无法通过派生类对象 de 进行访问。

综上所述，在选择不同方式实现继承时，基类成员在派生类中的访问权限如表 8-1 所示。

表 8-1 基类成员在派生类中的访问权限

基类中的成员	公有继承时	保护继承时	私有继承时
公有成员	公有成员	保护成员	私有成员
保护成员	保护成员	保护成员	私有成员
私有成员	无法访问	无法访问	无法访问

8.2.3 派生类中成员的访问

在派生类中可以访问从基类继承而来的成员。然而在多继承的情况下，由于每个基类的定义都是独立进行的，因此在派生类继承而来的数据成员和成员函数之间可能会出现同名的现象，从而导致成员访问时的二义性。为了解决这个问题，在编写程序时可以借助作用域限定符(::)来具体指定当前访问的是继承自哪个基类的同名成员。具体的访问形式如下：

派生类对象名.基类名::成员名

【例 8-5】 派生类中同名成员的访问方法。

```
#include<iostream>
using namespace std;
class Base1
{
public:
        int a;
        void print()
        {
            cout << "Base1 中的成员 a:" << a << endl;
        }
};
class Base2
{
public:
        int a;
        void print()
        {
            cout << "Base2 中的成员 a:" << a << endl;
        }
};

class Derived:public Base1, public Base2
{
};
```

```
int main()
{
        Derived de;
        de.Base1::a = 10;
        de.Base2::a = 100;
        de.Base1::print();
        de.Base2::print();
}
```

程序的运行情况及结果如下：

```
Base1 中的成员 a:10
Base2 中的成员 a:100
```

在以上程序代码中，派生类 Derived 从基类 Base1 和 Base2 同时继承了同名的成员数据 a 以及成员函数 print()。因此在为 main()函数中的派生类对象 de 的成员数据 a 赋值时，需要通过作用域限定符来具体指定访问的是从哪个基类中继承而来的成员数据 a。对于同名成员函数 print()的调用方法也是一样的，因此两个函数的输出结果才会各不相同。由此可见，通过作用域限定符来区分同名的成员是能够有效解决访问二义性问题的。

既然派生类从多个基类中继承来的成员之间可能出现同名的情况，那么在定义派生类时新增的成员也可能会和继承而来的成员同名。此时如果直接在派生类中或者通过派生类对象来访问同名的成员，那么访问到的将是派生类中的新增成员，而非继承来的成员。也就是说，新增成员将会覆盖继承来的同名成员。需要注意的是，如果新增的成员函数与继承来的成员函数同名，那么即使它们的形参列表不同，在派生类中或者通过派生类对象也只能直接访问新增的成员函数。如果要访问被覆盖的继承而来的成员，那么依然需要借助作用域限定符。

【例 8-6】 派生类中同名成员函数的访问方法。

```
#include <iostream>
using namespace std;
class Base1
{
public:
        int a;
        int getA()
        {
            return a;
        }
};
class Base2
{
public:
        int a;
        int getA(int x)
        {
            a = x;
            return a;
```

```
        }
};
class Derived:public Base1, public Base2
{
public:
        int a;
        int getA()
        {
            return a;
        }
};
int main()
{
        Derived de;
        de.a = 1;
        de.Base1::a = 10;
        de.Base2::a = 100;
        cout << de.getA()<< endl;
        cout << de.Base1::getA() << endl;
        cout << de.getA(1000) << endl;                //错误,无法接收参数
}
```

在去掉错误代码后,程序的运行情况及结果如下:

```
1
10
```

在以上程序中,通过派生类对象 de 直接访问同名的成员数据 a 以及成员函数 getA()时,访问到的都是派生类中新增的成员,而不是继承来的成员。对于后者的访问需要借助作用域限定符。Derived 类从 Base2 类中继承了带有形参的成员函数 getA(int x)。然而在直接访问时,该方法也会被同名的新增成员函数 getA()所覆盖。因此即使在调用同名函数时提供了参数 1000,成员函数 getA(int x)也无法被调用,而新增成员函数 getA()也不需要参数。两者之间并非是重载关系,因此最终会导致函数调用失败。如果要调用成员函数 getA(int x),则可以通过语句 de.Base2::getA(1000)来调用。

8.3　派生类的构造函数和析构函数

8.3.1　派生类的构造函数

在创建派生类对象时,需要通过构造函数对成员数据进行初始化操作。派生类中的成员可以分为两类,分别是从基类继承来的成员和自身新增的成员。由于派生类并没有继承基类的构造函数和析构函数,因此对于不同的成员数据可以按照一定次序依次执行初始化。

在对派生类对象进行初始化时,需要满足以下 3 条规则。

(1) 对于从各个基类继承来的成员数据,可通过调用基类本身的构造函数进行初始化。需要注意的是,各个基类构造函数的调用顺序与它们被派生类所继承时的顺序相一致,而与它们在派生类构造函数中出现的顺序无关。

（2）对于派生类中新增的成员数据，则需要调用派生类自身的构造函数在函数体中进行初始化。

（3）在派生类对象的全部初始化过程中，各个基类的构造函数将按照基类的继承次序优先被调用。在此之后，派生类自身的构造函数才会被调用。

派生类的构造函数定义形式如下：

```
派生类名(总参数列表):基类 1 名(局部参数列表)[,基类 2 名(局部参数列表),…]
{
  派生类中新增成员数据的初始化
}
```

在派生类的构造函数中需要提供一个总的参数列表，列表中的各个形参将被分配给各个基类的构造函数以及派生类自己的构造函数，用于完成不同成员数据的初始化工作。

【例 8-7】 派生类的构造函数。

```
#include <iostream>
using namespace std;
class Base1                                     //基类 1
{
public:
        int a;
        Base1(int x)
        {
            a = x;
            cout << "执行基类 Base1 的构造函数" << endl;
        }
};
class Base2                                     //基类 1
{
public:
        Base2()
        {
            cout << "执行基类 Base2 的构造函数" << endl;
        }
};
class Derived:public Base2, public Base1        //派生类
{
public:
        int b;
        Derived(int x, int y):Base1(x),Base2()
        {
            b = y;
            cout << "执行派生类的构造函数" << endl;
        }
};
int main()
{
        Derived de(1, 2);
}
```

程序的运行情况及结果如下：

```
执行基类 Base2 的构造函数
执行基类 Base1 的构造函数
执行派生类的构造函数
```

在以上程序代码中需要注意的是，在派生类构造函数的总参数列表(int x,int y)中，可以选择将一些参数传递给基类的构造函数进行初始化，而在派生类构造函数的函数体中也可以选择使用总参数列表中的某些参数进行成员数据的初始化。Base2 类虽然也作为基类，但是其构造函数并没有参数，因此在派生类的构造函数中并不需要为其传递任何参数，同时也不需要给出 Base2 类的构造函数名和局部参数列表，即语句 Derived(int x, int y): Base1(x),Base2()中的 Base2()并没有意义，可以省略不写。

在多继承情况下，基类 Base2 的构造函数会优先于基类 Base1 的构造函数被调用。因为派生类 Derived 先继承于基类 Base2，后继承于基类 Base1。

8.3.2　包含子对象的派生类构造函数

客观事物之间往往都存在一定的联系，但并非总是"继承"的关系。例如人和身份证，每个人都拥有身份证，但是两者之间又不存在明显的共同属性，因此不存在"继承"的关系。但是如果已经定义好了"身份证"的类，并在其中将身份证号和居住地等信息作为成员数据，那么在定义"人"的类时，是否可以不再将这些信息重复地定义为成员数据，而是直接借鉴"身份证"类中的信息呢？其实为了实现这一目的，继承并非是唯一的选择。

为了实现代码的重用，除了继承之外，还可以利用类的"组合"。类中的成员数据除了可以是基本的数据类型之外，其实还可以是类的类型。即在定义一个类时，可以直接将其他类的对象作为其成员数据。这种在类中内嵌的对象被称为子对象，而其类型甚至可以是当前所定义类的基类类型。

显然，在派生类中可能会包含多种类型的成员数据，包括从各个基类继承来的成员数据、子对象成员数据以及新增的成员数据。对于包含了子对象的派生类，其构造函数的定义形式如下：

```
派生类名(总参数列表):基类 1 名(局部参数列表),…,基类 n 名(局部参数列表),子对象名 1(局部参数列表),…,子对象名 n(局部参数列表)
{
  派生类新增成员数据的初始化
}
```

对于派生类中这些不同类型的成员数据，将按照以下说明的顺序依次进行初始化。

(1) 在派生类的构造函数中，将特定参数传递给指定基类的构造函数，用于对继承自指定基类的成员数据进行初始化。

(2) 将特定参数提供给子对象，由其构造函数完成对子对象的初始化。需要注意的是，如果在派生类中包含了多个子对象成员，那么这些子对象成员将按照它们在派生类中的声明顺序被依次执行初始化，而与它们在派生类构造函数中出现的先后次序完全无关。

(3) 最后，派生类中新增的成员数据将在其构造函数的函数体中完成初始化。

【例 8-8】 包含子对象的派生类对象初始化过程。

```
#include <iostream>
using namespace std;
class Base                                    //基类
{
public:
        int a;
        Base(int b)
        {
            a = b;
            cout << "执行基类的构造函数,a 的值为:" << a << endl;
        }
};
class Sub                                     //子对象类
{
public:
        int p;
        Sub(int q)
        {
            p = q;
            cout << "执行子对象的构造函数,p 的值为:" << p << endl;
        }
};
class Derived:public Base                     //派生类
{
public:
        Base ba;
        Sub su;
        int t;
        Derived(int x, int y, int z):Base(y), su(z), ba(x)
        {
            t = 100;
            cout << "执行派生类的构造函数,t 的值为:" << t << endl;
        }
};
int main()
{
      Derived de(1, 2, 3);
}
```

程序的运行情况及结果如下:

```
执行基类的构造函数,a 的值为:2
执行基类的构造函数,a 的值为:1
执行子对象的构造函数,p 的值为:3
执行派生类的构造函数,t 的值为:100
```

分析程序的输出结果可知,在派生类不同类型的成员数据中,继承而来的成员数据 a 会首先通过基类的构造函数进行初始化,而其值是从派生类构造函数的参数列表中分配到的形参 y=2。之后在对两个子对象成员数据进行初始化时,由于子对象 ba 在派生类中的声明要先于子对象 su,因此接下来子对象 ba 将利用分配到的形参 x=1 进行初始化,随后另一个子对象 su 也将利用分配到的形参 z=3 进行初始化。而在最后,派生类中新增的成员数据 t 则将在派生类的构造函数体中完成初始化。需要注意的是,如果子对象成员数据在初始化时调用的是默认的无参构造函数,那么在派生类的构造函数中也就无须说明子对象的名称以及参数列表了。

8.3.3　派生类的析构函数

派生类对象中的各类成员数据是由各个基类的构造函数、各个子对象的构造函数以及派生类自身的构造函数依次完成的初始化工作。而为了释放这些成员数据所占用的内存空间,则需要调用相应的析构函数。

和构造函数的情况一样,派生类同样也没有继承各个基类的析构函数。因此对于那些继承来的成员数据,其所占用的内存空间需要通过间接调用各个基类的析构函数来释放。同理,对于各个子对象成员数据内存空间的释放也需要间接调用子对象所属类的析构函数才能够完成。而如果在派生类中还声明了新的成员数据,那么可以在派生类自身的析构函数中对其进行内存空间的释放。

派生类中各类成员的析构函数的调用顺序与构造函数的调用顺序正好相反。也就是说,派生类自身的析构函数将首先被调用,之后再调用各个子对象成员的析构函数,而各个基类的析构函数则将在最后被调用。

【例 8-9】 派生类的析构函数的调用顺序。

```
#include <iostream>
using namespace std;
class Base                              //基类
{
public:
        int a;
        Base(int x)
        {
            a = x;
            cout << "执行 Base 的有参构造函数" << endl;
        }
        ~Base()
        {
            cout << "执行 Base 的析构函数" << endl;
        }
};

class Sub                               //子对象类
{
public:
        Sub()
        {
            cout << "执行 Sub 的构造函数" << endl;
        }
        ~Sub()
        {
            cout << "执行 Sub 的析构函数" << endl;
```

```
        }
};
class Derived:public Base   //派生类
{
public:
        int t;
        Sub su;
        Derived(int x, int y):Base(x)
        {
            t = y;
            cout << "执行派生类的构造函数" << endl;
        }
        ~Derived()
        {
            cout << "执行派生类的析构函数" << endl;
        }
};
int main()
{
        Derived de(1,2);
}
```

程序的运行情况及结果如下：

```
执行 Base 的有参构造函数
执行 Sub 的构造函数
执行派生类的构造函数
执行派生类的析构函数
执行 Sub 的析构函数
执行 Base 的析构函数
```

8.4 基类和派生类的转换

通过继承，基类中的各种成员在派生类中将得以保留。虽然派生类对象和基类对象中的成员并不完全相同，但是派生类对象常可以当作基类对象一样来使用。然而由于基类对象中缺少派生类对象中的部分成员，因此很少被当作派生类对象来使用。

8.4.1 派生类对象的存储

派生类能够从基类中继承各种成员。特别是在多继承的情况下，各个基类中的成员都将在派生类中得以保留。对于派生类中这些继承来的成员以及新增的成员，系统将按照一定的规则为其分配内存空间。具体而言，从各个基类中继承的成员数据将优先按照基类继承顺序被依次存储，而派生类中新增的成员数据则将随后按照声明的顺序被依次存储。

假设派生类 Derived 首先从基类 Base1 继承成员数据 a，之后又从基类 Base2 继承成员数据 b，并且还新增了成员数据 c。那么在 Derived 类的对象存储空间中，成员数据 a 和 b 将按照对应基类被继承的顺序依次保存在存储区域的最前边，而之后存储的才是新增的成员数据 c。此时，派生类对象的存储如图 8-2 所示。

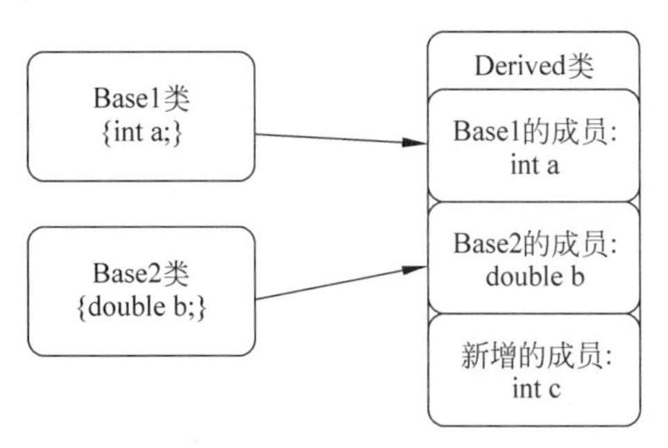

图 8-2　派生类对象的存储

【例 8-10】 派生类对象的存储。

```
#include <iostream>
using namespace std;
class Base1
{
public:
    int a;
    Base1(int x)
    {
        a = x;
    }
};
class Base2
{
public:
    double b;
    Base2(double y)
    {  b = y;  }
};
class Derived:public Base1, public Base2
{
public:
    int c;
    Derived(int x, double y, int z):Base1(x), Base2(y)
    {
        c = z;
    }
};

int main()
{
    Derived de(1, 2, 3);
    cout << "成员 a 的地址为:" << &de.a << endl;
    cout << "成员 b 的地址为:" << &de.b << endl;
    cout << "成员 c 的地址为:" << &de.c << endl;
}
```

程序的运行情况及结果如下：

```
成员 a 的地址为:00FBF800
成员 b 的地址为:00FBF808
成员 c 的地址为:00FBF810
```

由此可知，在派生类对象中，继承来的成员数据要比新增的成员数据优先被存储。需要注意的是，在使用不同的编译器时，派生类对象中各种类型的成员数据也可能会采用其他的方式进行存储。

8.4.2 类型转换

由于在派生类对象中各类型成员的存储形式通常符合上述规律，因此在一些特殊情况下，派生类对象和基类对象之间可以相互进行类型转换。这样的类型转换通常需要满足一定条件。在公有继承情况下，派生类将继承基类中除构造函数和析构函数之外的成员，并且不会改变这些成员的访问权限。此时在以下 3 种情况中，可以使用派生类对象来代替基类对象：

（1）派生类对象可以赋值给基类对象。

（2）派生类对象的指针可以赋值给基类指针变量。

（3）派生类对象可以赋值给基类对象的引用。

【例 8-11】 派生类对象代替基类对象。

```
#include <iostream>
using namespace std;
class Base
{
public:
        int a;
};
class Derived:public Base
{
public:
        int b;
        Derived(int x, int y)
        {
            a = x;
            b = y;
        }
};
int main()
{
        Base ba, *p;
        Derived de(1, 2);
        ba = de;                //使用派生类对象的成员为基类对象的成员依次赋值
        p = &de;                //使用派生类对象的地址初始化基类指针变量
        cout << ba.a << endl;
        cout << de.b << endl;
        cout << p->a << endl;
        cout << p->b;           //错误,无法访问
}
```

去掉错误代码后，程序的运行情况及结果如下：

```
1
2
1
```

在上述程序中，将派生类对象 de 直接赋值给基类对象 ba，则表示可以使用派生类中继承来的成员数据为基类对象中对应的成员数据依次赋值。将地址值 &de 赋值给指针变量 p，则表示可以使用派生类对象的地址来初始化基类指针变量，从而让该指针变量指向派生类对象的存储空间。在此之后可以直接使用指针变量 p 来访问派生类对象中的成员，就像访问基类对象一样。究其原因，是因为派生类对象中继承来的成员会被保存在对象存储空间的最前边，并且与基类对象的存储结构相一致。但通过基类指针变量 p 无法访问派生类对象中的新增成员数据 b。因此在通常情况下，不能将基类对象直接转换为派生类对象。而如果要把基类对象的指针转换为派生类对象的指针，则需要执行强制类型转换。

【例 8-12】 基类指针变量类型转换。

```
#include <iostream>
using namespace std;
class Base
{
public:
        int a;
};
class Derived:public Base
{
public:
        int b;
        Derived(int x, int y)
        {
            a = x;
            b = y;
        }
};
int main()
{
        Base *p = new Derived(1, 2);
        cout << p->a << endl;
        cout << p->b << endl;                    //错误，无法通过 p 访问新增的成员数据 b
        Derived *q = static_cast<Derived *>(p);
        cout << q->a << endl;
        cout << q->b;
}
```

去掉错误代码后，程序的运行情况及结果如下：

```
1
1
2
```

在以上程序中，虽然在基类指针变量 p 中保存了一个 Derived 对象的地址，但是其本身应该指向的其实是一个 Base 对象，因此在这里并不能直接通过 p 来访问 Derived 对象中的新增成员数据 b。在将基类指针变量 p 经过类型转换之后，再赋值给派生类指针变量 q，就可以通过 q 来访问派生类对象中的所有成员了。

8.5 综合举例

【例 8-13】 设计并实现简易校园人员管理系统。

校园卡作为一个独立的类将首先被定义，并且包含了代表卡号、账户余额以及所属用户名的成员数据。在人员类 Person 的定义中以校园卡 Card 作为子对象成员，并包含了姓名、年龄和身份等成员数据，而成员函数 print()的作用是输出主要的人员相关信息。教师和学生作为校园内的主要人员，其对应的类 Teacher 和 Student 均继承自 Person 类。在 Student 类中还增加了新的成员数据 instructor 用于保存指导教师的姓名。毕业生类 Graduate 继承自学生类 Student，并且新增了成员数据 organization 和 position，分别用于表示工作单位以及职位。

```
#include <iostream>
#include <string>
using namespace std;
class Card                              //校园卡类
{
public:
        int id;                         //卡号
        int balance;                    //账户余额
        string username;                //所属用户名
        Card()
        {
            cout << "Card类的[无参构造函数]开始执行" << endl;
        }
        Card(int x, int y, string z)
        {
            cout << "Card类的[有参构造函数]开始执行" << endl;
            id = x;
            balance = y;
            username = z;
        }
};
class Person                            //人员类
{
public:
        Card card;                      //校园卡
        string name;                    //姓名
        int age;                        //年龄
        string status;                  //身份
        Person()
        {
            cout << "Person类的[无参构造函数]开始执行" << endl;
        }
```

```
        Person(Card x, int y):card(x)
        {
            cout << "Person 类的[有参构造函数]开始执行" << endl;
            name = x.username;
            age = y;
        }
        void print()
        {
            cout << "人员姓名:" << name << "\t 身份:" << status << endl;
        }
};
class Teacher:public Person             //教师类
{
public:
        Teacher()
        {
            cout << "Teacher 类的[无参构造函数]开始执行" << endl;
        }
        Teacher(Card x, int y):Person(x, y)
        {
            cout << "Teacher 类的[有参构造函数]开始执行" << endl;
            status = "教师";
        }
};
class Student:public Person             //学生类
{
public:
        string instructor;
        Student()
        {
            cout << "Student 类的[无参构造函数]开始执行" << endl;
        }
        Student(Card x, int y, string z):Person(x, y)
        {
            cout << "Student 类的[有参构造函数]开始执行" << endl;
            instructor = z;
            status = "学生";
        }
        void print()
        {
            cout << "姓名:" << name << "\t 指导教师:" << instructor << endl;
        }
};
class Graduate:private Student          //毕业生类
{
public:
        string organization;
        string position;
        Graduate(Person per, string org, string pos)
        {
            cout << "Graduate 类的[有参构造函数]开始执行" << endl;
            name = per.name;
            age = per.age;
```

```
            status = "毕业生";
            organization = org;
            position = pos;
        }
        void print()
        {
            cout << "毕业生姓名:" << name << "\t 工作单位:"
                 << organization << endl;
        }
};
int main()
{
        Card card_t = Card(4916, 100, "张某");
        Teacher tea = Teacher(card_t, 36);
        tea.print();
        Card card_s = Card(2022, 200, "李某");
        Student stu = Student(card_s, 18, tea.name);
        stu.print();
        Person per = stu;
        Graduate gra = Graduate(per, "某公司", "研发");
        gra.print();
        return 0;
}
```

程序的运行情况及结果如下：

```
Card 类的[有参构造函数]开始执行
Person 类的[有参构造函数]开始执行
Teacher 类的[有参构造函数]开始执行
人员姓名:张某    身份状态:教师
Card 类的[有参构造函数]开始执行
Person 类的[有参构造函数]开始执行
Student 类的[有参构造函数]开始执行
姓名:李某         指导教师:张某
Card 类的[无参构造函数]开始执行
Person 类的[无参构造函数]开始执行
Student 类的[无参构造函数]开始执行
Graduate 类的[有参构造函数]开始执行
毕业生姓名:李某          工作单位:某公司
```

练习题

一、选择题

1. 保护继承时，基类中的公有成员在派生类中的访问权限是________。

   A. public　　B. protected　　C. private　　D. 无法访问

2. 基类中的私有成员在派生类中的访问权限是________。

   A. public　　B. protected　　C. private　　D. 无法访问

3. 在初始化派生类对象时，最后执行的是________。

A. 基类的构造函数　　B. 子对象的构造函数

C. 派生类的构造函数　　D. 无法确定

4. 通过派生类对象能够直接访问到的基类成员是________。

A. 公有继承中的公有成员　　B. 公有继承中的保护成员

C. 保护继承中的公有成员　　D. 保护继承中的保护成员

5. 以下说法中正确的是________。

A. 基类和派生类中形参列表不同的同名成员函数之间属于重载函数

B. 在类中不能出现同名的成员函数

C. 在声明成员数据时，允许存在类型不同的同名成员

D. 在基类和派生类中可以定义完全相同的成员函数

6. 在派生类构造函数的初始化列表中，不能包含________。

A. 派生类中成员数据的初始化　　B. 基类的构造函数

C. 子对象的初始化　　D. 基类中子对象的初始化

7. 类 A 中定义了私有函数 f()，假设 class B：protected A{…}，class C：public A{…}，那么可以访问函数 f()的是________。

A. A 的对象　　B. A 的内部　　C. B 的内部　　D. C 的内部

二、填空题

以下程序的输出结果是________。

```
#include <iostream>
using namespace  std;
class A
{
    public:  A()
    {
        cout << "A";
    }
};
class B
{
  public:  B()
  {
      cout << "B";
  }
};
class C : protected B
{
  A a;
  public:
  C()
  {
  cout << "C";
  }
};
int main()
```

```
{
  C c;
}
```

三、编程题

1. 声明坐标点类 Point，包含表示横、纵坐标值的成员数据 x 和 y。基于类 Point 派生出圆类 Circle，x 和 y 用于表示圆心的坐标，并新增成员数据 r 用于表示半径长度。最后再基于类 Circle 派生出圆柱体类 Cylinder，新增成员数据 z 用于表示圆柱体高度，并声明求圆柱体体积的成员函数 volume()。

2. 声明长方体类 Cuboid，其成员数据 length、width 和 height 分别用来表示长度、宽度和高度，成员函数 volume()的作用是计算长方体的体积。另外声明金属类 Metal，并具有表示材质名称和密度的成员数据 name 和 density。最后定义的金属块类同时继承自长方体类和金属类，并且新增成员函数 totalmass()用于求总质量。

多态性与虚函数

9.1 多态性

“多态性”一词最早出现于生物学,指同在一个生物群体,各个个体之间存在的形态学、生理学和生化学的差异。简言之,客观世界的多态性是指同一个事物具有多种形态。在现实生活中可以看到许多多态性的例子。如人会走路,婴儿四脚爬着走,一般人两脚走路,老年人拄着拐杖走,这是人类关于走路的多态性表现。

在程序设计语言中,多态性是指实现不同功能的函数可以共用同一个函数名,这样就可以通过调用相同的函数而完成不同的操作,即“一个名字,多种实现”,或称为“同一接口,多种方法”。从系统实现的角度看,多态性又可以分为静态多态性和动态多态性两类。

静态多态性是指在程序编译时就能够确定函数调用语句与函数代码之间的对应关系,即在程序执行之前就将程序的所有代码(即使部分代码不会被执行)都加载到内存中,且在程序代码与内存单元绑定之后,其物理地址就保持静止不变,故静态多态性也称为静态绑定。静态多态性是通过函数重载(运算符重载本质上也属于函数重载)实现的,编译器通过函数调用的参数列表(不同的参数类型或不同的参数个数)来决定调用哪个对应的同名函数。例如,使用算术运算符“-”求两个数值的差,由于程序对于整型数据和浮点型数据的操作规则不同,编译器将根据操作数的类型决定运算的执行过程,即由不同的函数去实现减法运算。静态多态性在程序运行之前就已经明确了所要执行的函数,因此函数调用的速度快、效率高,但灵活性较差。静态多态性在第4章已经进行了详细说明,这里不再赘述,本章重点介绍动态多态性和虚函数。

动态多态性是指在程序运行期间才能确定函数调用语句与函数代码之间的对应关系,即在程序执行之前不要求加载所有代码,部分代码在程序运行期间根据需要动态地加载到内存中,从而实现与物理地址的动态映射,故动态多态性也称为动态绑定。例如,通过基类的指针变量或引用调用虚函数(也属于成员函数)时,在编译期间是无法确定应该调用哪个虚函数的,只有在程序运行时根据指针变量或引用所关联的类对象,才能决定应该调用哪一个类对象的虚函数。

在面向对象的程序设计中,动态多态性可以具体理解为:向不同的对象发送同一条消息,不同的对象会产生不同的行为。动态多态性是面向对象程序设计的重要特征之一,与封装性和继承性一起构成了面向对象程序设计的三大特征,且这三大特征是相互关联的:将有关数据和操作进行封装形成对象,抽象出对象的本质进而形成类;通过类的继承可以方便地利用一个已有类来创建一个新的类，从而实现"软件重用"，这样不仅可以减轻编程的工作量，而且可以减少程序出错的可能性；基于类的继承的层次结构，不同的派生类对象对同一消息会产生不同的响应，从而增加了程序的灵活性，便于程序的扩展与维护。

9.2 虚函数

第8章介绍了在公有派生的情况下，派生类对象和基类对象之间的赋值兼容规则。通过基类的指针变量或引用来访问派生类对象时会发生"对象截断"现象，即只能引用派生类从基类继承过来的那部分成员，截掉派生类中新增加的成员，从而使得派生类对象转换成为基类对象。这种派生类对象向基类对象的转换称为向上类型转换，是编译器自动进行的隐式转换。派生类对象和基类对象之间的赋值兼容关系如例9-1所示。

【例9-1】 赋值兼容规则的实例。

```
#include <iostream>
#include <cstring>
using namespace std;
class Employee                                    //雇员类
{
  protected:
    string name;                                  //姓名
    int id;                                       //工号
  public:
    Employee(string s_n,int n)
    {
        name = s_n;
        id = n;
    }
    void show()                                   //成员函数,输出雇员的姓名、工号
    {
    cout <<"姓名:"<< name <<'\t'<<"工号:"<< id << endl;
    }
};
class Bank_teller:public Employee                 //派生类,公有继承基类
{
private:
    string job;                                   //工作信息
public:
    Bank_teller(string s_n,int n,string s_j):Employee(s_n,n)
    {
        job = s_j;
    }
    void show()                                   //成员函数,输出雇员的姓名、工号、工作信息
    {
        cout <<"姓名:"<< name <<'\t'<<"工号:"<< id <<'\t'<<"工作:"<< job << endl;
    }
};
    class Customer_manager:public Employee        //派生类,公有继承基类
    {
private:
```

```
    string job;                  //工作信息
public:
    Customer_manager(string s_n,int n,string s_j):Employee(s_n,n)
    {
        job = s_j;
    }
    void show()                  //成员函数,输出雇员的姓名、工号、工作信息
    {
        cout <<"姓名:"<< name <<'\t'<<"工号:"<< id <<'\t'<<"工作:"<< job << endl;
    }
};
void display(Employee * p)      //通用函数,形参为基类的指针变量
{
    p -> show();
}
int main()
{
    Employee e("Jack",18607);
    Bank_teller b("Mark",32116,"柜面业务的咨询、办理等");
    Customer_manager c("Frank",59075,"开发客户、营销产品等");
    display(&e);                 //函数调用,将基类对象的地址赋值给基类指针
    display(&b);                 //函数调用,将派生类对象的地址赋值给基类指针,赋值兼容规则
    display(&c);                 //函数调用,将派生类对象的地址赋值给基类指针,赋值兼容规则
    return 0;
}
```

程序的运行情况及结果如下：

```
姓名:Jack         工号:18607
姓名:Mark         工号:32116
姓名:Frank        工号:59075
```

上例中的 display()函数被设计成为一个通用函数，试图输出不同类型银行雇员的属性信息，但派生类对象仅输出了银行柜员和客户经理的姓名、工号，其工作信息未能成功显示。分析基类与派生类的结构如图 9-1 所示。

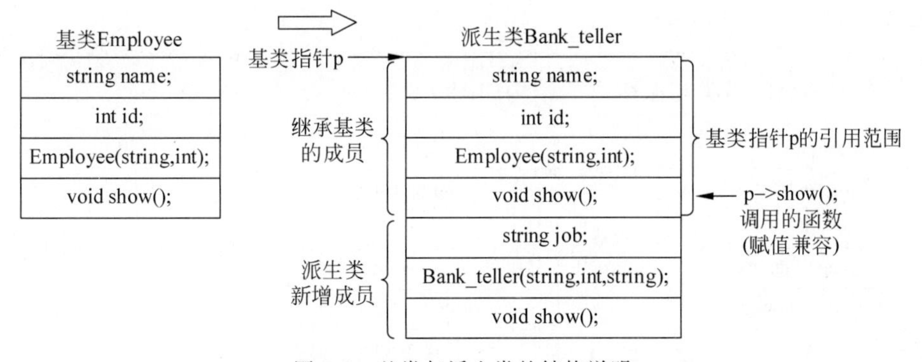

图 9-1　基类与派生类的结构说明

由图 9-1 可知，当基类的指针变量指向派生类对象时，函数语句“p-> show();”仍然执行的是从基类继承过来的成员函数 show()，故不能输出银行柜员的工作信息。值得指出的是，此时基类与派生类中均含有成员函数 show()，它们分别位于不同的范围(基类或派生

类),却具有相同的函数名、函数类型和函数参数,这与函数重载是截然不同的两个概念。

如果希望基类的指针变量在指向不同的类对象时,不同的类对象会产生不同的行为,显然通过静态绑定是无法实现的,此时需要利用动态绑定功能。使用动态绑定,程序在编译时函数语句“p-> show();”并未绑定任何函数体,而是根据程序执行过程中接收到的不同类对象来绑定对应类对象的成员函数。例如,当函数 display(Employee * p)接收到的实参是派生类 Bank_teller 的对象地址时,则调用派生类 Bank_teller 的新增成员函数 show(),从而可以输出银行柜员的工作信息。这正是动态多态性的体现。

如何通过动态绑定来实现这种多态性? C++是利用虚函数来解决该问题的。例如,将基类的成员函数 show()声明为虚函数,并在派生类中继承且重新定义该虚函数,就可以通过基类的指针变量或引用来调用不同类中的同名虚函数,从而实现动态多态性。

虚函数的定义是通过关键字 virtual 实现的,其语法格式如下:

```
virtual 函数类型 函数名(参数列表)
{
    函数体
}
```

例如,在例 9.1 中,为了实现动态绑定,可以在基类 Employee 中将 show()函数定义为虚函数:

```
class Employee
{   …
virtual void show()                          //将基类的成员函数定义为虚函数
    {
        cout <<"姓名:"<< name <<'\t'<<"工号:"<< id << endl;
    }
};
```

此时,程序的运行情况及结果如下:

```
姓名:Jack        工号:18607
姓名:Mark        工号:32116        工作:柜面业务的咨询、办理等
姓名:Frank       工号:59075        工作:开发客户、营销产品等
```

分析有虚函数的基类与派生类的结构如图 9-2 所示。

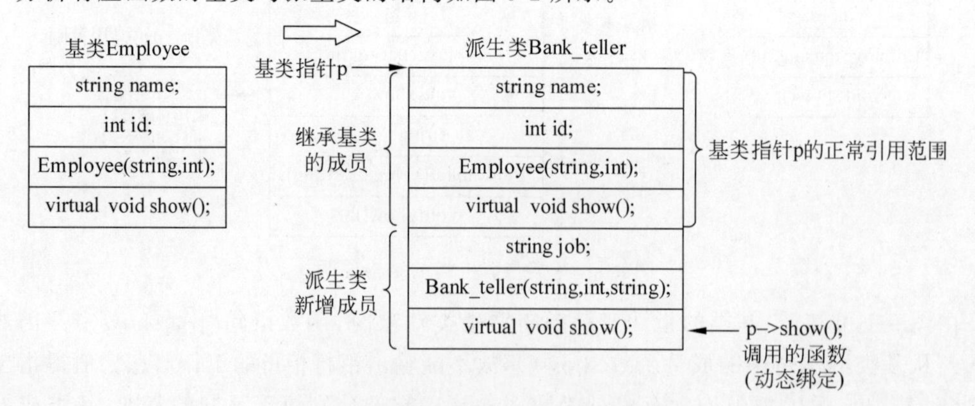

图 9-2 有虚函数的基类与派生类的结构说明

由图 9-2 可知，当执行到函数语句“display(&b);”时，将派生类 Bank_teller 的对象地址传递给基类的指针变量，动态绑定的是派生类 Bank_teller 的新增成员函数 show()，输出了银行柜员的姓名、工号和工作信息。

使用虚函数，要注意以下 6 点。

(1) 虚函数是基类的成员函数，且只有非静态成员函数能定义为虚函数。

(2) 构造函数不能定义为虚函数，但析构函数可以是虚函数。

(3) 通过虚函数实现动态绑定时，基类与派生类之间必须采用公有继承方式。

(4) 将基类的成员函数定义为虚函数，则派生类中与该虚函数同原型的成员函数(相同的函数名、函数类型和函数参数)自动继承其虚特性，且派生类中虚函数的关键字 virtual 可以缺省。

(5) 如果基类中的某个成员函数需要在派生类中重新定义以实现不同的功能，则应将该成员函数定义为虚函数；如果某个成员函数不会被重新定义，则应将其定义为非虚函数，这样程序的运行会更高效，因为动态绑定会有一定的时间开销和空间开销。

(6) 注意区分虚函数与函数重载：基类与派生类中的虚函数是函数原型相同，其分别处于不同的类中；而重载函数的函数原型不同。

在完成了虚函数的定义后，必须通过基类的指针变量或引用对派生类对象进行访问，以实现虚函数的动态绑定。

【例 9-2】 通过基类的指针变量或引用调用虚函数。

```
#include <iostream>
#include <cstring>
using namespace std;
class Account                                 //银行账户类
{
  protected:
    string id;                                //身份证号
    int account_number;                       //账号
  public:
    Account(string s_i, int n)
    {
        id = s_i;
        account_number = n;
    }
    virtual void show()                       //成员函数定义为虚函数,输出身份证号、账号
    {
        cout <<"身份证号:"<< id <<'\t'<<"账号:"<< account_number << endl;
    }
};
class Current:virtual public Account          //活期账户类,且将基类声明为虚基类
{
  protected:
    double c_balance;                         //活期余额
  public:
    Current(string s_i, int n, double x):Account(s_i,n)
    {
```

```
        c_balance = x;
    }
    void show()                        //成员函数继承虚特性,输出身份证号、账号、活期余额
    {
        cout <<"身份证:"<< id <<'\t'<<"账号:"<< account_number <<'\t';
        cout <<"活期余额:"<< c_balance << endl;
    }
};
class Regular:virtual public Account   //定期账户类,且将基类声明为虚基类
{
protected:
    double r_balance;                  //定期余额
public:
    Regular(string s_i,int n,double x):Account(s_i,n)
    {
        r_balance = x;
    }
    void show()                        //成员函数继承虚特性,输出身份证号、账号、定期余额
    {
        cout <<"身份证:"<< id <<'\t'<<"账号:"<< account_number <<'\t';
        cout <<"定期余额:"<< r_balance << endl;
    }
};
class Multiple:public Current,public Regular      //间接派生类,表示复合账户
{
public:
    Multiple(string s_i,int n,double x,double y)
    :Account(s_i,n),Current(s_i,n,x),Regular(s_i,n,y)
    {    }
    void show()                //成员函数继承虚特性,输出身份证号、账号、活期余额、定期余额
    {
        cout <<"身份证:"<< id <<'\t'<<"账号:"<< account_number <<'\t';
        cout <<"活期余额:"<< c_balance <<'\t'<<"定期余额:"<< r_balance << endl;
    }
};
void display_1(Account *p)             //通用函数,通过基类指针实现动态绑定
{
    p->show();
}
void display_2(Account &q)             //通用函数,通过基类引用实现动态绑定
{
    q.show();
}
int main()
{
    Current c("4201011989xxxx",300396,2495.6);
    Regular r("1100001973xxxx",500028,56307.2);
    Multiple m("4403001993xxxx",700173,1008.5,12089.9);
    display_1(&c);                     //函数调用,将直接派生类对象的地址赋值给基类指针
    display_1(&r);                     //函数调用,将直接派生类对象的地址赋值给基类指针
    display_2(m);                      //函数调用,用间接派生类对象初始化基类引用
    return 0;
}
```

程序的运行情况及结果如下：

```
身份证号:4201011989xxxx    账号:300396    活期余额:2495.6
身份证号:1100001973xxxx    账号:500028    定期余额:56307.2
身份证号:4403001993xxxx    账号:700173    活期余额:1008.5    定期余额:12089.9
```

例 9-2 在基类 Account 中定义了虚函数 show()，并在其直接派生类 Current 和 Regular、间接派生类 Multiple 中分别重新定义了成员函数 show()，且继承了基类虚函数的虚特性。因此，当基类指针变量分别指向直接派生类 Current 和 Regular 的对象时，通过基类指针调用虚函数 show()，即"p-> show();"，实际执行的是直接派生类中重新定义的虚函数，分别输出了活期账户和定期账户的信息；将间接派生类 Multiple 的对象赋值给基类引用，并通过基类引用调用虚函数 show()，即"q. show();"，实际执行的是间接派生类中重新定义的虚函数，输出了混合账户中的活期余额和定期余额。

9.3　纯虚函数与抽象类

9.3.1　纯虚函数

一般而言，不同类中的虚函数往往是考虑类自身的需求，对应地去实现某一具体功能的，如例 9-1 和例 9-2。但有时将基类中某一成员函数定义为虚函数，并不是出于基类本身的要求，且该虚函数也并未完成任何具体操作，如例 9-3 所示。

【例 9-3】 基类中虚函数的作用。

```
#include <iostream>
using namespace std;
class Account                          //银行账户类
{
public:
    int account_number;                //账号
    Account(int n)
    {
        account_number = n;
    }
    virtual double calculate()         //成员函数定义为虚函数,且未执行任何操作
    {    }
};
class Balance:public Account           //直接派生类,公有继承基类
{
private:
    double oringal,change;             //初始余额、收支
public:
    Balance(int n,double x,double y):Account(n)
    {
        oringal = x;
        change = y;
    }
```

```
    double calculate()                    //成员函数继承虚特性,计算收支后的余额
    {
        return oringal + change;
    }
};
class Interest:public Balance             //间接派生类,公有继承直接派生类
{
private:
    double rate;                          //利率
public:
    Interest(int n,double x,double y,double r):Balance(n,x,y)
    {
        rate = r;
    }
    double calculate()                    //成员函数继承虚特性,计算利息结算后的余额
    {
        return Balance::calculate() * (1 + rate);
    }
};
void display(Account  * p)               //通用函数,通过基类指针实现动态绑定
{
    cout << p - > calculate()<< endl;     //计算并输出余额
}
int main()
{
    Balance a1(10023,8848, - 1023.6);
    Interest a2(21058,12098.4,1455,0.025);
    cout <<"账号:"<< a1.account_number <<'\t'<<"余额(计算收支):";
    display(&a1);                         //函数调用,将直接派生类对象的地址赋值给基类指针
    cout <<"账号:"<< a2.account_number <<'\t'<<"余额(计算收支与利息):";
    display(&a2);                         //函数调用,将间接派生类对象的地址赋值给基类指针
    return 0;
}
```

程序的运行情况及结果如下：

```
账号:10023        余额(计算收支):7824.4
账号:21058        余额(计算收支与利息):13892.2
```

例 9-3 的基类 Account 中定义了一个求账户余额的虚函数 calculate(),由于基类中没有相关的数据信息,因此该虚函数无具体的实现,函数体为空。但是,在基类的直接派生类 Balance 和间接派生类 Interest 中定义了期初余额、收支、利率等成员数据,通过计算可以求得账户余额,故派生类中重新定义了虚函数 calculate(),并利用 display(Account * p) 函数,通过基类的指针变量实现了虚函数的动态绑定。

由以上分析可知,基类中的虚函数 calculate()只是在基类中设置了一个函数名,具体功能留给派生类根据需求重新定义。相当于在基类中预留了一个待实现的接口,方便编写通用程序从而实现动态多态性。

为了简化,可以将这种特殊形式的虚函数声明为纯虚函数,其语法格式如下：

```
virtual 函数类型 函数名(参数列表) = 0;
```

关于纯虚函数的说明如下。

(1) 纯虚函数的函数体为空，故将函数的定义简化为函数原型声明语句，以分号结束。

(2) "=0"并不表示函数的返回值为0，其意义是通知编译系统"该函数为纯虚函数"。

(3) 纯虚函数不实现任何具体操作，不能被调用，其作用是为派生类中的同名虚函数提供统一的接口。

(4) 拥有纯虚函数的基类不能定义对象，但为了实现动态多态性，可以定义基类的指针变量或引用。

(5) 如果在基类中声明了纯虚函数，而派生类中并未对其进行重新定义，则该虚函数在派生类中仍为纯虚函数。

因此，在例9.3中，可以将基类Account的虚函数calculate()声明为纯虚函数：

```
class Account
{    …
   virtual double calculate() = 0;            //将基类的成员函数声明为纯虚函数
};
```

此时，程序的运行结果与例9.3的运行结果相同。

9.3.2 抽象类

含有一个或多个纯虚函数的类称为抽象类，也就是说，抽象类至少含有一个纯虚函数。一般而言，通过类可以实例化对象，但是抽象类不能用来定义对象。声明抽象类的唯一目的是将其作为基类去创建派生类，故抽象类也称为抽象基类。可以将抽象类视为提供给用户的"模板"，基于"模板"可以派生出功能各异的派生类，进而定义对象。

基于继承而形成的类的层次结构也称为类族，类族中可以不包含抽象类，但一般而言，类族的顶部往往是一个抽象类，甚至顶部多层都是由抽象类构成的。通过继承，抽象类向派生类层层递进，类的功能也会越来越明确和具体，成为可以用来定义对象的具体类。

关于抽象类，要注意以下4点。

(1) 抽象类中含有的一个或多个纯虚函数，可能是抽象类中声明的，也可能是从其抽象基类继承而来的。

(2) 抽象类的派生类可以是具体类，也可以是抽象类。如果派生类没有实现所有的纯虚函数，则该派生类仍为抽象类。

(3) 抽象类不能实例化对象，其作用是创建派生类并为类族提供统一的公共接口。

(4) 可以定义抽象类的指针变量或引用，进而访问具体派生类对象的虚函数，即通过统一接口进行动态绑定，实现动态多态性。

由于纯虚函数和抽象类这两个概念具有因果联系，故二者的说明也具有明显的相关性。

基于抽象类，通过动态绑定可以实现"通用算法"，如例9-4所示。

【例9-4】 用二分法求以下方程的解。

(1) $x^2-2x-2=0$，初值 $x_1=2$，$x_2=3$。

(2) $\lg x=3-x$，初值 $x_1=2.5$，$x_2=3.5$。

(3) $2^x+x=4$，初值 $x_1=1$，$x_2=2$。

提示：二分法是一种近似求解方程的常用方法。对于在区间$[x_1, x_2]$上连续且$f(x_1)\times$

$f(x_2)<0$ 的 $f(x)$ 函数，取该区间的中点 $x_0=(x_1+x_2)/2$，并求出 $f(x_0)$ 的值。若 $|f(x_0)|$ 满足给定的精度要求，则 x_0 即为方程的解；若 $|f(x_0)|$ 不满足精度要求，当 $f(x_0)\times f(x_2)>0$ 时，令 $x_2=x_0$；否则，令 $x_1=x_0$。在新区间 $[x_1,x_2]$ 取中点，重复以上步骤，直到 $|f(x_0)|$ 满足精度要求为止，x_0 即为方程的解。

```
#include <iostream>
#include <cmath>
using namespace std;
class Root                              //定义基类为抽象类,用作派生
{
  private:
    double x1,x2;                       //方程解的初值
  public:
    Root(double a,double b)
    {
        x1 = a;
        x2 = b;
    }
    virtual double fun(double) = 0;     //求解方程的函数声明为纯虚函数
    double solve()                      //二分法求解方程
    {
        double x0;                      //方程的解
        do
        {
            x0 = (x1 + x2)/2;
            if(fun(x0) * fun(x2)> 0)
                x2 = x0;
            else
                x1 = x0;
        }while(fabs(fun(x0))> = 1e - 6);
        return x0;
    }
};
class Equation1:public Root             //定义第 1 个方程的类,公有继承基类
{
public:
    Equation1(double a,double b):Root(a,b)
    {       }
    double fun(double x)                //派生类中实现纯虚函数
    {
        return x * x - 2 * x - 2;
    }
};
class Equation2:public Root             //定义第 2 个方程的类,公有继承基类
{
  public:
    Equation2(double a,double b):Root(a,b)
    {       }
    double fun(double x)                //派生类中实现纯虚函数
    {
        return log10(x) + x - 3;
    }
```

```
};
class Equation3:public Root                        //定义第 3 个方程的类,公有继承基类
{
  public:
    Equation3(double a,double b):Root(a,b)
    {    }
    double fun(double x)                           //派生类中实现纯虚函数
    {
        return pow(2,x) + x - 4;
    }
};
void display(Root  * p)                            //通用函数,通过基类指针实现动态绑定
{
    cout <<"方程的解:x = "<< p -> solve()<< endl;    //求解并输出方程的解
}
int main()
{
    Equation1 e1(2,3);                             //定义第 1 个方程的对象,并赋初值
    Equation2 e2(2.5,3.5);                         //定义第 2 个方程的对象,并赋初值
    Equation3 e3(1,2);                             //定义第 3 个方程的对象,并赋初值
    display(&e1);                                  //函数调用,求解并输出第 1 个方程的解
    display(&e2);                                  //函数调用,求解并输出第 2 个方程的解
    display(&e3);                                  //函数调用,求解并输出第 3 个方程的解
    return 0;
}
```

程序的运行情况及结果如下：

```
方程的解:x = 2.73205
方程的解:x = 2.58717
方程的解:x = 1.38617
```

例 9-4 通过调用 display(Root * p)函数，将派生类对象的地址赋值给抽象类的指针变量，进而利用抽象类中统一的函数接口(纯虚函数)动态绑定不同派生类中的同名虚函数，这样就实现了不同的函数共用同一段程序的“通用算法”。

9.4　综合举例

【例 9-5】 设计并开发简易商场信息管理系统。

商场在日常的经营活动中普遍采取各种促销方式吸引顾客，以刺激消费，促进商品销售。常见的促销方式有以固定折扣率打折、第二件半价、消费金额满减等。请设计一个简单的商场信息管理系统，要求实现以下计价方式：部分商品按照原价销售；部分商品以固定折扣率打折销售；部分商品两件捆绑销售，第二件半价。最后，若商品总金额达到一定额度，还可以参加满减活动。要求程序实现商品的信息录入、不同类别商品的价格计算、商品总价计算及相应的信息输出等功能。

```
#include <iostream>
#include <iomanip>
using namespace std;
class Goods                                         //商品类
{
  public:
    int id;                                         //商品编号
    string name;                                    //商品名称
    double original_price;                          //商品原价
    string note;                                    //备注打折方式
    Goods(int a,string b,double c,string d)         //构造函数
    {
        id=a;
        name=b;
        original_price=c;
        note=d;
    }
    void display()                                  //成员函数,输出商品编号、名称、原价
    {
        cout<<"编号:"<<setiosflags(ios::left)<<setw(6)<<id;
        cout<<"名称:"<<setw(6)<<name;
        cout<<"原价:"<<setw(5)<<original_price<<setw(18)<<note;
    }
    virtual double current_price() = 0;             //求现价的函数声明为纯虚函数
};
class Nodiscount:public Goods                       //定义无折扣商品的类,公有继承基类
{
  public:
    Nodiscount(int a,string b,double c,string d):Goods(a,b,c,d)
    {   }
    double current_price()                          //派生类中实现纯虚函数,计算现价
    {
        return original_price;
    }
};
class Discount:public Goods                         //定义固定折扣商品的类,公有继承基类
{
  private:
    double discount_rate;                           //折扣
  public:
    Discount(int a,string b,double c,string d,double e):Goods(a,b,c,d)
    {
        discount_rate=e;
    }
    double current_price()                          //派生类中实现纯虚函数,计算现价
    {
        return original_price*discount_rate;
    }
};
class Secondhalf:public Goods                       //定义第二件半价商品的类,公有继承基类
{
  public:
    Secondhalf(int a,string b,double c,string d):Goods(a,b,c,d)
```

```
    {     }
    double current_price()                          //派生类中实现纯虚函数,计算现价
    {
        return 1.5 * original_price;
    }
};
class Shopping                                      //测试类
{
  private:
    int goods_count;                                //购买商品件数
    double sum;                                     //付款金额
    Goods  * goods_array[100];                      //基类指针数组
  public:
    Shopping()                                      //构造函数
    {
        goods_count = 0;
        sum = 0;
    }
    void input();                                   //商品信息录入
    void show();                                    //商品信息输出
};
void Shopping::input()
{
    cout <<"请输入商品信息(编号、商品名、价格、打折方式):"<< endl;
    cout <<"打折方式:1 表示原价;2 表示固定折扣;3 表示第二件半价\n"<< endl;
    int id;                                         //商品编号
    string name,note;                               //商品名称、备注打折方式
    double original_price;                          //商品原价
    int i = 0;                                      //商品件数计量
    int kind;                                       //标记不同打折方式
    char sign = 'Y';                                //是否继续录入商品
    while(sign!= 'N'&&sign!= 'n')
    {
        cin >> id >> name >> original_price >> kind;  //录入商品编号、名称、原价
        Goods  * ngood = NULL;                      //定义基类指针变量
        if(kind == 1)                               //无折扣计价方式
        {
            note = "不打折";
            ngood = new Nodiscount(id,name,original_price,note); //动态分配内存
            sum += ngood -> current_price();        //累计总价
        }
        else if(kind == 2)                          //固定折扣计价方式
        {
            cout <<"请输入折扣:";
            double discount_rate;                   //折扣
            cin >> discount_rate;
            note = "固定折扣";
            ngood = new Discount(id,name,original_price,note,discount_rate);
            sum += ngood -> current_price();        //累计总价
        }
        else if(kind == 3)                          //第二件半价计价方式
        {
            note = "两件(第二件半价)";
```

```
            ngood = new Secondhalf(id,name,original_price,note);
            sum += ngood -> current_price();            //累计总价
        }
        Else                                            //输入错误,重新输入
        {
            cout <<"输入错误,请重新输入!"<< endl;
            continue;
        }
        goods_array[i++] = ngood;                       //将录入商品保存至基类指针数组
        cout <<"继续录入商品?(Y/N):";
        cin >> sign;
    }
    goods_count = i;                                    //保存购买商品件数
}
void Shopping::show()
{
    cout <<'\n'<<"---------------------------- "<< endl;
    for(int i = 0;i < goods_count;i++)                  //依次输出每件商品的信息
    {
        Goods * bgood = goods_array[i];
        cout << i + 1 <<".";
        bgood -> display();
        cout <<"现价:"<< bgood -> current_price()<< endl;
    }
    cout <<" --------------------------- "<< endl;
    cout <<"共"<< goods_count <<"件商品,总金额"<< sum <<"元"<< endl;
    int sub = (int)(sum/300) * 15;
    sum -= sub;                                         //计算满减金额
    cout <<"每满 300 减 15,再减"<< sub <<"元,请付款:"<< sum <<"元"<< endl;
}
int main()
{
    Shopping sp;                                        //定义测试类对象
    sp.input();                                         //商品信息录入
    sp.show();                                          //商品信息输出
    return 0;
}
```

程序的运行情况及结果如下：

```
请输入商品信息(编号、商品名、价格、打折方式):
打折方式:1 表示原价;2 表示固定折扣;3 表示第二件半价

1001   上衣   248   1↙
继续录入商品?(Y/N):Y↙
1002   裤子   180   2↙
请输入折扣:0.9↙
继续录入商品?(Y/N):Y↙
1003   床单   135   3↙
继续录入商品?(Y/N):Y↙
1004   被套   150   2↙
请输入折扣:0.85↙
```

```
继续录入商品?(Y/N):Y↙
1005  凉席  110  3↙
继续录入商品?(Y/N):N↙
------------------------
1.编号:1001  名称:上衣  原价:248  不打折            现价:248
2.编号:1002  名称:裤子  原价:180  固定折扣          现价:162
3.编号:1003  名称:床单  原价:135  两件(第二件半价)  现价:202.5
4.编号:1004  名称:被套  原价:150  固定折扣          现价:127.5
5.编号:1005  名称:凉席  原价:110  两件(第二件半价)  现价:165
------------------------
共 5 件商品,总金额 905 元
每满 300 件 15,再减 45 元,请付款:860 元
```

例 9-5 先定义了抽象基类 Goods,其成员数据表示商品的基本信息,成员函数包括构造函数和纯虚函数 current_price(),因暂时未明确不同类别商品的促销模式,无须实现其计价功能,故纯虚函数的作用是在基类中预留了一个待实现的接口。然后由抽象基类 Goods 派生出类 Nodiscount、类 Discount 和类 Secondhalf,分别实现无折扣、按照某一折扣率打折、第二件半价的计价功能。最后定义一个测试类 Shopping,实现了不同类别商品的信息录入、价格计算、总金额满减、总价计算及相应的信息输出功能。

同时,若商场推出新的促销方式,只需从抽象基类 Goods 派生出新的派生类,通过相同的接口实现新的计价模式,使得程序不用作过多修改就能满足现实需求。由此可见,多态性使得程序的可扩展性得到了极大提升。

练习题

一、简答题

1. 比较函数重载和虚函数,二者在概念和实现上有什么区别?
2. 如何声明一个抽象类?简述抽象类的作用与使用方式。
3. 说明类的普通成员函数、静态成员函数、虚函数和纯虚函数的区别。

二、填空题

1. 下列程序的运行结果是 ________。

```
#include <iostream>
using namespace std;
class A
{
private:
int m;
public:
A(int x)
{
m = x;
}
virtual int fun()
{
```

```
return m + m;
}
};
class B:public A
{
private:
int n;
public:
B(int x,int y):A(x)
{
n = y;
}
int fun()
{
return n * n;
}
};
void display(A * p)
{
cout << p -> fun()<< endl;
}
int main()
{
A a(13);
B b(5,7);
display(&a);
display(&b);
cout << b.A::fun()<< endl;
return 0;
}
```

2. 下列程序的运行结果是________。

```
#include <iostream>
using namespace std;
class A
{
    public:
A()
{
cout <<"调用 A 的构造函数"<< endl;
}
virtual void show()
{
cout << 10 << endl;
}
void display()
{
cout << 100 << endl;
}
};
class B:public A
```

```
{
public:
B()
{
cout <<"调用 B 的构造函数"<< endl;
}
void show()
{
cout << 20 << endl;
}
void display()
{
cout << 200 << endl;
}
};
int main()
{
B b;
A * p = &b;
p -> show();
p -> display();
return 0;
}
```

3. 下列程序的运行结果是________。

```
#include <iostream>
using namespace std;
class A
{
private:
int a;
public:
A(int x)
{
a = x;
}
virtual void show(int x)
{
cout << a + x << endl;
}
};
class B:public A
{
private:
int b;
public:
B(int x, int y):A(x)
{
b = y;
}
virtual void show(double x)
```

```
{
cout << b + x << endl;
}
};
int main()
{
B b(3,7);
A *p = &b;
p -> show(1.5);
return 0;
}
```

4. 下列程序是动态多态性的应用实例，已知程序的输出结果是ABC，请完善程序。

```
#include <iostream>
using namespace std;
class A
{
protected:
int a;
public:
A(int x)
{
a = x;
}
________________
{
cout <<"A";
}
};
class B:public A
{
protected:
int b;
public:
B(int x,int y):A(x)
{
b = y;
}
void show()
{
cout <<"B";
}
};
class C:public B
{
protected:
int c;
public:
________________
{
c = z;
```

```
}
void show()
{
cout <<"C";
}
};
int main()
{
A aa(1), * p;
B bb(2,3);
C cc(4,5,6);
______________
p -> show();
______________
p -> show();
______________
p -> show();
return 0;
}
```

三、编程题

1. 编写一个程序，声明基类 Circle(圆形类)，再由其派生出类 Cylinder(圆柱类)和类 Cone(圆锥类)。要求：

(1) 三个类的成员数据在定义对象时给出；

(2) 利用同名成员函数 area()分别计算不同图形的面积或表面积；

(3) 通过 display()函数输出不同图形的面积或表面积。

2. 编写一个程序，声明抽象类 Shape(图形类)，再由其派生出类 Cube(正方体类)、类 Cuboid(长方体类)、类 Cylinder(圆柱类)、类 Cone(圆锥类)和类 Sphere(球类)。要求：

(1) 不同类的成员数据在定义对象时给出；

(2) 利用虚函数 volume()计算并返回不同形状体的体积；

(3) 通过基类的指针数组实现动态绑定。

第10章 I/O流与文件操作

几乎每个程序都需要使用输入和输出，因此了解它们是学习计算机语言面临的首要任务。与C语言一样，C++语言中也没有提供输入输出语句。但是C++标准库中有一个面向对象的输入输出软件包，它就是I/O流类库，而流是I/O流类的中心概念。在本章前面的内容中，只是简单介绍如何利用系统预定义的cin和cout对象来实现程序的输入和输出。而进入本章将更加详细深入地介绍C++的I/O流类，了解它们是如何设计的，并学习如何控制输入输出格式。本章将先以用户熟悉的控制台I/O(包括屏幕和键盘)的讨论为起点，然后再深入扩展到文件I/O。

10.1 概述

10.1.1 输入和输出的含义

前面程序中用到的输入和输出功能，都是以终端为对象的，即从键盘输入数据，运行结果输出到显示器屏幕上。从操作系统的角度来看，每一个与主机相连的输入输出设备都看作一个文件。例如终端键盘是输入文件，显示器和打印机是输出文件。除了以终端为对象进行输入和输出外，还经常用磁盘作为输入输出对象，这时，磁盘文件既可以作为输入文件，也可以作为输出文件。

程序的输入指从输入对象将数据传送给程序，程序的输出指从程序将数据传送给输出对象。具体来说，C++输入和输出主要包括以下3方面的内容。

(1) 对系统指定的标准设备的输入和输出。即从键盘输入数据，数据输出到显示器屏幕，这种输入输出被称为标准的输入输出，简称标准I/O。

(2) 以外存(磁盘、光盘等)文件为对象进行的输入和输出。例如，从磁盘文件输入数据，数据输出到磁盘文件。这种以外存文件为对象的输入输出称为文件的输入输出，简称文件I/O。

(3) 对内存中指定的空间进行输入和输出。通常指定一个字符数组作为存储空间(实际上可以利用该空间存储任何信息)。这种输入和输出称为字符串输入输出，简称串I/O。

C++采取不同的方法来实现以上3种输入和输出。

10.1.2 流和缓冲区

C++认为数据输入和输出的过程也是数据传输的过程，数据像水一样从一个地方流动到另一个地方。C++程序把输入和输出流当作字节流。输入时，程序从输入流中提取字节，输出时，程序将字节插入输出流中。输入流中字节可能来自键盘，也可能来自存储设备（如硬盘）或其他程序。同样，输出流中的字节可以流向屏幕、打印机、存储设备或其他程序。流充当了程序和流源头或流去向之间的桥梁，使得 C++ 程序可以相同的方式对待来自键盘的输入和来自文件的输入，C++ 程序只是检查字节流，不需要知道字节来自何方。同样，通过使用流，C++ 程序处理输出的方式也独立于其输出去向。

C++程序和输入输出流关系如图 10-1 所示。

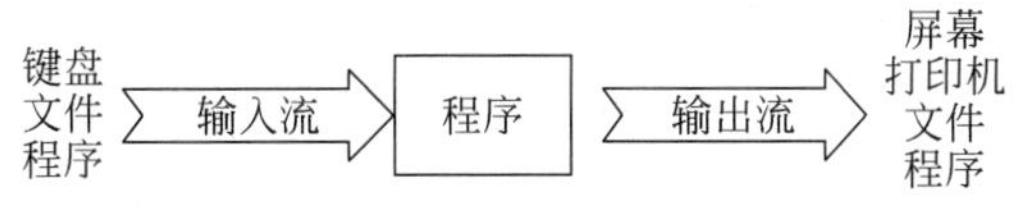

图 10-1 C++程序的输入输出流

通常，通过使用缓冲区可以更高效地处理输入和输出。缓冲区是用作中介的内存块，它是将信息从设备传输到程序或从程序传输给设备的临时存储工具。通常，像磁盘驱动器这样的设备以 512 字节（或更多）块为单位来传输信息，而程序通常每次只能处理一字节的信息，缓冲区帮助匹配这两种不同的信息传输速率。例如，假设程序要计算记录在硬盘文件中的金额，程序可以从文件中读取一个字符，处理它，再读取下一个字符，再处理。以此类推，从磁盘文件中每次读取一个字符需要大量的硬件活动，速度非常慢。缓冲方法则从磁盘上读取大量信息，将这些信息存储在缓冲区中，然后每次从缓冲区中读取一字节。因为从内存中读取单字节的速度比从硬盘中读取快很多。当然，当达到缓冲区尾部后，程序将从磁盘中读取另一块数据。输出时，程序首先填满缓冲区，然后把整块数据传输给硬盘，并清空缓冲区，以备下一批输出使用，这被称为刷新缓冲区（flushing the buffer）。

键盘输入每次提供一个字符，在这种情况下，程序不需要缓冲区来匹配不同的数据传输速率。然而，让键盘输入进行缓冲可以让用户在输入传输给程序之前进行返回并更正。C++程序通常在用户按下回车键时刷新缓冲区。这就是为什么本书的例子没有一开始处理输入，而是等到用户按下回车键后再处理的原因。对于屏幕输出，C++程序通常在用户发送换行符 endl 后刷新缓冲区。

如果是标准设备的输入和输出，先将这些数据插入输出流（cout 流），送到程序的输出缓冲区保存，直到缓冲区满或遇到 endl，就将缓冲区中的全部数据送到显示器显示出来。在输入时，从键盘输入的数据先存放在键盘的缓冲区中，当按下回车键时，键盘缓冲区的数据输入程序中的输入缓冲区，形成输入流（cin 流），然后用提取运算符＞＞从输入缓冲区提取数据送到程序中的有关变量。总之，流是与内存缓冲区相对应的，或者说，缓冲区的数据就是流。

使用数据流来处理输入输出的目的是使程序的输入输出操作独立于相关设备，由于程序无须关注具体设备实现的细节，具体细节由系统处理，所以对于各种输入输出设备，只要针对流来做一些处理，无须修改源程序。因而实现了用相同的方式，处理不同来源的输入流和不同目标的输出流，从而增强了程序的可移植性。

10.1.3 ios 类结构

管理流和缓冲区的工作有点复杂，C++ 提供了庞大的 I/O 流类库，用不同的类去实现不同的功能。这个流类库是用继承方法建立起来的用于输入输出的类库，这些类有两个基类：ios 类和 streambuf 类，其他类都是从它们直接或间接派生出来的。

顾名思义，ios 表示输入输出流，ios 类是输入输出操作在用户端的接口，为用户的输入输出提供服务。streambuf类是处理流缓冲区的类,包括缓冲区起始地址、读写指针和对缓冲区的读写操作,是数据在缓冲区中的管理和数据输入输出缓冲区的实现,streambuf类是输入输出操作在物理设备一方的接口。可以说,ios负责高层操作,streambuf负责底层操作。对用户来说,接触较多的是ios类,其中包含了许多用于输入输出的类,如果想深入了解类库的内容和使用方法,可参阅C++系统的类库手册。本章只选择介绍其中最常用的一些类的用法,这些类的继承层次结构如图10-2所示。

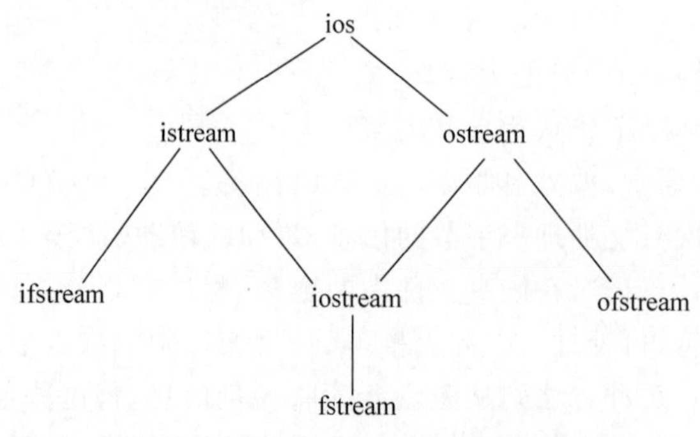

图10-2 常用ios类的继承层次结构

ios是抽象基类,由它派生出istream类和ostream类。istream类支持输入操作,其派生类ifstream支持对文件的输入操作;ostream类支持输出操作,其派生类ofstream支持对文件的输出操作;iostream类是istream类和ostream类通过多重继承而派生的,支持输入输出操作,其派生类fstream类支持对文件的输入输出操作。

ios流类库中不同的类的声明放在不同的头文件中,因此用户在程序中要用#include指令包含有关的头文件。譬如,前面经常用到的cin是系统预定义的istream类对象,用于实现键盘输入操作,cout是系统预定义的ostream类对象,用于实现屏幕输出操作。istream和ostream这两个类的定义以及cin和cout对象的定义都在标准库文件iostream中,因此用户只要在程序中添加#inlcude <iostream>语句,就可以直接通过cin和cout对象调用标准库中对istream和ostream这两个类已经定义好的功能。本章后面将会详细介绍cin和cout的使用方法。

同样地,对文件的输入输出是通过类ifstream、ofstream和fstream来实现的,这些类的完整定义都在标准库文件fstream中。用户只要在程序中添加#inlcude <fstream>语句,就可以在代码中定义这些类的对象并访问对应的功能,从而实现对文件的各种操作。

10.2 标准输入输出流

10.2.1 标准输入流

cin是系统预定义的istream类的对象,用来完成标准输入设备(键盘)的输入。istream类被封装在iostream库文件中,该库定义的名字都在命名空间std中,所以cin全称是std::cin。因此要在程序中直接使用cin,都需要先添加#include <iostream>和using namespace std。该对象经常使用4种形式实现输入操作,即提取运算符>>、成员函数get()、成员函数getline()和成员函数read()。

1. 提取运算符>>

提取运算符>>的使用格式如下：

```
cin>>操作数1[>>操作数2>>…>>操作数n]
```

其中操作数是C++系统的标准数据类型的变量。在标准库文件 iostream 中，提取运算符>>已经对这些数据类型重载，系统可以自动识别其数据类型从而执行正确的操作。

当用户通过标准输入设备(键盘)输入数据并按回车键后，该数据才被送入键盘缓冲区，形成输入流，提取运算符>>从中提取数据。cin 对象将标准输入表示为字节流，如果键入字符序列“2011”，cin 对象将从输入流中提取这几个字符。操作数的类型可以是字符串、整型、浮点型，也可以是其他标准类型，因此提取操作还涉及类型转换。cin 对象会根据操作数的类型，使用其他方法将字符序列转换为所需的类型。

例如：

```
int a;
float b,c;
cin>>a>>b>>c;
```

如果从键盘输入：

```
123  1.5  2↙
```

此时变量 a 的值为 123，变量 b 的值为 1.5，变量 c 的值为 2。同样的效果，也可以分多行输入数据：

```
123↙
1.5↙
3↙
```

注意：提取运算符>>用于输入数据时，通常跳过输入流中的空格、Tab 键、换行符等空白字符，即这些空白字符不能通过>>输入。

例如：

```
char a,b,c;
cin>>a>>b>>c;
```

如果从键盘输入：

```
12  3↙
```

此时变量 a 的值为字符'1'，变量 b 的值为字符'2'，变量 c 的值为字符'3'，空格字符被忽略。碰到需要考虑空白字符的情况，就使用后面的其他函数。

2. 成员函数 get()

成员函数 get()可以读入一个字符或一个字符串，它不会忽略空格、Tab 制表符、换行符及其他空白字符，而是将它们也作为字符一并读入。

成员函数 get()有三种形式：

(1) 无参 get()函数。

其函数原型：int get()。

无参 get()函数用来从指定的输入流中提取一个字符(包括空白字符)，函数的返回值就是读入的字符。若遇到输入流中的文件结束符(～Z)，则函数返回值为 EOF(EOF 是在头文件 iostream 中定义的符号常量，代表－1)。

【例 10-1】 用 get()无参函数实现字符输入。

```
#include <iostream>
using namespace std;
int main()
{
char ch;
cout << "enter a sentence:" << endl;
while ((ch = cin.get())!= EOF)
{
    cout << ch;
}
return 0;
}
```

程序的运行情况及结果如下：

```
enter a sentence:
I like C++!↙          (输入一行字符)
I like C++!           (输出该行字符)
～Z↙                  (程序结束)
```

(2) 有 1 个参数的 get()函数。

其函数原型：istream& get(char& ch)。

其作用是从输入流中读取一个字符，赋值给字符变量 ch。如果读取成功，则函数返回非 0 值(真)，如失败(遇文件结束符～Z)则函数返回 0 值(假)。

【例 10-2】 用 get()有参函数实现字符输入。

```
#include < iostream >
using namespace std;
int main()
{
char c;
cout << "enter a sentence:" << endl;
while (cin.get(c))
{
    cout << c;
}
return 0;
}
```

程序的运行情况及结果如下：

```
enter a sentence:
I like C++!↙        (输入一行字符)
I like C++!         (输出该行字符)
～Z↙                (程序结束)
```

(3) 有 3 个参数的 get()函数。

其函数原型：istream& get(char * str,int n,char delimiter='\n')。

其作用是从输入流中读取 n−1 个字符，赋给指定的字符数组(或者字符指针指向的数组)，如果在读取 n−1 个字符之前遇到指定的终止字符 delimiter，则提前结束读取。如果读取成功，则函数返回非 0 值(真)，如失败(遇文件结束符)则函数返回 0 值(假)。第 3 个参数终止字符 delimiter 可以省略，默认为回车键。例如：

```
char str[10];
cin.get(str,10,'a');
```

实现从输入流中提取 9 个字符(或遇'a'结束)，然后加一个结束标识'\0'放到数组 str 中。当从键盘输入 study hard↙，数组 str 中的内容为"study h"。

注意：当结束输入时，输入流中的换行符'\n'或其他结束字符不会被自动丢弃，仍保留在输入流中，并作为下次输入的第一个字符。因此，在程序中，经常用成员函数 ignore 来丢弃这个字符，达到清空输入流的目的。

例如：

```
char str1[100],str2[100];
cin.get(str1,100);
cin.ignore();                    //A
cin.get(str2,100);
cout << str1 << endl;
cout << str2 << endl;
```

当从键盘输入：

```
good morning!↙
good afternoon!↙
```

程序输出如下：

```
good morning!
good afternoon!
```

若是将 A 行去掉，则 str2 只能接收 good morning！后面的回车键↙。由于接收到回车键，被认为输入结束，因而 str2 数组中的内容为“\0”，后面的 good afternoon！仍然留在输入缓冲区，等待后续提取输入流的语句。

3. 成员函数 getline()

其函数原型：istream& getline(char * str,int n,char delimiter='\n')。

其作用是从输入流中读取一行字符，其用法跟前面带 3 个参数的 get()函数类似。与 get()唯一的区别就是，在输入结束后，它会自动丢弃回车换行符('\n')或定义的其他结束字符 delimiter，以清空输入流。例如：

```
char str[20];
cin.getline(str,20);
```

实现从输入流中提取 19 个字符(或遇回车结束)，然后加一个结束标识'\0'放到数组 str 中。当从键盘输入 study hard↙时，数组 str 中的内容为"study hard"。

4. 成员函数 read()

其函数原型：istream& read(char * str,int length)。

其作用是从输入流中读取指定数量的字符，输入流中读取 length 个字符至指针 str 指向的空间，如果输入设备是键盘，那么当从键盘输入的字符数量不够 length 时，函数将一直等待输入直到满足要求的字符数为止。例如：

```
char str[20];
cin.read(str,10);
str[10] = '\0';
```

当从键盘输入：study hard↙，数组 str 中的内容为"study hard"。

虽然实现标准输入的方法很多，在实际应用中常常根据情况进行选择。常用的做法是，输入数值型数据用提取运算符>>，输入字符用 get()函数，输入字符串用 getline()函数。

10.2.2 标准输出流

标准输出流是流向标准输出设备（显示器）的数据，其实现由 ostream 类完成。系统预定义了 ostream 类的 3 个输出流对象，即 cout、cerr 和 clog。cout 是标准输出流，它是 console output 的缩写，意为在控制台（终端显示器）的输出。cerr 流对象是标准错误流，它是 console error 的缩写，意为在控制台显示出错信息。clog 流对象也是标准错误流，它 console log 的缩写。

三个对象除了功能不同之外，实现细节上有很小的差异。cout 流在内存中开辟了一个缓冲区，用来存放流中的数据，当向 cout 流插入一个 endl，不论缓冲区是否满，都立即输出流中的所有数据，并且插入一个换行符。当然程序正常结束或者缓冲区满时，也会导致缓冲刷新，即数据真正地写到输出设备或者文件。cerr 与 cout 的作用和用法差不多，有一点不同就是，cout 流通常是输出到显示器，但也可以被重定向输出到磁盘文件，而 cerr 流中的信息只能输出到显示器。clog 与 cerr 的微小区别是，cerr 不经过缓冲区直接在显示器上输出有关信息，而 clog 中的信息存放在缓冲区，缓冲区满后或遇 endl 时向显示器输出。

由于 cout 最常用，现在介绍它的详细使用方法。cout 是 C++中 ostream 类型的对象，ostream 类被封装在 iostream 库中，该库定义的名字都在命名空间 std 中，所以 cout 全称是 std::cout。因此若在程序中直接使用 cout，都需要先添加 #include <iostream>和 using namespace std。相比输入，输出比较简单。cout 对象通过三种形式实现输出操作，包括插入运算符<<、成员函数 put()和成员函数 write()。

1. 插入运算符<<

插入运算符<<的使用格式：

cout <<操作数 1[<<操作数 2 <<…<<操作数 n]

其中操作数是 C++系统的标准数据类型，在标准库文件中，插入运算符<<已经对这些数据类型重载，系统可以自动识别其数据类型从而执行正确的操作。

例如：

```
int i = 90;
char str[] = "very good";
cout << i << str << endl;
```

在屏幕上显示“90 very good”,然后换行。

2. 成员函数 put()

成员函数 put()用于输出一个字符,其函数原型为:

```
ostream& put(char ch)
```

将字符 ch 输出至当前光标处。例如:

```
char c = 'A';
cout.put(c);
```

在屏幕上显示“A”,也可以在一个语句中连续调用 put()函数。例如:

```
cout.put(72).put(69).put(76).put(76).put(79).put('\n');
```

在屏幕上显示“HELLO”,然后换行。

3. 成员函数 write()

成员函数 write()用于输出一个指定长度的字符串,其函数原型为:

```
ostream& write(char * str,int length)
```

将指针 str 所指向的字符串中前 length 个字符输出到当前光标处。例如:

```
char str[100] = "abcdefg";
cout.write(str,4);
```

在屏幕上显示 abcd。

10.3 输入输出格式控制

输入输出的格式主要指数据的形式、精度、位置、宽度等。

对于一般的程序,为操作简单,往往不指定数据输出的格式,由系统根据数据的情况采取默认的格式。但有的情况则希望数据按照用户指定的格式输出,如以十六进制或者八进制形式输出整数,或对输入的小数只保留两位小数等。

实现输入输出格式控制的主要途径有两个:一是通过 C++提供的标准操纵符和操纵函数;二是通过 ios 类中有关格式控制的成员函数。其中,操纵符在 iostream 中定义,而操作函数在 iomanip 中定义。如果要使用格式控制,需要在程序开头引入这些文件。

10.3.1 输入格式控制

输入格式控制比较简单,常用操纵符来控制输入的数据以十六进制、八进制等的形式进入程序的指定空间。

【例 10-3】 多种进制输入格式。

```
#include <iostream>
using namespace std;
int main()
{
```

```
    int a, b, c, d;
    cin >> a;
    cin >> hex >> b;                 //从键盘输入一个十六进制数到变量 b
    cin >> oct >> c;                 //从键盘输入一个八进制数到变量 c
    cin >> dec >> d;                 //从键盘输入一个十进制数到变量 d
    cout << "a = "<< a <<'\t'<<"b = "<< b <<'\t'<<"c = "<< c <<'\t'<<"d = "<< d <<'\t'<< endl;
    return 0;
    }
```

程序的运行情况及结果如下：

```
10 10 10 10↙
a = 10     b = 16     c = 8     d = 10
```

注意：系统默认规定输入的数据是十进制，操纵符的 hex、oct 和 dec 的设置一直有效至另一个操纵符起作用为止。

如果在 cin 中已经指明输入数据所用的进制，输入八进制时可用 0 开始，也可以不用 0 开始，输入十六进制数时，可以用 0x 开始，也可以不用 0x 开始。

10.3.2 输出格式控制

在我们使用 C++的输入输出流时，往往采用默认的输出格式，但有时候我们并不希望按这样的方式输出，需要按自己的要求控制输出格式。如系统默认输出有效位数为 6 位，若程序处理比较大的数据，需要显示更多位数，这时候需要自定义输出格式。输出格式化定义常常通过以下两种途径实现。

1. 使用控制符

C++的输入输出流类库提供了一些流控制符(也称为流操纵符 manipulators)，可以直接嵌入输入输出语句中，来实现对 I/O 格式的控制。C++提供的标准输入输出流中使用的常用控制符含义如表 10-1 所示。

表 10-1 常用 I/O 流控制符

控 制 符	作 用
dex	设置数值的基数为 10
hex	设置数值的基数为 16
oct	设置数值的基数为 8
endl	插入换行符
ends	插入空字符
setfill(c)	设置填充字符 c，c 可以是字符常量或字符
setprecision(n)	设置浮点数的精度为 n 位，在以一般十进制小数形式输出时，n 代表有效数字，在以 fixed(固定小数位数)形式和 scientific(指数)形式输出时，n 为小数位数
setw(n)	设置字段宽度为 n 位
setiosflags(ios::fixed)	设置浮点数以固定的小数位数显示
setiosflags(ios::scientific)	设置浮点数以科学记数法(即指数形式)显示
setiosflags(ios::left)	输出数据左对齐

续表

控 制 符	作 用
setiosflags(ios::right)	输出数据右对齐
setiosflags(ios::skipws)	忽略前导空格
setiosflags(ios::uppercase)	数据以十六进制形式输出时字母以大写表示
setiosflags(ios::lowercase)	数据以十六进制形式输出时字母以小写表示
setiosflags(ios::showpos)	输出正数时给出"+"号

注意：这些控制符是在头文件 iomanip 中定义的，因而程序中除了包含 iostream 之外，还应该包含 iomanip 头文件。

【例 10-4】 使用 setw 控制符指定输出宽度。

```
#include <iostream>
#include <iomanip>
using namespace std;
int main()
{
double values[] = {1.44, 36.47, 625.7, 4096.24};
char * names[] = {"Rose","John","Alice","Mary"};
for (int i = 0; i < 4; i++)
    cout << setw(5) << names[i] << setw(10) << values[i] << endl;
return 0;
}
```

程序的运行情况及结果如下：

```
Rose       1.44
 John      36.47
Alice      625.7
 Mary      4096.24
```

2. **使用成员函数**

除了可以用控制符来控制输出格式之外，还可以通过输出流对象 cout 中用于控制输出格式的成员函数来控制输出格式。用于控制输出格式的成员函数以及对应控制符如表 10-2 所示。

表 10-2 常用 I/O 流成员函数

流成员函数	对应控制符	作 用
flag(n)	dex,hex,oct	设置数值数据采用进制，如 flag(10)，flag(8)，flag(16)
precision(n)	setprecision(n)	设置实数的精度为 n 位
width(n)	setw(n)	设置字段宽度为 n 位
fill(c)	setfill(c)	设置填充字符 c
setf()	setiosflags()	设置输出格式状态，括号中给出格式状态，内容与控制符 setiosflags 括号中的内容相同，如表 10-3 所示
unsetf()	resetiosflags()	终止已设置的输出格式状态，在括号中应指定内容

流成员函数 setf()和控制符 setiosflags 括号中的参数表示格式状态，它是通过格式标识来指定的。格式标识在类 ios 中被定义为枚举值。因此在引用这些格式标识时要在前面

加上类名 ios 和域运算符“::”。格式标识见表 10-3。

表 10-3 设置格式状态的格式标识

格式标识	作用
ios::left	输出数据向左对齐
ios::right	输出数据向右对齐
ios::internal	数值的符号位左对齐，数值右对齐，中间由填充字符填充
ios::dec	设置整数的基数为 10
ios::oct	设置整数的基数为 8
ios::hex	设置整数的基数为 16
ios::showbase	强制输出整数的基数(八进制数以 0 开头，十六进制数以 0x 开头)
ios::showpoint	强制输出浮点数的小数点和尾数 0
ios::uppercase	在以科学记数法格式 E 和以十六进制输出字母时以大写表示
ios::showpos	对正数显示“+”号
ios::scientific	浮点数以科学记数法格式输出
ios::fixed	浮点数以定点格式(小数形式)输出
ios::unitbuf	每次输出之后刷新所有的流
ios::stdio	每次输出之后清除 stdout，stderr

【例 10-5】 用流成员函数控制输出数据格式。

```
#include <iostream>
using namespace std;
int main()
{
  int a = 21;
  cout.setf(ios::showbase);                //显示基数符号(0 或 0x)
  cout <<"dec:"<< a << endl;               //默认以十进制形式输出 a
  cout.unsetf(ios::dec);                   //终止十进制的格式设置
  cout.setf(ios::hex);                     //设置以十六进制输出
  cout <<"hex:"<< a << endl;               //以十六进制形式输出 a
  char *pt = "China";
  cout.width(10);                          //指定域宽
  cout << pt << endl;
  cout.width(10);
  cout.fill('*');                          //指定空白处以'*'填充
  cout << pt << endl;
  return 0;
}
```

程序的运行情况及结果如下：

```
dec:21
hex:0x15
     China
*****China
```

10.4　文件流与文件操作

目前我们讨论的输入输出都是以系统指定的标准设备(键盘和显示器)为对象的。磁盘作为计算机的外部存储设备,可以长期保留信息,既能读也能写,并且方便携带因而得到广泛应用。因此在实际应用中,经常碰到需要以磁盘文件作为对象的情况。即从磁盘文件读取数据,将数据输出到磁盘文件,此时磁盘文件作为输入流对象的源头和输出流对象的目标。

10.4.1　文件

文件是程序设计中一个重要的概念,所谓文件一般指存储在外部介质上数据的集合,一批数据是以文件的形式存放在外部介质(如磁盘、光盘、U 盘等)上的。操作系统以文件为单位对数据进行管理。如果想找存在外部介质上的数据,必须先按文件名找到所指定的文件,然后再从文件中读取数据。如果要向外部介质上存储数据,也必须先建立一个文件(如果该文件不存在),才能向它输出数据。

对编写程序的用户来说,经常使用的文件有两大类,一类是程序文件,如 C++的源程序文件(.cpp)、目标文件(.obj)、可执行文件(.exe)等;另一类是数据文件。在程序运行时,常常需要将一些运行的最终结果或中间数据输出到磁盘上存放起来,或者从磁盘上读入程序将要处理的数据,这种磁盘文件就是数据文件,此时程序的输入和输出对象就是数据文件。

根据文件中数据的组织形式,可分为 ASCII 文件和二进制文件。ASCII 文件称为文本文件或字符文件,它的每一字节存放一个 ASCII 代码,代表一个字符。二进制文件又称内部格式或字节文件,是把内存中的数据按其在内存中的存储形式原样输出到磁盘上存放。

对于字符信息,在内存中是以 ASCII 码形式存放的,因此,无论是用 ASCII 文件输出还是用二进制文件输出,其结果是一样的。但是对于数值数据,二者是不同的。例如,数值 5678 的 ASCII 码存储形式为:00110101 00110110 00110111 00111000,占 4 字节。其二进制存储形式为:00010110 00101110,只占 2 字节。

用 ASCII 码形式输出的数据与字符一一对应,一字节代表一个字符,可以直接在屏幕上显示或打印出来。这种方式使用方便,比较直观,便于阅读,便于对字符逐个进行输入输出。但一般占存储空间比较多,而且要花费转换时间(二进制与 ASCII 码间的转换)。用内部格式(二进制形式)输出数值,可以节省外存空间,而且不需要转换时间,但一字节并不对应一个字符,不能直接显示文件中的内容。如果在程序运行过程中,有些中间结果数据暂时保存在磁盘文件中,以后又不要输入内存的,这时用二进制文件保存是最合适的。如果是为了能显示和打印以供阅读,则应按 ASCII 码的形式输出。此时得到的是 ASCII 文件,它的内容可以直接在显示屏上观看。

10.4.2　文件流

前面已经说明,C++的输入输出是由输入输出流对象来实现的,如 cin 和 cout 就是流对象。但是预定义的 cin 和 cout 对象只能处理 C++中以标准设备为对象的输入和输出,而不能处理以磁盘文件为对象的输入输出,而需要用户另外定义以磁盘文件为对象的输入输出流对象。

文件流是以外存文件为输入输出对象的数据流。输出文件流是从程序内存流向外存文件的数据，输入文件流是从外存文件流向程序内存的数据，每个文件流都有一个内存缓冲区与之对应。文件流不是文件，而只是以文件为输入输出对象的流，若要通过磁盘文件进行输入输出，必须通过文件流来实现。

在 C++的 I/O 类库中定义了几种文件流类，专门用于磁盘文件的输入输出操作。从前面图 10-2 中可以看到，除了标准的输入输出流类 istream、ostream 和 iostream，ios 类库中有 3 个专门用于文件操作的文件流类。

(1) ifstream 类：从 istream 类派生，用来支持磁盘文件的输入。

(2) ofstream 类：从 ostream 类派生，用来支持向磁盘文件的输出。

(3) fstream 类：从 iostream 类派生，用来支持磁盘文件的输入和输出。

以上三个文件流类，系统预先在标准库文件 fstream 中进行定义，程序中如果要通过磁盘文件实现输入和输出，必须首先定义 #include < fstream >，然后定义文件流类对象。通过文件流对象将数据从内存输出到磁盘文件，或者从磁盘文件将数据输入内存中。其实在用标准设备为对象的输入输出中，也是要定义流对象的。如 cin 和 cout 就是流对象，由于它们已经在 iostream 头文件中事先定义，所以用户不需要自己定义。在用磁盘文件时，由于情况各异，无法事先统一定义，必须由用户自己定义。例如建立一个输出文件流对象的方法如下：

```
ofstream outfile;
```

这样创建的输出流对象 outfile，跟前面已经熟悉的标准输出流对象 cout 的使用方法基本相同，除了要额外指定该对象和哪个磁盘文件建立关联。下面开始详细讨论这些问题。

10.4.3 文件打开和关闭

对磁盘文件进行操作之前，必须先打开该文件；使用结束，应立即关闭，以免数据丢失。

1. 文件打开

文件打开(open)是一种形象的说法，如同打开房门就可以进入房间活动一样。文件打开本质是指在读写文件前所做的准备工作，具体包括：

(1) 将文件流对象和具体的磁盘文件建立关联，以便使文件流流向指定的磁盘文件。

(2) 指定文件的工作方式。例如，该文件是作为输入文件还是输出文件，是 ASCII 文件还是二进制文件等。

打开文件有两种不同的实现方法。

(1) 利用文件流对象的成员函数 open()，其使用格式为：

文件流对象.open(磁盘文件名,打开方式);

例如：

```
ifstream infile;                        //定义 ifstream 类对象 infile
infile.open("f1.txt",ios_bas::in);      //使 infile 与 f1.txt 文件建立关联
if(!infile)
{cout <<"打开错误\n";
exit(0)
}
```

在程序所在的当前目录下查找并打开文件 f1.txt,准备用于向内存空间输入数据。如果该文件不存在,则函数返回 0,表示操作失败。

又如:

```
ofstream outfile;                        //定义 ofstream 类对象 outfile
outfile.open("f2.txt",ios_bas::out);     //使 outfile 与 f2.txt 文件建立关联
```

在程序所在的当前目录下查找文件 f2.txt,如果该文件不存在则创建该文件,准备用于存放内存空间的输出数据。

(2) 通过文件流对象的构造函数实现,其使用格式为:

类名 文件流对象(磁盘文件名,打开方式);

例如:

```
ifstream infile("f1.txt",ios_bas::in);
if(!infile)
{cout <<"打开错误\n";
exit(0)
}
```

或者:

```
ofstream outfile("f2.txt",ios_bas::out);
```

通过构造函数打开文件的含义,跟前面 open()成员函数的方法完全一样。实际应用中一般多采用此形式,比较方便。

磁盘文件名可以包括路径,如"c:\new\f1.txt",如果缺省路径,默认为当前源程序所在的目录。打开方式是在 ios 类中定义的,属于枚举常量,枚举值的具体含义如表 10-4 所示。

表 10-4 文件打开方式枚举值的含义

枚 举 值	含 义
ios::in	以输入方式打开文件
ios::out	以输出方式打开文件(默认方式),如果文件已存在,则将其原有内容全部清除
ios::app	以输出方式打开文件,写入的数据添加到文件末尾,如果文件已存在,原有内容不清除
ios::ate	打开一个已有文件,文件指针指向文件末尾
ios::trunc	打开一个文件,如果文件已经存在,则删除其中的全部数据,如文件不存在,则建立新文件
ios::binary	以二进制方式打开一个文件,如不指定此方式则默认为 ASCII 方式
ios::in| ios::out	以输入输出方式打开文件,文件可读可写
ios::out|ios::binary	以二进制方式打开一个输出文件
ios::in| ios::binary	以二进制方式打开一个输入文件

说明:

(1) 每一个打开的文件都有一个文件指针,该指针的起始位置由 I/O 方式指定,每次读写都是从文件指针的当前位置开始。每读入一字节,指针就后移一字节。当文件指针移到最后,就会遇到文件结束(文件结束符占一字节,值为-1),此时流对象的成员函数 eof 的值

为非0值(一般设为1),表示文件结束了。

(2) 可以用位或运算符"|"对输入输出方式进行组合,如表10-4最后3行所示常用组合。

(3) 如果打开操作失败,open()函数的返回值为0(假);如果是调用构造函数的方法打开文件,则流对象的值为0,可以根据这些测试打开是否成功。

如果文件打开时省略打开方式,则默认为文本文件,但具体是输入文件还是输出文件,需要看定义文件流对象的类型。如果定义的是fstream类的文件流对象,则默认为输出文件。例如:

```
fstream outfile;
if(outfile.open("f1.dat") == 0)            //省略打开方式,默认为输出方式
    cout <<"open error";
```

2. 文件关闭

在对已经打开的磁盘文件的读写操作完成后,应关闭该文件。关闭文件通过调用成员函数close(),其使用格式如下:

文件流对象名.close();

成员函数close()是无参函数。在关闭文件的过程中,系统把指定文件相关联的文件缓冲区中的数据写到文件中,保证文件的完整性,然后收回与该文件相关的内存空间可供再分配。同时,断开指定文件名与文件流对象的关联,结束程序对该文件的操作。

例如:

```
ifstream infile("f1.dat",ios_bas::binary);          //打开二进制文件 f1.dat 准备输入
if(!infile)
  cout <<"open error!"<< endl;
……
infile.close();                                      //关闭文件
```

文件关闭之后,可以将文件流对象与其他磁盘文件建立关联,通过该文件流对新的文件进行输入或输出。例如:

```
infile.open("f2.dat",ios::in);
```

此时文件流对象infile与f2.dat建立关联,并指定了f2.dat的工作方式。

10.4.4 文本文件的操作

文本文件是由ASCII字符组成的,且其读写方式是顺序的,这些都与键盘、显示器等标准设备的性质一样。因此,当文件流对象与指定的磁盘文件建立关联后,可以将输入文件看成是键盘,输出文件看成是显示器,cin和out的所有操作同样适合于相应的文件流对象。

文本文件的读写方法有两种。

(1) 用运算符＞＞和＜＜输入输出标准类型的数据。

【例10-6】 文本文件f1.txt记录多名学生的英语成绩,从f1.txt读入所有学生的英语成绩,计算出这些成绩的总和以及平均值,并将结果输出到文件f2.txt。

```
#include <fstream>
int main()
{
int i = 0, score;
double sum = 0, aver = 0;
ifstream infile("f1.txt");                    //创建输入流对象并打开输入文件 f1.txt
ofstream outfile("f2.txt");                   //创建输出流对象并打开输出文件 f2.txt
while(infile >> score)                        // 从 f1.txt 读入成绩直到读完
{
    outfile << score << '\t';                 //将成绩输出到 f2.txt
    sum = sum + score;                        //成绩求和
    i++;
}
aver = sum / i;                               //求平均成绩
outfile << endl;
outfile << "sum = " << sum << '\n' << "aver = " << aver << endl;          //结果输出到 f2.txt
infile.close();                               //关闭输入文件 f1.txt
outfile.close();                              //关闭输出文件 f2.txt
return 0;
}
```

程序执行前，首先在源程序所在的当前目录建立 f1.txt，并输入 10 名学生的英语成绩，数据之间用空格隔开，如图 10-3 所示。

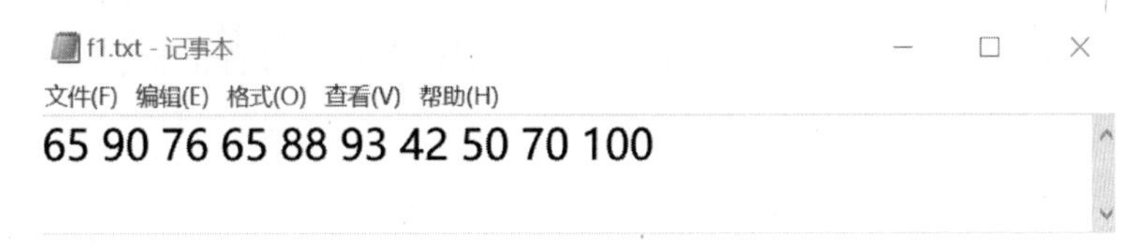

图 10-3 输入文件 f1.txt

程序执行后，在源文件所在的当前目录生成了文件 f2.txt，如图 10-4 所示。

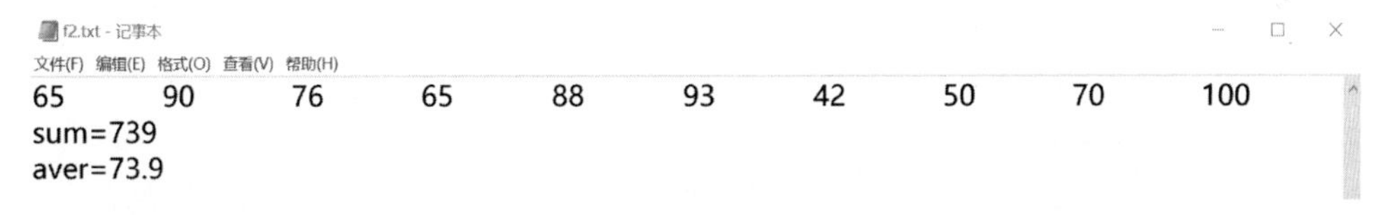

图 10-4 输出文件 f2.txt

在读文件操作过程中，经常要考虑到文件是否结束的情况。而判断文件结束有两种方法：第一种是使用文件流类的成员函数 eof，如 infile.eof()。若文件结束，返回非零值，否则返回 0；第二种是判断输入表达式的返回值，如 infile＞＞score 或 infile.get()，若文件结束，返回 0。

(2) 用成员函数进行字符串的输入输出。

【例 10-7】 读入输入文件 f1.txt 的多行字符串，将其全部转换成大写字母后依次存放到输出文件 f2.txt。

```
#include <fstream>
int main()
{
```

```
    char str[100];
    ifstream infile("f1.txt");                    //打开输入文件 f1.txt
    if(!infile)
    {
        cout << "输入文件不存在,请先建立!\n";
        exit(0);
    }
    ofstream outfile;                             //创建输出流对象
    outfile.open("f2.txt",ios::app);              //以追加方式打开输出文件 f2.txt
    if (!outfile)
    {
        cout << "不能建立输出文件!\n";
        exit(0);
    }
    while (!infile.eof())                         //循环读取字符串直到文件结束
    {
        infile.getline(str,100);                  //用成员函数 getline()从输入文件读入一行字符串
        _strupr_s(str);                           //调用函数_strupr_s()将字符串转换成大写
        outfile << str << endl;                   //用运算符<<将大写字符串写入输出文件
    }
    infile.close();
    outfile.close();
    return 0;
}
```

程序执行前，首先在源程序所在的当前目录建立 f1.txt，并输入以下字符串内容，如图 10-5 所示。

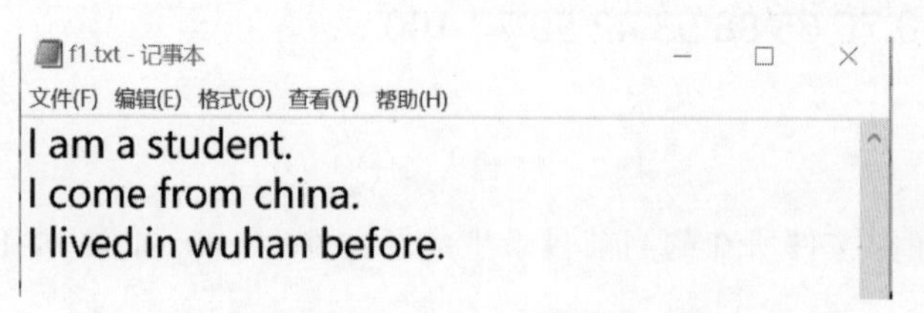

图 10-5　输入文件 f1.txt

程序执行后，输出文件 f2.txt 的内容如图 10-6 所示。

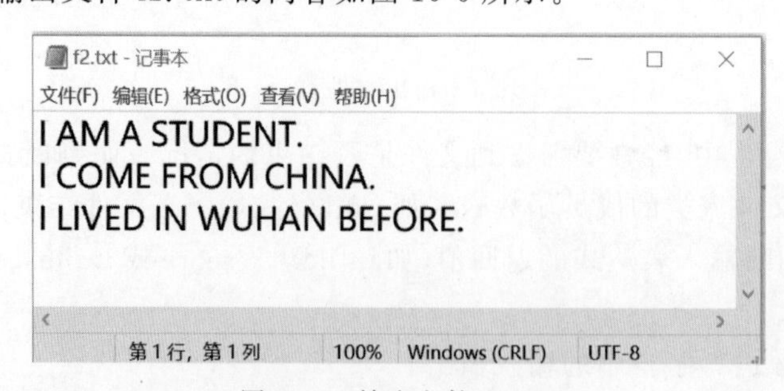

图 10-6　输出文件 f2.txt

10.4.5　二进制文件的操作

1. 二进制文件的读写

二进制文件是把内存中的存储形式原样输出到磁盘上存放，所以读写二进制文件的单

位是字节，而不是数据类型。通常是以"字节块"的方式读写二进制文件的，块的大小在读写函数中以参数形式定义，相当于按字节数在内存和磁盘文件之间"复制"数据。

二进制文件的读写操作有如下两种方法。

(1) 成员函数 read()，其使用格式如下：

文件流对象.read((char *)内存地址,字节数);

从指定文件读入指定字节数到内存地址。

例如：

```
int a[10];
infile.read((char * )a,40);
```

说明：将指定的磁盘文件以二进制输入文件的方式打开后，从该文件顺序读取 40 字节的数据依次存放到数组 a 中。

read()函数不能判断是否读到文件末尾，需要用成员函数 eof()来判断输入文件是否结束。

(2) 成员函数 write()，其使用格式如下：

文件流对象.write((char *)内存地址,字节数);

从内存地址开始读入指定字节数到文件。

例如：

```
int a[10] = {0,1,2,3,4,5,6,7,8,9};
outfile.write((char * )a,5 * sizeof(int));
```

说明：将指定的磁盘文件以二进制输出文件的方式打开后，将数组 a 中前 5 个数据(共 20 字节)复制到磁盘文件的当前位置。

2. 文件的随机访问

C++把每一个文件都看成一个有序的字节流，文件以文件结束符结束，如图 10-7 所示。当打开一个文件时，该文件就与某个文件流对象联系起来，对文件的读写实际上受到一个文件定位指针的控制，该指针也称文件指针。当文件被打开时，文件指针指向文件内容的起始位置。在输入时每读入一字节，读文件指针就向后移动一字节，在输出时每次向文件输出一字节，写文件指针就向后移动一字节。也就是说，文件的输入输出操作都是从读写文件指针的当前位置开始的。

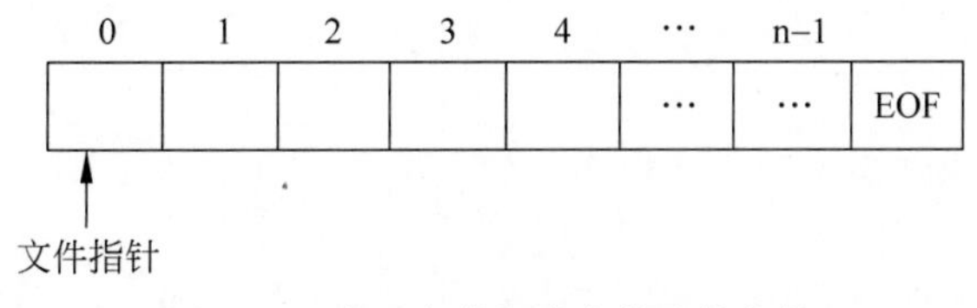

图 10-7 由 n 字节组成字节流的文件

在文本文件中，文件指针一般都是自动向后顺序移动的，故文本文件是顺序读写的。二进制文件中的数据格式与内存一样，是以字节为单位的，所以允许对文件指针进行控制，使其移动到用户指定的位置上，在当前位置处进行读写操作，这种操作称为对文件的随机访问。二进制文件的随机访问是通过文件流对象的文件指针的控制函数实现的。

控制文件指针的重要成员函数 seekg()，其使用格式如下：

```
文件流对象名.seekg(偏移量,参照位置);
```

其中偏移量的单位是字节，可以是负数，表示指针向文件头方向移动；参照位置是一个枚举常量，必须是下列三种之一。

ios::beg：表示文件开头，这是默认值。

ios::cur：表示指针所在的当前位置。

ios::end：表示文件末尾。

例如：

```
infile.seekg(100);              //将输入流对象的文件读指针从文件头向后移动 100 字节
infile.seekg(50,ios::cur);      //将输入流对象的文件指针从当前位置向后移动 50 字节
infile.seekg(-100,ios::end);    //将输入流对象的文件指针从末尾向前移动 100 字节
outfile.seekg(50,ios::cur);     //将输出流对象的文件指针从当前位置向后移动 50 字节
```

其他控制文件指针的成员函数如表 10-5 所示。

表 10-5　与文件指针有关的成员函数

成员函数	说　明
gcount()	返回最后一次输入所读入的字节数
tellg()	返回输入文件的文件指针的当前位置
tellp()	返回输出文件的文件指针的当前位置

10.5　综合举例

【例 10-8】　随机访问文件。要求：

(1) 设计一个包括姓名、学号和成绩的学生结构体。

(2) 将 3 名学生的数据写入二进制文件 stu.dat 中，再从文件中读出第 2 名学生的数据并显示在屏幕上。

(3) 修改第 2 名学生的数据再写回原文件原位置。

(4) 重新读入显示第 2 名学生的数据，以验证操作(3)是否正确。

```
#include <iostream>
#include <fstream>
using namespace std;
struct Stu
{
    char name[20];
    int num;
    int score;
};
int main()
{
    Stu stu[3] = {{"Zhang,1001,98"},{"Wang",1002,86},{"Li",1003,95}},stu1,stu2;
```

```
    fstream myfile("stu.dat", ios::in | ios::out | ios::binary | ios::trunc);
  //以二进制输入输出文件打开
    if (!myfile)
    {
        cout << "文件操作错误!\n";
        exit(0);
    }
    for (int i = 0; i < 3; i++)                    //将结构体数组中的内容输出至文件 stu.dat
        myfile.write((char * )&stu[i],sizeof(Stu));
    myfile.seekg(1 * sizeof(Stu), ios::beg);     //移动指针定位到第 2 名学生数据的开头
    myfile.read((char * )&stu1,sizeof(Stu));      //读取第 2 名学生数据到 stu1
    cout << "第 2 名学生的数据为:" << endl;
    cout << stu1.name << '\t' << stu1.num << '\t' << stu1.score << endl;        //输出 st1 内容
    cout << "请输入修改后的成绩:" << endl;
    cin >> stu1.score;                              //修改 stu1 中的成绩成员
    myfile.seekp(1 * sizeof(Stu), ios::beg);     //移动指针定位到第 2 名学生数据的开头
    myfile.write((char * )&stu1, sizeof(Stu));    //将变量 stu1 中的内容覆盖原数据
    myfile.seekg(1 * sizeof(Stu), ios::beg);     //移动指针定位到第 2 名学生数据的开头
    myfile.read((char * )&stu2, sizeof(Stu));     //读取一个结构体字节的数据至变量 stu2
    cout << "修改后的学生数据为:" << endl;
    cout << stu2.name << '\t' << stu2.num << '\t' << stu2.score << endl;       //输出 stu2 的内容
    myfile.close();
    return 0;
}
```

程序的运行情况及结果如下：

```
第 2 名学生的数据为:
Wang    1002    86
请输入修改后的成绩:
60↙
修改后的学生数据为:
Wang    1002    60
```

练习题

一、选择题

1. 在语句“cin >> data;”中,cin 是________。

   A. C++关键字　　B. 类名　　C. 对象名　　D. 函数名

2. 在 C++中,打开一个文件时与该文件建立联系的是________。

   A. 流对象　　B. 模板　　C. 函数　　D. 类

3. 以下程序的输出结果是________。

```
#include <iostream>
#include <iomanip>
using namespace std;
int main()
{
```

```
cout << setfill('*') << setw(6) << 123 << 456;
return 0;
}
```

A. *** 123 *** 456　　B. *** 123456 ***

C. *** 123456　　D. 123456

4. 有如下程序：

```
#include <iostream>
#include <iomanip>
using namespace std;
int main()
{
cout << setprecision(5)<< setfill('*')<< setw(8);
cout << 12.345 <<________<< 34.567;
    return 0;
}
```

若程序输出的是“**12.345**34.567”，则程序中下画线处遗漏的操作符是________。

A. setprecision(5)　　B. setprecision(3)

C. setfill('*')　　D. setw(8)

二、填空题

1. 以下程序的输出结果是________。

```
#include <iostream>
using namespace std;
int main()
{
cout.fill('*');
cout.width(10);
cout << 123.45 << endl;
cout.setf(ios::left);
cout.width(8);
cout << 123.45 << endl;
cout.width(4);
cout << 123.45 << endl;
return 0;
}
```

2. 以下程序的输出结果是________。

```
#include <iostream>
#include <fstream>
using namespace std;
int main()
{
fstream file;
file.open("text1.dat", ios::out | ios::in | ios::trunc);
if (!file)
{
```

```
        cout << "文件打开错误" << endl;
        exit(0);
    }
    char textline[] = "1234567890\nabcdefghij";
    for (int i = 0; i < sizeof(textline); i++)
        file << textline[i];
    file.seekg(5);
    char ch;
    while (file.get(ch))
        cout << ch;
    file.close();
    return 0;
    }
```

3．以下程序的输出结果是________。

```
#include <iostream>
#include <fstream>
using namespace std;
class Sample
{
public:
Sample(){};
Sample(int i, int j)
{
    x = i;
    y = j;
}
void disp()
{
    cout << "x = " << x << "y = " << y << endl;
}
private:
  int x, y;

};
int main()
{
Sample obj1(10, 20), obj2(4, 18), obj;
fstream iofile;
iofile.open("data.dat", ios::in | ios::out | ios::binary | ios::trunc);
if (!iofile)
{
    cout << "文件打开错误" << endl;
    exit(0);
}
iofile.write((char *)&obj1, sizeof(obj1));
iofile.write((char *)&obj2, sizeof(obj2));
iofile.seekg(-(int)sizeof(obj), ios::end);
iofile.read((char *)&obj, sizeof(obj));
obj.disp();
iofile.seekg(0);
```

```
    iofile.read((char * )&obj,sizeof(obj));
    obj.disp();
    return 0;
}
```

三、编程题

1. 编写程序输入一个十进制整数，分别用十进制、八进制和十六进制形式输出。

2. 编写程序输入一批数据，要求保留3位小数，在输出时每个数据输出一行，且上下行小数点对齐。

3. 编写程序，统计文本文件f1.txt的字符个数。

4. 建立两个磁盘文件f1.dat和f2.dat，编写程序实现以下功能：

(1) 从键盘输入20个整数，分别存放到两个磁盘文件中（每个文件放10个整数）；

(2) 从f1.dat中读入前10个数，然后存放到f2.dat文件原有数据后面；

(3) 从f2.dat中读入前20个整数，将它们按从小到大的顺序存放到f2.dat中（不保留原来的数据）。

5. 编写程序实现以下功能：

(1) 按职工号由小到大的顺序将5个员工的数据（包括号码、姓名、年龄、工资）输出到磁盘文件中保存。

(2) 从键盘输入两个员工的数据（职工号大于已有的职工号），增加到文件的末尾。

(3) 输出文件中全部职工的数据。

(4) 从键盘输入一个号码，在文件中查找有无此职工号，如有则显示此职工是第几个职工，以及此职工的所有数据。如没有，则输出“无此人”。可以反复多次查询，如果输入查找的职工号为0，就结束查询。

第11章 其他C++工具

在 C++发展的过程中，有的 C++编译系统根据实际需要，增加了一些功能，作为工具来使用，其中主要有模板（包括函数模板和类模板）、异常处理、命名空间和运行时类型识别，以帮助程序设计人员更方便地进行程序的设计和调试工作。1997 年 ANSI C++委员会将它们纳入了 ANSI C++标准，建议所有的 C++编译系统都能实现这些功能。这些工具是非常有用的，C++的使用者应该尽量使用这些工具，因此本书对它们进行简要的介绍，以便为日后的进一步学习和使用打下基础。

11.1 模板

C++最重要的特性之一就是代码重用，为了实现代码重用，代码必须具有通用性。通用代码不受数据类型的影响，并且可以自适应数据类型的变化，这种程序设计称为参数化程序设计。模板是 C++支持参数化程序设计的工具，通过它可以实现参数化多态性。所谓参数化多态性，就是将程序处理的对象的类型参数化，使得同一段程序可以应用于处理多种不同类型的对象。

C++程序由函数和类组成，模板也分为函数模板和类模板两种。

11.1.1 函数模板

第 4 章介绍了函数重载，可以看出函数重载通常是对于不同的数据类型要实现类似的操作。很多情况下，一个算法是可以处理多种数据类型的，但是用函数实现算法时，即使设计为函数重载，除了函数名相同之外，函数体仍然要分别定义。例如，设计一个交换两个数的函数 swap()，若要交换的是两个整数或者浮点数，那么尽管交换数据的算法是一样的，也要分别定义两个函数，一个处理整数，另一个处理浮点数。这两个函数的定义如下：

```
void swap(int &a,int &b)                    //处理整型数据
{
  int temp = a;
  a = b;
  b = temp;
}
void swap(float &a, float&b)                //处理浮点型数据
{
float temp = a;
  a = b;
  b = temp;
}
```

这两个函数只有参数类型不同，功能完全一样。类似这样的情况，如果写一段通用代码适用于多种不同数据类型，便会使代码的可重用性大大提高。函数模板就可以达到这一目的，用户只需要对函数模板编写一次，然后基于调用函数时提供的参数类型，C++编译器将自动产生相应的函数来正确地处理该类型的数据。

C++函数模板的定义形式：

```
template <模板参数表>
类型说明符 函数名(函数参数表)
{函数体}
```

所有函数模板的定义都是用关键字 template 开始的，该关键字之后使用尖括号＜＞括起来模板参数表，模板参数表由用逗号“,”分隔的模板参数构成。例如，实现前面交换数据算法的函数模板定义为：

```
template < class T >
void swap(T &a,T &b)
{
  T temp = a;
  a = b;
  b = temp;
}
```

函数模板定义只是对函数的描述，并不是一个真正的函数，编译系统不为其产生任何执行代码。如果要其发挥作用，必须在程序中用具体的数据类型对模板参数进行调用，如将其实例化，成为模板函数。调用函数模板的方法同一般的函数调用一致。例如，用整数参数调用前面交换算法的函数模板：

```
int a = 10,b = 19;
swap(a,b);            //直接调用
```

函数模板 —实例化→ 模板函数

图 11-1　函数模板与模板函数的关系

函数模板在调用时被实例化，从而产生可执行代码，称为模板函数。函数模板与模板函数的关系如图 11-1 所示。

编译器在编译含有函数模板的程序时，将从调用函数模板的实参的类型推导出函数模板的实参，并用此实参实例化函数模板中的模板参数 T，生成相应的模板参数。编译器将以函数模板为样板，生成一个函数，这一过程称为函数模板的实例化，该函数称为函数模板的一个实例。由于实参 a，b 为 int 类型，所以推导出模板中类型参数 T 为 int。编译器将以函数模板为样板，生成如下函数：

```
void swap(int &a,int &b)
{
  int temp = a;
  a = b;
  b = temp;
}
```

这就是函数模板的实例化。因此，在涉及处理的数据类型不同，但实现算法相同的情况

下，利用函数模板可以实现代码的重用性。

11.1.2　类模板

C++除了支持函数模板之外，也支持类模板。也就是说，可以将某些类定义的数据类型参数化，设计成类模板。使用时，同函数模板类似，用具体的数据类型替换模板的参数，从而得到具体的类，称为模板类。模板类是类模板的实例，同时也是一种数据类型，可以定义对象。类模板、模板类和对象之间的关系如图 11-2 所示。

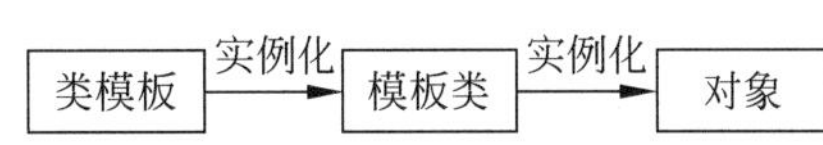

图 11-2　类模板、模板类和对象之间的关系

类模板定义的一般形式为：

```
template <模板参数表>
class 类名
{
  ……                    //类体说明
}
template <模板参数表>
函数类型 类名<模板参数名表>::成员函数 1(函数形参表)
{
  ……                    //成员函数 1 定义体
}
template <模板参数表>
函数类型 类名<模板参数名表>::成员函数 2(函数形参表)
{
  ……                    //成员函数 2 定义体
}
……
template <模板参数表>
函数类型 类名<模板参数名表>::成员函数 n(函数形参表)
{
  ……                    //成员函数 n 定义体
}
```

【例 11-1】　设计一个类模板，使其既可以用于实数类型的三边，也可以用于整数类型的三边。

```
#include <iostream>
using namespace std;
template <class T>
class Tri
{
private:
    T a, b, c;                //三个私有成员数据，表示三角形三条边
public:
    Tri(T, T, T);             //三个参数的构造函数
    Tri(Tri&);                //复制构造函数
    T Peri();                 //共有函数，求三角形的周长
```

```
};
template < class T >
Tri < T >::Tri(T x, T y, T z)
{
    a = x; b = y; c = z;
}
template < class T >
Tri < T >::Tri(Tri &t)
{
    a = t.a; b = t.b; c = t.c;
}
template < class T >
T Tri < T >:: Peri()
{
    return a + b + c;
}
int main()
{
Tri < int > tria(3,4,5);     //类模板实例化,用 int 代替模板参数 T,用模板类创建对象 tria
Tri < int > trib(tria);      //调用复制构造函数,根据 tria 复制创建对象 trib
cout << "trib 的周长是:" << trib.Peri() << endl;
Tri < double > tric(7.5, 6.5, 8.0);      //用 double 代替模板参数 T,用模板类创建对象 tric
cout << "tric 的周长是:" << tric.Peri() << endl;
return 0;
}
```

程序的运行情况及结果如下：

```
trib 的周长是:12
tric 的周长是:22
```

11.2 命名空间

在本书前面,读者经常发现程序中使用以下语句：

```
using namespace std;
```

这里就是使用了命名空间 std。本节将对此做比较详细的介绍。

11.2.1 命名空间的作用

命名空间(namespace)是 ANSI C++引入的可以由用户命名的作用域,用来处理程序中常见的同名冲突。

在 C 语言中定义了 3 个层次的作用域：文件、函数和复合语句。C++又引入了类作用域,类是出现在文件内的。在不同的作用域中可以定义相同名字的变量,互不干扰,便于系统区别它们。

例如,在一个文件中定义了两个类,在这两个类中可以有同名的函数。在引用时,为了区分,应该加上类名作为限定,这样就不会发生混淆。

```
class A                          //声明 A 类
{public:
  void f1();                     //声明 A 类中的 f1()函数
private:
   int i;
};
void A::f1()                     //定义 A 类中的 f1()函数
{
//....
}
class B                          //声明 B 类
{public:
  void f1();                     //声明 B 类中的 f1()函数
  void f2();
}
void B::f1()                     //定义 B 类中的 f1()函数
{
//...
}
```

但是，一个大型的应用软件，往往不是一个人独立完成的，而是由若干人合作完成的。假设不同的人分别定义了类，放在不同的头文件中，在主文件（包含 main()函数的文件）需要这些类时，就用 #include 指令将这些头文件包含进来。由于各头文件是由不同的人设计的，有可能在不同的头文件中用了相同的名字来命名所定义的类或函数，这就出现了名字冲突。

【例 11-2】 名字冲突。

程序员甲在头文件 header1. h 定义了类 Student 和函数 fun。

```
#include <string>
#include <cmath>
using namespace std;
class Student                          //声明 Student 类
{private:
int num;
string name;
int age;
public:
Student(int snum, string sname, int sage)
{
    num = snum; name = sname; age = sage;
}
void get_data()
{cout << num << '\t' << name << '\t' << age << endl;}
};
double fun(double a, double b)         //定义全局函数(即外部函数)
{return sqrt(a + b);}
```

程序员乙在头文件 header2. h 中，除了定义其他类之外，也定义了类 Student 和函数 fun()，但其内容与头文件 header1. h 中 Student 类和函数 fun()有所不同。

```
#include < iostream >
#include < string >
#include < cmath >
using namespace std;
class Student                                     //声明 Student 类
{
private:
 int num;
 string name;
 char sex;                                        //此项与 header1 不同
public:
 Student(int snum, string sname, char ssex)       //参数与 header1 中的 Student 不同
 {
    num = snum; name = sname;sex = ssex;
 }
 void get_data()
{
 cout << num << '\t'<< name << '\t'<< sex << endl;
 }
};
double fun(double a, double b)                    //定义全局函数(即外部函数)
{
 return sqrt(a - b);                              //返回值与 header1 中 fun()函数不同
}
……                                                //头文件 2 中可能还有其他内容
```

主成员在其程序中要用到 header1.h 的 Student 类和函数 fun()，因而在程序中包含了头文件 header1.h，同时要用到头文件 header2.h 中的一些内容，因而又包含了文件 header2.h，但其对 header2.h 中包含与 header1.h 的 Student 类和 fun()函数同名而内容不同的类和函数并不知情。因为在一个头文件中往往包含许多不同的信息，而使用者往往只关心自己所需要的部分，而不注意其他内容。假设主文件内容如下：

```
//主文件
#include < iostream >
#include "header1.h"
#include "header2.h"
using namespace std;
int main()
{
 Student stud1(101,"wang",18);
 stud1.get_data();
 cout << fun(5, 3)<< endl;
 return 0;
}
```

这时程序编译就会出错。因为在预编译后，头文件中的内容取代了对应的#include 指令，这样就在同一个程序文件中出现了两个 Student 类和两个 fun()函数，显然是重复定义，这就是名字冲突，即在同一个作用域中有两个或多个同名的实体。

不仅如此，在程序中还往往需要引用一些库（包括 C++编译系统提供的库、由软件开发商提供的库或用户自己开发的库），为此需要包含有关的头文件，则在编译时就会出现名字

冲突。有人称之为全局命名空间污染(global namespace pollution)。

C语言和早期的C++语言没有提供有效的机制来解决这个问题,没有使库的提供者能够建立自己的命名空间的工具。人们希望ANSI C++标准能够解决这个问题,提供一种机制、一种工具,使由库的设计者命名的全局标识符能够和程序的全局实体名以及其他类的全局标识符区别开来。

11.2.2 命名空间的定义

为了解决命名冲突问题,ANSI C++增加了命名空间。所谓命名空间,实际上就是一个由程序设计者命名的内存区域。程序设计者可以根据需要指定一些有名字的空间域,把一些全局实体分别放在各个命名空间中,从而与其他全局实体分隔开来。

声明命名空间的语法格式如下:

```
namespace 命名空间名
{
 …… //命名空间成员声明
}
```

例如:

```
namespace ns1
{int a;
double b;
}
```

namespace是定义命名空间的关键字,ns1是用户指定的命名空间的名字。花括号内是声明块,在其中声明的实体称为命名空间成员(namespace member)。命名空间ns1的成员包括变量a和b,注意a和b仍然是全局变量,仅仅是把它们隐藏在命名空间中而已。如果要在程序中使用变量a和b,必须加上命名空间名和作用域分辨符::,如ns1::a,ns1::b。这种用法称为命名空间限定(qualified),这些名字(如ns1::a)被称为限定名(qualified name)。

C++中命名空间的作用类似于操作系统中的目录和文件的关系,由于文件很多,不便管理,而且容易重名,于是人们设立若干子目录,把文件放在不同的子目录中,不同子目录中的文件可以同名,调用文件时应指出文件路径。

命名空间的作用是建立一些相互分隔的作用域,把一些全局实体分隔开来,以免产生名字冲突。可以根据需要设置许多个命名空间,每个命名空间代表一个不同的命名空间域,不同的命名空间不能同名。这样可以把不同的库中的实体放到不同的命名空间中,或者说,用不同的命名空间把不同的实体隐藏起来。过去用的全局变量可以理解为全局命名空间,独立于所有有名的命名空间之外,它是不需要用namespace声明的,实际上是由系统隐式声明的,存在于每个程序之中。

声明一个命名空间的花括号内,命名空间成员可以包括以下类型。

(1) 变量(可以带初始化)。

(2) 常量。

(3) 函数(可以是定义或声明)。

(4) 结构体。

（5）类。

（6）模板。

（7）命名空间(在一个命名空间中又定义一个命名空间,即嵌套的命名空间)。

例如：

```
namespace ns1
{const int RATE = 0.08;                                    //常量
double pay;                                                //变量
double tax()                                               //函数
{return   pay * RATE;}
namespace ns2                                              //嵌套的命名空间
{int age;}
}
```

下面对例 11-2 程序进行修改,使之能正确运行。

【例 11-3】 利用命名空间来解决例 11-2 程序的名字冲突问题。

修改两个头文件,把两个文件的内容分别放在两个不同的命名空间中。

```
//header1.h(头文件)
#include <string>
#include <cmath>
using namespace std;
namespace ns1                                   //声明命名空间 ns1
{class Student                                  //在命名空间 ns1 内声明 Student 类
 {
  private:
   int num;
   string name;
 int age;
 public:
 Student(int snum, string sname, int sage)
{
    num = snum; name = sname; age = sage;
}
void get_data()
{
    cout << num << '\t' << name << '\t' << age << endl;
}
};
double fun(double a, double b)                  //在命名空间 ns1 内定义 fun()函数
{
    return sqrt(a + b);
}
}
//header2.h(头文件 2)
#include < string >
#include < cmath >
using namespace std;
namespace ns2                                   //声明命名空间 ns2
{class Student                                  //在命名空间 ns2 内声明 Student 类
 {
```

```
private:
    int num;
    string name;
    char sex;
public:
    Student(int snum, string sname, char ssex)
    {
        num = snum; name = sname; sex = ssex;
    }
    void get_data()
    {
    cout << num << '\t' << name << '\t' << sex << endl;
    }
};
double fun(double a, double b)          //在命名空间 ns2 中定义 fun()函数
{
    return sqrt(a - b);
}
}
// main file(主文件)
#include <iostream>
#include "header1.h"
#include "header2.h"
int main()
{
ns1::Student stud1(101,"Wang",18);
stud1.get_data();
cout << ns1::fun(5, 3) << endl;
ns2::Student stud2(102,"Li",'f');
stud2.get_data();
cout << ns2::fun(5, 3)<< endl;
return 0;
}
```

程序的运行情况及结果如下：

```
101     Wang    18
2.82843
102     Li      f
1.41421
```

从上面的例子可以看出，在引用命名空间成员时，要使用命名空间名和作用域分辨符∷对命名空间加以限定，以区别不同的命名空间中的同名标识符。

命名空间名∷命名空间成员名

这种方法能保证所引用的实体有唯一的名字。但是如果命名空间名字比较长，尤其在有命名空间嵌套的情况下，为引用一个实体，需要写很长的名字。在一个程序中可能要多次引用命名空间成员，就会感到很不方便。

为此，C++提供了一些机制，能简化使用命名空间中的成员的手续。其中常见的一种方法，就是前面在程序开头中经常见到的 using namespace 语句，实现用一个语句就一次声明

一个命名空间的全部成员。using namespace 语句的一般格式为：

```
using namespace 命名空间名;
```

例如：

```
using namespace ns1
```

声明了在本作用域中要用到命名空间 ns1 中成员，在使用该命名空间的任何成员时都不必再用命名空间限定。如果在作了上面的声明后有以下语句：

```
Student stud1(101,"Wang",18);
    cout << fun(5,3) << endl;
```

在用 using namepace 声明的作用域中，命名空间 ns1 的成员就好像在全局域内声明的一样。因此可以不必用命名空间限定。显然这样的处理对写程序比较方便。但是如果同时用 using namepace 声明多个命名空间，则往往容易出错。例 1-3 中 main()函数如果用下面程序代码代替，就会出错。

```
int main()
{
using namespace ns1
using namespace ns2;
 Student stud1(101,"Wang",18);
 stud1.get_data();
 cout << fun(5, 3) << endl;
Student stud2(102,"Li",'f');
 stud2.get_data();
 cout << fun(5, 3)<< endl;
 return 0;
}
```

因为在同一作用域中同时引用了两个命名空间 ns1 和 ns2，其中有同名的类和函数。在出现 Student 类时，无法判定是哪个命名空间中的 Student 类，出现二义性，编译出错。因此，只有在使用命名空间数量很少，以及确保这些命名空间中没有同名成员时采用 using namespace 语句。

11.2.3 标准命名空间 std

为了解决 C++标准库中的标识符与程序中的全局标识符之间以及不同库中的标识符之间的同名冲突，应该将不同库的标识符在不同的命名空间中定义(或声明)。标准 C++库的所有标识符都在一个名为 std 的命名空间中定义的，或者说标准头文件(如 iostream)中函数、类、对象和类模板是在命名空间 std 中定义的。std 是 standard 的缩写，表示这是存放标准库的有关内容的命名空间。

这样，在程序中用到 C++标准库时，需要使用 std 作为限定。如：

```
std::cout <<"OK"<< endl;      //声明 cout 是在命名空间 std 中定义的流对象
```

在有的 C++书中可以看到以上这样的用法。但是在每个 cout，cin 以及其他在 std 中定义的标识符前面都用命名空间 std 作为限定，显然是很不方便的。在大多数 C++ 书以及 C++程序中常用 using namespace 语句对命名空间 std 进行声明，这样可以不必对每个命名空间成员一一进行处理，在文件的开头加入以下声明：

```
using namespace std;
```

这样，在 std 中定义和声明的所有标识符在本文件中都可以作为全局变量来使用。但是应当绝对保证在程序中不出现与命名空间 std 的成员同名的标识符。

读者如果阅读了多种 C++书，可能会发现有的书的程序中有 using namespace 声明，有的则没有。有的读者会提出：究竟应该有还是应该没有？应当说：用标准的 C++编程，使用 C++标准库，是应该对命名空间 std 的成员进行声明或限定的。但是目前所用的 C++库有的是多年前开发的，当时并没有命名空间，标准库中的有关内容也没有放在 std 命名空间中，因而在程序中可以不对 std 进行声明。

近年来提供的 C++标准库，都在命名空间 std 中声明，因此在程序包含 C++新的标准头文件(不带后缀.h 的头文件，如 iostream)，应当在程序中使用命名空间和 using namespace 语句，否则无法引用这些头文件。读者可以看到，本书的所有程序开头都使用了语句"using namespace std;"，通过学习本章，读者将对其含义有进一步的了解。

练习题

1. 设计一个函数模板 max< T >，求数组中最大的元素。并采用整数数组和字符数组进行函数测试。

2. 设计一个数组类模板 Array< T >，并对数组进行初始化、排序和输出显示。并用整数数组和字符数组进行类的功能测试。

3. 设计一个单链表类模板，并进行类的功能测试。

参考文献

[1] 朱红，赵琦，王庆宝. C++程序设计教程[M]. 3 版. 北京：清华大学出版社，2019.

[2] 郑莉，董渊. C++语言程序设计[M]. 5 版. 北京：清华大学出版社，2020.

[3] 谭浩强. C++程序设计[M]. 4 版. 北京：清华大学出版社，2021.

[4] 史蒂芬・普拉达. C++ Primer Plus[M]. 张海龙，袁国忠，译. 6 版. 北京：人民邮电出版社，2020.

[5] 黄永峰，孙甲松编著. C/C++程序设计教程[M]. 北京：清华大学出版社，2019.

[6] 钱能. C++程序设计教程：通用版[M]. 北京：清华大学出版社，2019.

[7] 严悍，新标准 C++程序设计[M]. 南京：东南大学出版社，2018.